装配式建筑构件

制作与安装（中级）

廊坊市中科建筑产业化创新
研究中心　组织编写

主　编　华建民　谢　东
副主编　金　睿　张建奇
　　　　郑　东　黄天荣

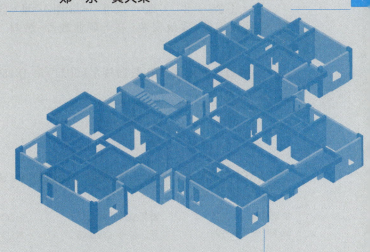

中国教育出版传媒集团
高等教育出版社·北京

内容提要

本书根据国家培养应用型和高技能型人才的要求,依据装配式建筑构件制作与安装职业技能等级证书考评大纲和现行装配式建筑有关的规范和规程编写,介绍满足职业技能等级证书要求的装配式建筑基本概念、基本知识和必备技能。教材内容以"必需、实用"为宗旨,着重直观性和易懂性。主要内容包括基础知识与职业素养、构件深化设计、构件制作、装配式建筑施工、质量验收,文字与图片配合,学生易学,教师易教。

本书可作为装配式建筑构件制作与安装职业技能等级证书(中级)考试的培训教材,也可作为应用型本科、高职高专土建类专业教材。

图书在版编目(CIP)数据

装配式建筑构件制作与安装：中级／廊坊市中科建筑产业化创新研究中心组织编写；华建民,谢东主编. --北京：高等教育出版社,2023.8
ISBN 978-7-04-056947-6

Ⅰ．①装… Ⅱ．①廊… ②华… ③谢… Ⅲ．①建筑工程-装配式构件-建筑安装-高等职业教育-教材 Ⅳ．①TU7

中国版本图书馆 CIP 数据核字(2021)第 181899 号

ZHUANGPEISHI JIANZHU GOUJIAN ZHIZUO YU ANZHUANG(ZHONG JI)

策划编辑	刘东良	责任编辑	刘东良	封面设计	赵 阳	版式设计 于 婕
插图绘制	黄云燕	责任校对	刘丽娟	责任印制	刁 毅	

出版发行	高等教育出版社	网 址	http://www.hep.edu.cn
社 址	北京市西城区德外大街 4 号		http://www.hep.com.cn
邮政编码	100120	网上订购	http://www.hepmall.com.cn
印 刷	北京市大天乐投资管理有限公司		http://www.hepmall.com
开 本	787mm×1092mm 1/16		http://www.hepmall.cn
印 张	19.75		
字 数	470 千字	版 次	2023 年 8 月第 1 版
购书热线	010-58581118	印 次	2023 年 8 月第 1 次印刷
咨询电话	400-810-0598	定 价	53.00 元

本书如有缺页、倒页、脱页等质量问题,请到所购图书销售部门联系调换

序

　　"学历证书+若干职业技能等级证书"（"1+X"证书）制度作为国务院在新时代背景下提出"职教20条"的重要改革部署，试点工作按照高质量发展的要求，坚持以学生为中心，力求深化复合型技术技能人才培养培训模式和评价模式改革，注重提高人才培养质量，畅通技术技能人才成长通道，拓展就业创业本领。由廊坊市中科建筑产业化创新研究中心组织编写的"1+X"装配式建筑构件制作与安装职业技能等级证书配套系列教材，以"提升职业教育水准，带动高素质技能型人才的培养，满足不断发展的社会需求"为宗旨，响应了相关职业教育对建筑产业转型升级的要求。

　　证书制度的有效实施，取决于职业技能等级标准对综合能力的切实反映，取决于证书考核评价的信度和效度，以及证书的社会认可度。在落实职业技能培训与考核要求的基础上，有针对性地开发"1+X"装配式建筑构件制作与安装职业技能等级证书配套教材，不仅可以优化职业技能培训考核体系与资源，同时还能够激发职业教育培训的活力。

　　著名心理学家麦克利兰提出的冰山模型理论，将人员个体素质的不同表现划分为表面的"冰山以上部分"和深藏的"冰山以下部分"。"冰山以上部分"包括基本知识、基本技能，是外在表现，容易了解与测量，相对而言也比较容易通过培训来改变和发展。而"冰山以下部分"包括角色定位、自我认知、品质和动机，是人内在的、难以测量的部分，它们不太容易通过外界的影响改变，但却对人员的行为与成长起着关键性的作用。本系列教材以职业活动为载体，旨在对职业综合能力进行培养及评价，按要求和职业本身的内容特点分为基础知识与职业素养、设计、制作、施工及项目管理5大模块，基于知识、技能的呈现，并突出职业素养的内在需求。同时，本系列教材以职业能力要求为训练目标，将工作领域的内容转化为学习项目，以完成工作任务为主线组织学习过程，让学习者在完成工作的过程中掌握相关知识和技能，从而实现能力的培养。

　　建筑工业化、数字化、智能化是建筑业转型升级的突破口，而职业教育又承担着中国教育改革的排头兵的作用，"1+X"应该是催化剂，推动产教在资源、技术、管理和文化等方面全方位融合。当前，在国家建立城市为节点、行业为支点、企业为重点的改革推进机制中，职业教作为支点上的着力点，能够有效衔接教育链、人才链、产业链与创新链，相信在本系列教材编写组专家和职业人才培养同仁们的共同努力下，通过"1+X"装配式建筑构件制作与安装证书考核培训工作的开展,一定可以为加快培育新时代建筑产业工人队伍贡献力量。

中国建设教育协会理事长　刘杰

2023 年 3 月

前　言

党的二十大报告指出："教育、科技、人才是全面建设社会主义现代化国家的基础性、战略性支撑。"其中强调"统筹职业教育、高等教育、继续教育协同创新，推进职普融通、产教融合、科教融汇"。为深入贯彻《国务院办公厅关于大力发展装配式建筑的指导意见》（国办发〔2016〕71号）、《国务院办公厅关于促进建筑业持续健康发展的意见》（国办发〔2017〕19号）和住房和城乡建设部《"十三五"装配式建筑行动方案》文件精神，本着积极发挥机构主观能动性，承担更多社会责任的宗旨，廊坊市中科建筑产业化创新研究中心整合众多院校及行业企业相关资源和经验，在《装配式建筑构件制作与安装职业技能等级标准》的基础上，制订和发布了装配式建筑构件制作与安装职业技能等级证书考评大纲，并组织来自标准编写机构、院校、行业知名企业的专家组成专项编制组编写本部培训教材。

"1+X"装配式建筑构件制作与安装职业技能等级证书是教育部遴选认定，面向工程建设领域的职业技能等级证书，考核混凝土装配式建筑基础知识、基本素养、深化设计、构件制作、装配式施工与质量验收等知识与技能。

本书的特色主要有以下三个方面：一是全面性，对混凝土装配式建筑主要和常用的知识与技能进行简要介绍；二是易教易学性，避免繁琐的文字描述，重视简练的步骤，尽量采用图片与文字相呼应，达到教师易教、学生易学的效果；三是工程适用性，教材介绍的知识与技能有助于学生在未来的实际工作中具备相关的知识素养和工程技能。

本书由重庆大学华建民和广西建设职业技术学院谢东任主编，金睿、张建奇、郑东和黄天荣任副主编，具体编写分工为：基础知识与职业素养由刘学军、王启玲、詹雷颖、班志鹏、王勇龙、李宁宁编写；项目1由李维、黄天荣、陈凌峰、朱粤萍编写；项目2由谭新明、肖明和、李融峰、张蓓、张永强、王志勇编写；项目3由金睿、郑东、缪方翔编写；项目4由张卫民编写。

由于编者水平有限，书中难免存在不足之处，恳请读者与同行批评指正。

编　者
2023年4月

目　录

基础知识与职业素养

🎖 学习目标

本部分包括装配式建筑发展历程、装配式建筑基本概念、装配式建筑结构体系、装配式建筑的建材特性与施工要求、与装配式建筑有关的规范要求、装配式建筑图纸识读、装配式混凝土建筑常见连接技术、装配式建筑职业道德与素养 8 个任务,通过 8 个任务的学习,学习者应达到以下知识目标:

任务	了解知识	熟悉和掌握知识
装配式建筑发展历程	1. 装配式建筑中外发展历程。 2. 装配式建筑在行业发展中的作用和地位	
装配式建筑基本概念	装配式建筑、装配式建筑的构件系统、装配率、装配式建筑评价、建筑信息模型、工程总承包等整体性概念	熟悉预埋件、部品、部件等局部性概念
装配式建筑结构体系	1. 装配整体式框架结构的框架柱、梁、楼板、外挂板和楼梯等构件的设计方法、工艺原理和基本连接方式。 2. 装配整体式框架-现浇剪力墙结构的结构设计要点,包括关键构件、节点及连接设计方法及技术手段	1. 熟悉装配整体式剪力墙结构技术要点、结构设计的一般规定以及预制构件的设计和连接技术,熟悉装配整体式框架结构的概念及特点,结构设计的相关规定。 2. 掌握装配整体式剪力墙结构的基本概念、特点、优势及应用场景
装配式建筑的建材特性与施工要求		1. 掌握装配式建筑的建材特性,包括混凝土、钢筋、预埋件、保温连接件的质量要求及影响因素。 2. 掌握装配式建筑建材施工要求,如预制构件用混凝土与现浇混凝土的区别、装配式预制混凝土构件中的预埋件有起吊件、安装件等,对于有特殊要求的比如裸露的埋件,需进行热镀锌处理

续表

任务	了解知识	熟悉和掌握知识
与装配式建筑有关的规范要求	与装配式建筑有关的设计规范、施工规范、质量验收规范	1. 熟悉装配式建筑施工规范的基本术语和要求。 2. 熟悉装配式建筑质量验收规范的基本术语和要求
装配式建筑图纸识读		1. 掌握构件制作与生产图纸识读,能识读常见的构件加工图和模具加工图,确定构件编号、模具编号以及尺寸参数等。 2. 掌握主体结构施工图纸识读。 3. 掌握围护墙与内隔墙施工图纸识读
装配式混凝土建筑常见连接技术	1. 螺栓连接知识。 2. 焊接连接知识	1. 掌握钢筋套筒灌浆连接知识。 2. 熟悉钢筋浆锚搭接连接知识。 3. 熟悉后浇带节点连接知识
装配式建筑职业道德与素养	1. 建筑领域职业道德。 2. 装配式建筑领域的职业态度、协同与组织能力	1. 熟悉装配式建筑领域的法律、伦理与质量责任。 2. 熟悉装配式建筑领域的学习能力与适应能力

 概述

围绕"1+X"装配式建筑构件制作与安装应具备的基础知识和职业素养,对装配式建筑发展历程、装配式建筑基本概念、装配式建筑结构体系、装配式建筑的建材特性与施工要求、与装配式建筑有关的规范要求、装配式建筑图纸识读、装配式建筑职业道德与素养进行了较为全面的阐述。

重点:装配式建筑基本概念,装配式建筑图纸识读,装配式建筑职业道德与素养。

难点:钢筋套筒灌浆连接原理与构造知识。

一、装配式建筑发展历程

1. 装配式建筑中外发展历程

(1)装配式建筑国外发展历程　装配式建筑在西方发达国家已有超过半个世纪的发展历史,形成了各有特色的产业和技术。发达国家装配式建筑发展主要经历以下三个阶段:一是初级阶段,满足工业化、城市化及战后复苏带来的基建及住宅需求;二是发展阶段,出台相关政策确立行业标准、规范行业发展,保证住宅质量与功能,以舒适化为目标推进产业化生产;三是成熟阶段,行业规模化程度高,技术先进,追求高品质与低能耗。

① 美国装配式建筑。美国在 20 世纪 70 年代能源危机期间开始实施配件化施工和机械化生产。1976 年美国国会通过了国家工业化住宅建造及安全法案,出台了一系列严格的行业标准规范,一直沿用至今,并与后来的美国建筑体系逐步融合。美国城市住宅的结构类型以混凝土装配和钢结构装配式为主,城镇多以轻钢结构、木结构住宅体系为主。住宅构

件和部件的标准化、系列化、专业化、商品化、集成化程度较高,提高了通用性,降低了建设成本。

② 欧洲装配式建筑。欧洲是第二次世界大战的主要战场之一,战争造成大量房屋损坏,战后欧洲各国出现了"房荒"现象。为了解决居住问题,欧洲各国开始采用工业化的生产方式建造预制装配式住宅,并形成了一套完整的住宅建筑体系。

法国预制混凝土结构(PC)的使用迄今已有 130 年的历史,是世界上推行装配式建筑最早的国家之一。法国建筑工业化以混凝土体系为主,钢、木结构体系为辅,多采用框架或板柱体系,并逐步向大跨度发展。近年来,法国建筑工业化呈现的特点是:焊接连接等干法作业流行;结构构件与设备、装修工程分开,减少预埋,使得生产和施工质量提高;主要采用预应力混凝土装配式框架结构体系,装配率达到 80%,脚手架用量减少 50%,节能可达到 70%。

德国的装配式住宅主要采取叠合板、混凝土剪力墙结构体系,剪力墙板、梁、柱、楼板、内隔墙板、外挂板、阳台板等构件采用构件预制与混凝土现浇的建造方式,耐久性较好。众所周知,德国是世界上建筑节能发展最快的国家,直至近几年提出零能耗的被动式建筑。从大幅度的节能到被动式建筑,德国都采取了装配式住宅来实施,这就需要装配式住宅与节能标准相互之间充分融合。

瑞典和丹麦早在 20 世纪 50 年代开始就已有大量企业开发了混凝土、板墙装配的部件。目前,新建住宅中通用部件占到了 80%,既满足多样性的需求,又达到了 50% 以上的节能率,这种新建建筑比传统建筑的能耗有大幅度的下降。丹麦是一个将模数法制化应用在装配式住宅的国家,国际标准化组织 ISO 模数协调标准即以丹麦的标准为蓝本编制。故丹麦推行建筑工程化的途径实际上是以产品目录设计为标准的体系,使部件达到标准化,然后在此基础上,实现多元化的需求。

欧洲共同体委员会 1975 年决定在土建领域实施一个联合行动项目,目的是消除对贸易的技术障碍,协调各国的技术规范。在该联合行动项目中,委员会采取一系列措施来建立一套协调的用于土建工程设计的技术规范,最终将取代国家规范。1980 年产生了第一代欧洲规范,包括 EN 1990—EN 1999(欧洲规范 0—欧洲规范 9)等。1989 年,委员会将欧洲规范的出版交予欧洲标准化委员会,使之与欧洲标准具有同等地位。其中 EN 1992-1-1(欧洲规范 2)的第一部分为混凝土结构设计的一般规则和对建筑结构的规则,是由代表处设在英国标准化协会的欧洲规范技术委员会编制的,另外还有预制构件质量控制相关的标准,如《预制混凝土产品通用规则》(EN 13369)等。

③ 日本装配式建筑。20 世纪 50 年代以来,日本借助保障性住房大规模发展契机,长期坚持多途径、多方式、多措施推进建筑工业化,发展装配式建筑。日本采用部件化、工厂化生产方式,生产效率高,住宅内部结构可变,适应多样化的需求。日本从一开始就追求中高层住宅的配件化生产体系,这种生产体系能满足日本人口比较密集的住宅市场的需求,更重要的是,日本通过立法来保证混凝土构件的质量,在装配式住宅方面制定了一系列的方针政策和标准,同时也形成了统一的模数标准,解决了标准化、大批量生产和多样化需求这三者之间的矛盾。

日本的标准包括建筑标准法、建筑标准法实施令、国土交通省告示及通令、协会(学会)标准、企业标准等,涵盖了设计、施工等内容,其中包括由日本建筑学会(AIJ)制定的装配式结构相关技术标准和指南。1963年成立的日本预制建筑协会在推进日本预制技术的发展方面做出了巨大贡献,该协会先后建立PC工法焊接技术资格认证制度、预制装配住宅装潢设计师资格认证制度、PC构件质量认证制度、PC结构审查制度等,编写了《预制建筑技术集成》丛书,包括剪力墙预制混凝土(W-PC)、剪力墙式框架预制钢筋混凝土(WR-PC)及现浇同等型框架预制钢筋混凝土(R-PC)等。

④ 新加坡装配式建筑。新加坡装配式建筑以剪力墙结构为主。该国80%的住宅由政府建造,组屋项目强制装配化,装配率达到70%,大部分为塔式或板式混凝土多高层建筑,装配式施工技术主要应用于组屋建设。

新加坡的组屋一般为15~30层的单元式高层住宅,自20世纪90年代初开始尝试采用预制装配式建设,现已发展较为成熟,预制构件包括梁、柱、剪力墙、楼板(叠合板)、楼梯、内隔墙、外墙(含窗户)、走廊、女儿墙、设备管井等,预制化率达到70%以上。

(2)装配式建筑国内发展历程 我国建筑工业化模式应用始于20世纪50年代,借鉴苏联的经验,在全国建筑生产企业推行标准化、工厂化和机械化,发展预制构件和预制装配建筑。从20世纪60年代初至80年代中期,预制混凝土构件生产经历了研究、快速发展、使用、发展停滞等阶段。20世纪80年代初期,建筑业曾经开发了一系列新工艺,如大板体系、南斯拉夫IMS体系、预制装配式框架体系等,但在进行了这些实践之后,均未得到大规模推广。到20世纪90年代后期,建筑工业化迈向了一个新的阶段,国家相继出台了诸多重要的法规政策,并通过各种必要的机制和措施,推动了建筑领域的生产方式的转变。近年来,在国家政策的引导下,一大批施工工法、质量验收体系陆续在工程中实践应用,装配式建筑的施工技术越来越成熟。

国务院办公厅于2016年9月27日印发了《关于大力发展装配式建筑的指导意见》,要以京津冀、长三角、珠三角三大城市群为重点推进地区,常住人口超过300万的其他城市为积极推进地区,其余城市为鼓励推进地区,因地制宜发展装配式混凝土结构、钢结构和现代木结构等装配式建筑。当前,全国各级建设主管部门和相关建设企业正在全面认真贯彻落实中央城镇化工作会议与中央城市工作会议的各项部署。大力发展装配式建筑是绿色、循环与低碳发展的行业趋势,是提高绿色建筑和节能建筑建造水平的重要手段,不但体现了"创新、协调、绿色、开放、共享"的发展理念,更是大力推进建设领域供给侧结构性改革,培育新兴产业,实现我国新型城镇化建设模式转型的重要途径。虽然我国建筑工业化市场潜力巨大,但是由于工作基础薄弱,当前发展形势仍不能盲目乐观。当前的建筑业正在进行顶层设计,标准规范正在健全,各种技术体系正在完善,业主开发积极性正在提高。新型装配式建筑是建筑业的一场革命,是生产方式的变革,必然会带来生产力和生产关系的变革。

装配式混凝土建筑的建造方式符合国内建筑业的发展趋势,随着建筑工业化和产业化进程的推进,装配施工工艺越来越成熟,但是装配式混凝土建筑还应进一步提高生产技术、施工工艺、吊装技术、施工集成管理等,形成装配式混凝土建筑的成套技术措施和工艺,为装配式混凝土建筑的发展提供技术支撑。在施工实践中,装配式混凝土建筑的设计技术、构件拆分与模数协调、节点构造与连接处理、吊装与安装、灌浆工艺及质量评定、预制构件标准化及集成化技术、模具及构件生产、BIM技术的应用等还存在标准、规程的不完善或技术实践空白等问题,在这方面尚需要进一步加大产学研的合作,促进装配式建筑的发展。

建筑业将逐步以现代化技术和管理替代传统的劳动密集型的生产方式,必将走新型工业化道路,也必然带来工程设计、技术标准、施工方法、工程监理、管理验收、管理体制、实施机制、责任主体等的改变。建筑产业现代化将提升建筑工程的质量、性能、安全、效益、节能、环保、低碳等的水平,是实现房屋建设过程中建筑设计、部品生产、施工建造、维护管理之间的相互协同的有效途径,也是降低当前建筑业劳动力成本、改善作业环境的有效手段。

2. 装配式建筑在行业发展中的作用和地位

(1)装配式建筑在行业发展中的作用　装配式建筑是建造方式的重大变革,发展装配式建筑是牢固树立和贯彻落实创新、协调、绿色、开放、共享五大发展理念,按照适用、经济、安全、绿色、美观要求推动建造方式创新的重要体现,在推进建筑业转型升级过程中发挥举足轻重的作用。

① 在经济效益方面。发展装配式建筑有助于改善当前建筑物生产成本、使用成本和维护成本过高的局面。装配式建筑成熟的工业化模式,将引导建筑业由劳动密集型向技术集成型转变,管理方式由粗放型向集约型转变,有效减少建造成本。

② 在环境保护方面。发展装配式建筑能有效推进建筑业由高能耗向绿色可持续转变,装配式建筑节水、节材、节时和环保的效益,有助于解决传统建造方式下资源浪费严重、能源消耗过多、环境污染加剧的局面,有效推动绿色建造。

③ 在技术革新方面。发展装配式建筑将加快实现建筑产业化,运用 BIM 信息化技术,实现设计标准化、生产工厂化、施工装配化、装修一体化、管理信息化的建造方式,有效解决建筑产业化面临的技术问题,推动行业技术革新。

④ 在行业素质方面。发展装配式建筑能刺激提升建筑业从业人员整体素质,装配式建筑"流水线"式的工业化生产方式、精细化生产与施工管理,对从业人员的专业素质及管理能力有更新更高的要求,将促使中低素质施工人员向高素质产业工人转型,有效提升行业整体素质。

(2)装配式建筑在行业发展中的地位

① 发展装配式建筑是落实党中央、国务院决策部署的重要举措。2020 年国家发展改革委发布《2020 年新型城镇化建设和城乡融合发展重点任务》明确了城镇化作为国家发展重点任务,建筑行业将作为实现这一任务目标的重要手段,而装配式建筑充分发挥现代化、信息化和工业化优势,顺应现代城市绿色、低碳发展新理念和新趋势,将引领建筑行业产生根本性变革。多年来,各级领导都高度重视装配式建筑的发展,在国家战略导向下,住建部和各地方政府相关激励政策陆续出台,全面系统指明了推进装配式建筑的目标、任务和措施,积极助力实现"新型城镇化"。

② 发展装配式建筑是促进建设领域节能减排降耗的有力抓手。当前,我国建筑业粗放建造方式带来的资源能源过度消耗和浪费极大地制约着中国经济社会的可持续发展。装配式建筑在节能、节材和减排方面的成效已在实际项目中得到证明。在资源能源消耗和污染排放方面,根据住房和城乡建设部科技与产业化发展中心对 13 个装配式混凝土建筑项目的跟踪调研和统计分析,装配式建筑相比现浇建筑,建造阶段可以大幅减少木材模板、保温材料、抹灰水泥砂浆、施工用水、施工用电的消耗,并减少 80% 以上的建筑垃圾排放,减少碳排放和对环境带来的扬尘和噪声污染,有利于改善城市环境、提高建筑综合质量和性能、推进生态文明建设。

③ 发展装配式建筑是促进当前经济稳定增长的重要措施。在建筑行业面临全国经济增速放缓的大环境下,发展装配式建筑,将拉动部品生产、专用设备制造、物流、信息等产业的市场需求,带动大量社会资本投资建厂,促进建筑产品更新换代,刺激消费增长,凭着引入"一批企业",建设"一批项目",带动"一片区域",形成"一系列新经济增长点",有效促进区域经济快速增长。

④ 发展装配式建筑是带动技术进步、提高生产效率的有效途径。对比传统现浇建筑,装配式建筑能更好地依托物联网、大数据、AI(人工智能)、云计算、5G 通信等现代化信息技术,推动建筑行业向智能化、数字化转型,带动行业技术革新,同时,发展装配式建筑,会颠覆传统建筑行业低效率、高消耗的粗放建造模式,"倒逼"建筑行业依靠科技进步,提高劳动者素质,创新管理模式,走内涵式、集约式的发展道路,依靠工业化、自动化生产模式有效提高劳动生产效率。

⑤ 发展装配式建筑是实现"一带一路"发展目标的重要路径。"一带一路"倡议要实现人类命运共同体的目标。在全球工业化大背景下,发展装配式建筑,有利于建筑行业与国际接轨,刺激国内建筑企业从生产方式、管理模式、人员素质等多方面走向工业化。在巩固国内市场份额的同时,主动"走出去"参与全球分工,在更大范围、更多领域、更高层次上参与国际合作,推进全球工业化协作进程,推动"一带一路"建设。

⑥ 发展装配式建筑是全面提升住房质量和品质的必由之路。目前建筑行业落后的生产方式直接导致施工过程随意性大,工程质量无法得到保证。采用装配式建造,部品部件以工厂化预制为主,便于开展质量控制,质量责任追溯明确;现场施工采用装配化作业方式取代大量手工作业,有效避免人为因素,保证工程质量;装配式建筑集成化、一体化的生产建造方式,能系统解决质量通病,减少后期维护费用,延长建筑寿命。发展装配式建筑,能够全面提升住房品质和性能,让人民群众共享科技进步和供给侧改革带来的发展成果,并以此带动居民住房消费,在不断的更新换代中,走向中国住宅梦的发展道路。

▶ 二、装配式建筑基本概念

1. 装配式建筑的整体性概念

(1)装配式建筑　装配式建筑是以构件工厂预制化生产,现场装配式安装为模式,以标准化设计、工厂化生产、装配化施工、一体化装修和信息化管理为特征,整合研发设计、生产制造、现场装配等各个业务领域,实现建筑产品节能、环保、全周期价值最大化的可持续发展的新型建筑生产方式。

装配式建筑目前一般指装配整体式建筑,即用预制和现浇相结合的方法建造的钢筋混凝土建筑。这类建筑中的主要承重构件可分别采用预制或现浇的方法制作。主要的类型有现浇墙体或柱和预制楼板相结合的建筑等。这类建筑兼具装配和现浇建筑两个方面的优点。为保证其具有足够的刚度和整体性,应注意各预制构件和现浇部分的节点处的连接。与全装配式建筑相比较,它具有较好的整体性,但却增加了大量的湿作业。

(2)装配式建筑的构件系统　装配式建筑的预制构件按照组成建筑的构件特征和性能划分,主要包括以下几类:

① 预制楼板。包括预制实心楼板、预制空心楼板、预制叠合板、预制阳台板等。

② 预制梁。包括预制实心梁、预制叠合梁、预制 U 形梁等。

③ 预制墙。括预制实心剪力墙、预制空心墙、预制叠合式剪力墙、预制内隔墙等。

④ 预制柱。括预制实心柱、预制空心柱等。

⑤ 预制楼梯。括预制楼梯段、预制休息平台。

⑥ 其他复杂异形构件。包括预制飘窗、预制带飘窗外墙、预制转角外墙、预制整体厨房和卫生间、预制空调板等。

根据工艺特征不同,还可以进一步细分,预制叠合楼板包括预制预应力叠合楼板、预制桁架钢筋叠合楼板、预制带肋预应力叠合楼板(PK 板)等;预制实心剪力墙包括预制钢筋套筒剪力墙、预制约束浆锚剪力墙、预制浆锚孔洞间接搭接剪力墙等;预制外墙从构造上又可分为预制普通外墙、预制夹心三明治保温外墙等。总之,预制构件的表现形式是多样的,可以根据项目特点和要求灵活采用。这里展示几个常见的预制构件图片,预制叠合楼板、预制剪力墙、预制楼梯、预制空调板如图 0-1~图 0-4 所示。

图 0-1　预制叠合楼板

图 0-2　预制剪力墙

图 0-3　预制楼梯

图 0-4　预制空调板

（3）装配率　装配率是评价装配式建筑的重要指标,2017 年 12 月 12 日,住房和城乡建设部发布《装配式建筑评价标准》(GB/T 51129—2017),将装配率作为装配化程度的唯一评价标准,并给出了装配率的定义,同时,明确了计算公式。装配率是指单体建筑室外地坪以上的主体结构,围护墙和内隔墙,装修和设备管线等采用预制部品部件的综合比例。装配率应根据表 0-1 中评价项分值按下式计算：

$$P = \frac{Q_1 + Q_2 + Q_3}{100 - Q_4} \times 100\% \qquad (0-1)$$

式中：P——装配率;

Q_1——主体结构指标实际得分值;

Q_2——围护墙和内隔墙指标实际得分值；

Q_3——装修和设备管线指标实际得分值；

Q_4——评价项目中缺少的评价项分值总和。

表 0-1　装配式建筑评分表

评价项		评价要求	评价分值	最低分值
主体结构 （50分）	柱、支撑、承重墙、延性墙板等竖向构件	35%≤比例≤80%	20~30*	20
	梁、板、楼梯、阳台、空调板等构件	70%≤比例≤80%	10~20*	
围护墙和 内隔墙 （20分）	非承重围护墙非砌筑	比例≥80%	5	10
	围护墙与保温、隔热、装饰一体化	50%≤比例≤80%	2~5*	
	内隔墙非砌筑	比例≥50%	5	
	内隔墙与管线、装修一体化	50%≤比例≤80%	2~5*	
装修和 设备管线 （30分）	全装修	—	6	6
	干式工法楼面、地面	比例≥70%	6	—
	集成厨房	70%≤比例≤90%	3~6*	
	集成卫生间	70%≤比例≤90%	3~6*	
	管线分离	50%≤比例≤70	5~6*	

注：标准"＊"项的分值采用"内插法"计算，计算结果取小数点后1位。

（4）装配式建筑评价　当装配式建筑同时满足下列要求：主体结构部分的评价分值不低于 20 分，围护墙和内隔墙部分的评价分值不低于 10 分，采用全装修，装配率不低于 50%，且主体结构竖向构件中预制部品部件的应用比例不低于 35% 时，可进行装配式建筑等级评价。

装配式建筑评价等级应划分为 A 级、AA 级、AAA 级，并应符合下列规定：

① 装配率为 60%~75% 时，评价为 A 级装配式建筑；

② 装配率为 76%~90% 时，评价为 AA 级装配式建筑；

③ 装配率为 91% 及以上时，评价为 AAA 级装配式建筑。

（5）建筑信息模型　建筑信息模型（BIM）是以三维数字技术为基础，集成了建筑工程项目各种相关信息的工程数据模型。BIM 技术最大的特色在于建筑模型内所携带的大量信息，透过参数化的建模过程，将这些几何信息组构成参数组件，如墙、柱、梁、板等，而这些参数组件造就了 BIM 技术应用于装配式建筑领域内的多种可能性。装配式建筑在设计阶段的多专业整合，构件碰撞检查，生产阶段的二次深化设计，自动化生产，施工阶段的装配施工模拟，都可以通过 BIM 技术进行优化，缩短周期、节约成本、保证质量，提高项目管理水平。BIM 技术与装配式建筑的结合，是建筑行业信息化与工业化二化融合的具体表现。

（6）工程总承包　工程总承包模式即 EPC 总承包模式，是指受业主委托，按照合同约定对工程建设项目的设计、采购、施工、试运行等实行全过程或若干阶段的承包模式。EPC 与装配式建筑的结合，就是由承包商对装配式建筑的设计、生产、施工全过程进行全面承包。

由于装配式建筑在设计上有其独特性，尤其是不同的供应商的设计生产施工体系都各不相同，需要从设计阶段、生产阶段和施工阶段开始紧密配合，所以与传统的设计、制造、施

工分离的承包模式不同,采用 EPC 总承包模式能发挥更好的效率。

2. 装配式建筑的局部性概念

(1)预埋件 预先安装在预制构件中起到保温、作减重、吊装、连接、定位、锚固、通水通电通气、便于作业、防雷防水以及装饰等作用的事物,都叫做预埋件。常用预埋件按用途分类如下:

① 结构连接件:连接构件与构件(钢筋与钢筋),或起到锚固作用的预埋件;

② 支模吊装件:便于现场支模、支撑、吊装的预埋件;

③ 填充物:起到保温、减重,或填充预留缺口的预埋件;

④ 水电暖通等功能件:通水、通电、通气或连接外部互动部件的预埋件;

⑤ 其他功能件:利于防水、防雷、定位、安装等的预埋件。

(2)部品与部件 部品是由工厂生产构成外围护系统、设备与管线系统、内装系统的建筑单一产品或复合产品组装而成的功能单元的统称;部件是在工厂或现场预先生产制作完成,构成建筑结构系统的结构构件及其他构件的统称。部品与部件的概念是相对的,对于不同的划分层级,部品与部件所指的对象也不同,对于整个装配式建筑单体来说,某个装配式房间可称为整个建筑单体的装配式部品,如整体厨房、整体卫浴等,组成这个房间的预制楼板、预制墙板等则为这个房间的装配式部件;而对于这个装配式房间来说,预制楼板则作为装配式部品,其中的某个预埋件或某块预制品则称为装配式部件。

▶ 三、装配式建筑结构体系

1. 装配整体式框架结构

(1)概念及特点 由预制柱、预制叠合梁组成主体受力框架,再由预制叠合楼板、预制阳台、预制楼梯、预制隔墙等辅助部件组成房屋。该结构体系的特点是工业化程度高,预制比例可达 80%,内部空间自由度好,室内梁柱外露,施工难度较高,成本较高。适用高度为50 m 以下(抗震设防烈度 7 度),主要用于需要开敞大空间的厂房、仓库、商场、停车场、办公楼、教学楼、医务楼、商务楼等建筑,近年来也逐渐应用于居民住宅等民用建筑。

(2)结构设计的相关规定 这里主要介绍结构设计的重要注意事项。《装配式混凝土结构技术规程》(JGJ 1—2014)的"7.1.1"条规定:除本规程另有规定外,装配整体式框架结构可按现浇混凝土框架结构进行设计。

在装配式框架结构设计方法上,该规范明确了装配式框架结构等同于现浇混凝土框架结构,不是说连接、构造等做法都等同于现浇混凝土框架结构,而是指性能上等同于现浇混凝土框架结构,节点满足现浇结构要求。

(3)框架柱、楼盖等构件的设计方法 在《装配式混凝土结构技术规程》的"6.1.8"条对装配整体式框架结构设计的规定为:框架结构的首层柱宜采用现浇混凝土,顶层宜采用现浇楼盖结构;高层装配整体式结构的框架结构宜设置地下室,地下室顶板不宜采用装配式,宜采用现浇混凝土。需要特别注意,装配整体式框架结构中预制柱水平接缝处不宜出现拉力,这种情况下不能采用装配式。

带转换层的装配整体式结构,"6.1.9"条规定:当采用部分框支剪力墙结构时,底部框支层不宜超过 2 层,且框支层及相邻上一层应采用现浇结构;部分框支剪力墙以外的结构中,转换梁、转换柱宜现浇。

装配整体式框架结构的楼盖,"6.6.1"条规定:宜采用叠合楼盖,结构转换层、平面复杂或开洞较大的楼层、作为上部结构嵌固部位的地下室楼层宜采用现浇楼盖。

装配整体式框架结构楼盖的布置形式有单向板和双向板两种,布置形式会影响主体结构的设计。布置时需要考虑三个因素:构件的生产、构件的运输和吊装、构件的连接,这三个问题都是装配式结构区别于现浇混凝土结构的要点,如图0-5所示。

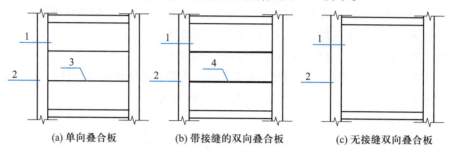

(a) 单向叠合板　　　　(b) 带接缝的双向叠合板　　　　(c) 无接缝双向叠合板

图0-5　叠合楼盖的预制板布置形式示意

1—预制板;2—梁或墙;3—板侧分离式接缝;4—板侧整体式接缝

(4)工艺原理和基本连接方式　装配式建筑建设过程中因为包括构件生产的环节,必然会增加构件加工图设计,就是通常所说的构件深化设计。根据装配式建筑的特点,主体结构施工需要与内装设计同步进行。除此以外,装配式建筑建造技术含量较高、容错性很差,如果设计阶段发生错误就会造成很大损失。所以,在装配式建设流程前期中还增加了技术策划这个阶段,而这个阶段又往往被忽视。一方面设计单位接触这个内容比较少,另一方面开发商的装配式建筑项目比较少,所以都没有注重技术策划阶段。装配式建筑设计与传统设计较大的差异就是有贯穿始终的协同设计过程,从技术策划直到主体施工、内装施工,都要与业主、设计各专业、施工单位协同、协作。

装配式框架结构连接设计,最重要的部分是连接方式与现浇混凝土结构不同。接缝的截面承载力应符合现行国家标准《混凝土结构设计规范》GB50010的规定,接缝的受剪承载力应验算并符合持久设计和抗震设计状况,一般情况下连接部分的承载力都不会小于杆件,所以接缝的正截面受压、受拉及受弯承载力可不必计算,只需验算抗剪承载力。

① 预制柱连接方式。预制柱的纵向钢筋连接能选用的方式不是很多,应符合《装配式混凝土结构技术规程》的"7.1.2"条规定:当房屋高度不大于12 m或层数不超过3层时,可采用套筒灌浆、浆锚搭接、焊接等连接方式;当房屋高度大于12 m或层数超过3层时,宜采用套筒灌浆连接。

② 叠合梁连接方式。叠合梁连接方式如图0-6、图0-7所示。

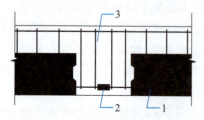

图0-6　叠合梁连接节点示意

1—预制梁;2—钢筋连接接头;3—后浇段

图0-7　现场工程实例

③ 主次梁连接方式。主次梁连接方式如图 0-8、图 0-9 所示。

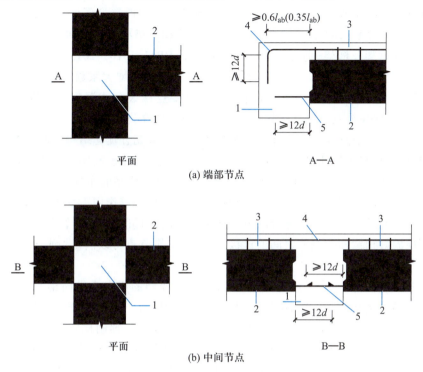

(a) 端部节点

(b) 中间节点

图 0-8　主次梁连接节点构造示意

1—主梁后浇段;2—次梁;3—后浇混凝土叠合层;4—次梁上部纵向钢筋;5—次梁下部纵向钢筋

图 0-9　主次梁连接节点现场施工实例

2. 装配整体式框架-现浇剪力墙结构

（1）基本结构形式及特点　当前国内的装配式框架剪力墙结构主要为装配整体式框架-现浇剪力墙结构,其形式及特点为:主体结构框架预制、主体结构剪力墙现浇、楼板采用叠合楼板,楼梯、雨篷、阳台等结构预制。该体系工业化程度高,施工难度高,成本较高,室内柱外露,内部空间自由度较好。适用高度为高层、超高层;适用建筑为商品房、保障房等。

（2）结构设计要点　框架梁、板采用部分预制加叠合层，框架柱采用预制柱，剪力墙采用现浇，通过必要的构造措施，保证连接节点在满足抗震延性需求条件下，采用等同现浇框架剪力墙结构设计理念，因此，在建筑使用高度、抗震构造措施上，规范并未对其进行严格的限制。《装配式框架及框架-剪力墙结构设计规程》（DB11/1310—2015）规定水平地震作用下应对现浇剪力墙的墙肢弯矩、剪力分别乘以 1.1 和 1.2 的增大系数，因此，必要的连接节点（缝）的验算，成为装配式框架剪力墙结构的计算要点；《装配式混凝土结构技术规程》规定了预制梁端竖向接缝及柱底水平接缝的受剪承载力计算公式。

（3）关键构件、节点与连接设计方法及技术手段　应充分优化结构平面布置，使剪力墙充分发挥其可提供较大抗侧刚度的作用，对于高烈度地区，高预制率要求下，框架-剪力墙结构宜选择"一字形"或"回字形"平面布置，不宜选择"L 形"平面布置。

具有良好承载力及延性的梁柱节点，是保证框架梁柱大震作用下变形的前提，在当前等同现浇设计的理念下，必须采取充分的节点构造及现场质量监管，控制好预制构件之间结合面的处理，检验好预制构件钢筋之间的连接，以确保连接节点可以满足"强节点、强锚固"的设计需求。

预制柱之间的连接通常采用湿式连接，湿式连接控制的要点为纵向钢筋的连接及灌浆料的灌注，宜适当优化钢筋间距，优先采用"大直径、少根数"，减少钢筋的连接数量，灌浆孔预留得当可靠是保证注浆质量的关键所在。位于结构外围的预制柱宜预留耳板，以减少现场模板作业，为保证结构整体刚度，预制框梁与框柱、预制框梁与框梁之间的连接，通常采用湿式连接，与现浇混凝土之间连接的梁端预留键槽，若有需要可设置必要的抗剪钢筋，梁纵向钢筋可采用机械连接。

3. 装配整体式剪力墙结构

（1）基本概念与特点　剪力墙、梁等主要受力构件部分或全部由预制混凝土构件组成，再与叠合楼板、楼梯、内隔墙等预制部件构成装配整体式混凝土结构。该体系特点是工业化程度度高，房间空间完整，无梁柱外露，施工难度高，成本较高、可选择局部或全部预制，空间灵活度一般。装配式剪力墙结构体系是目前研究最多、应用最多的结构体系。适用高度为高层、超高层；适用建筑为商品房、保障房等。

（2）设计技术要点与一般规定　为了提高装配整体式剪力墙结构的整体性，增强关键部位的延性，《装配式混凝土建筑技术标准》（GB/T 51231—2016）、《装配式混凝土结构技术规程》和《装配式剪力墙结构设计规程》（DB11/1003—2013）规定了建筑结构不适合采用预制而适合采用现浇的区域：高层装配整体式剪力墙结构设置地下室时，宜采用现浇混凝土；底部加强部位宜采用现浇混凝土；结构转换层和作为上部结构嵌固部位的楼层宜采用现浇楼盖；屋面层和平面受力复杂的楼层宜采用现浇楼盖。楼梯平台板和梯梁宜采用现浇结构。预制构件实施范围的选取既要满足相应的预制率要求，又要结合工程实际考虑设计和构件制作的难度，在合适、合理的部位实施，不能把装配式建筑做成"强行拆分"，这不符合装配式建筑实施的初衷。

① 拆分设计一般规定。方案设计应与结构拆分设计结合，避免复杂的外立面线条、大进深的凹廊等。构件拆分成果应保证工厂生产和现场施工的可行性，并尽可能地方便现场施工。构件拆分设计必须解决节点钢筋的锚固问题，避免钢筋冲突和锚固长度不足。设计功能务必完善，插座、开关、电器预留接口、安装预留洞口高度、数量、位置要合理。各专业使

用功能无冲突。

② 后浇段"节点"设计一般规定。后浇段尽量选用规范要求和图集推荐的"一字形""L形""T形"节点。当预制墙体过长分为两片墙体时,或在单片预制墙体端部,采用"一字形"节点连接。两墙垂直相交时采用"L形"节点连接。三墙相交时采用"T形"节点。相邻预制墙片之间应设置后浇段,宽度应同墙厚;后浇段的长度,当预制剪力墙的长度不大于1 500 mm时不宜小于150 mm,大于1 500 mm时不宜小于200 mm;后浇段内应设置竖向钢筋和水平环箍,竖向钢筋配筋率不小于墙体竖向分布筋配筋率,水平环箍配筋率不小于墙体水平钢筋配筋率;预制剪力墙的水平钢筋应在后浇段内锚固,或者与后浇段内水平钢筋焊接或搭接连接。

(3) 预制构件的设计和连接技术

① 外墙和内墙。当外墙采用预制墙板时,建议采用预制混凝土夹心保温剪力墙板。当采用复合夹心保温外墙时,构造要满足墙体的保温隔热要求。采用夹心外墙板时,穿透保温材料的连接件,宜采用非金属材料。当采用金属构件连接内外两层混凝土板时,应避免连接钢筋的热桥部位结露。开洞的预制墙洞口两侧设计成边缘构件以利于钢筋锚固。外窗洞口上方应避免设计单独的预制梁以防止出现直缝导致渗漏。预制外墙的大小要考虑工程的合理性、经济性、运输的可能性和现场的吊装能力。

预制内墙的构造做法及连接节点与预制外墙基本类似,其实施部位更加灵活,有更多的选择余地,根据具体工程中的户型布置和墙段长度,结合机电、装修可以深化集成的部位进行分段,通过调整后浇段长度,使预制构件的尺寸达到标准化。根据项目经验,宜尽可能地在无洞口范围内采用预制内墙,可以使预制率得到提高,构件的生产制作也相对容易。

② 梁。现浇结构之间的梁宜根据需要采用现浇梁或现浇连梁,且梁纵向钢筋宜采用直锚。内墙当采用全预制梁时,为方便施工,梁纵向钢筋宜直锚入后浇段,此时后浇段尺寸应满足钢筋锚固长度要求。

③ 叠合板。叠合板连接方式宜采用"后浇带"式以防止接缝处出现裂缝。当采用"双向板"时,为方便安装,应至少一个方向是无梁支座。厨房、卫生间等预埋管道多的部位不建议设计叠合楼板。

④ 楼梯。混凝土预制楼梯,特别能体现出工厂化预制的便捷、高效、优质、节约的特点。住宅楼梯包括两跑楼梯和单跑剪刀楼梯,可采用的预制构件包括梯板、梯梁、平台板和防火分隔板等。预制楼梯宜采用清水混凝土饰面,采取措施加强成品保护。楼梯踏面的防滑构造应在工厂预制时一次成型,节约人工、材料和便于后期维护,节能增效。采用统一的住宅层高,实现预制楼梯的模数化、标准化。

▶ 四、装配式建筑的建材特性与施工要求

1. 装配式建筑的建材特性

装配式混凝土预制构件所使用的材料主要包括混凝土、钢筋、连接件、预埋件以及保温材料等,材料的质量应符合国家及行业相关标准的规定,并按规定进行复检,经检验合格后方可使用。不得使用国家及地方政府明令禁止的材料。

(1) 预制混凝土构件所用材料的质量要求

① 混凝土。预制构件生产企业可以外购商品混凝土,也可以在工厂建设混凝土搅拌站

进行自拌,应准备的混凝土生产原材料包括水泥、骨料、外加剂、掺和料等。

混凝土的主要性能包括拌合物的工作性能与硬化后的力学性能和耐久性能。预制构件用混凝土的工作性能取决于构件浇捣时的生产、施工工艺要求,力学性能和耐久性能应满足设计文件和国家相关标准的要求。对于预制构件生产,为了提高模具和货柜周转率,混凝土除满足设计强度等级的要求外,还应考虑构件特定的养护环境和龄期下达到脱模和出场所需强度的要求,预应力混凝土构件还要考虑预应力张拉强度的要求。

相对于普通的商品混凝土,预制构件用混凝土一般具有以下特点:

要求有较快的早期强度发展速度。

对坍落度损失的控制时间较短,由于厂区内的混凝土运输距离短,一般混凝土从出机到浇捣完成在 30 min 内即可完成,坍落度保持时间过长,反而会影响构件的后处理,并对早期强度的发展不利。

同一强度等级的混凝土,一般需要对不同类型的构件、养护环境和龄期设计不同的配合比。

普通预制混凝土构件的强度等级不应低于同楼层、同类型现浇混凝土强度且不应低于C30。预应力混凝土构件的强度等级不应低于同楼层、同类型现浇混凝土强度且不宜低于C40,预应力筋放张时,混凝土强度应符合设计要求,且同条件养护的混凝土立方体抗压强度不低于设计混凝土强度等级值的 75%。

② 钢筋。预制构件采用的钢筋和钢材应符合现行国家标准《混凝土结构设计规范》(GB 50010)的规定并符合设计要求。热轧带肋钢筋和热轧光圆钢筋应分别符合现行国家标准《钢筋混凝土用钢 第 2 部分 热轧带肋钢筋》(GB 1499.2)和《钢筋混凝土用钢 第 1 部分 热轧光圆钢筋》(GB 1499.1)的规定。预应力钢筋应符合现行国家标准《预应力混凝土用螺纹钢筋》(GB/T 20065)、《预应力混凝土用钢丝》(GB/T 5223)和《预应力混凝土用钢绞线》(GB/T 5224)等的要求。钢筋焊接网片应符合现行国家标准《钢筋混凝土用钢 第 3 部分 钢筋焊接网》(GB 1499.3)及现行行业标准《钢筋焊接网混凝土结构技术规程》(JGJ 114)的要求。钢筋桁架应符合现行行业标准《钢筋混凝土用钢筋桁架》(YB/T 4262)的要求。钢材宜采用 Q235、Q345、Q390、Q420 钢;当有可靠依据时,也可采用其他型号钢材。吊环应采用未经冷加工的 HPB300 钢筋制作。吊装用内埋式螺母、吊杆及配套吊具,应根据相应的产品标准和设计规定选用。

③ 预埋件。预埋件应满足下列要求:预埋件的材料、品种、规格、型号应符合国家相关标准规定和设计要求。PVC 线盒、线管和配件质量应符合现行国家和行业标准《建筑排水用硬聚氯乙烯(PVC-U)管材》(GB/T 5836.1)、《建筑排水用硬聚氯乙烯(PVC-U)管件》(GB/T 5836.2)、《给水用硬聚氯乙烯(PVC-U)管材》(GB/T10002)、《建筑用绝缘电工套管及配件》(JG 3050)等的相关要求。KBG/JDG 线盒、线管和配件质量应符合国家现行标准《电气安装用导管系统 第 1 部分:通用要求》(GB/T 20041.1)和《电缆管理用导管系统 第 21 部分:刚性导管系统的特殊要求》(GB 20041.21)等的相关规定。预埋件及管线的防腐防锈应满足现行国家标准《工业建筑防腐蚀设计规范》(GB 50046)和《涂覆涂料前钢材表面处理 表面清洁度的目视评定》(GB/T 8923.1~4)的规定。预埋件锚板用钢材宜采用 Q235钢、Q345 钢,钢材等级不应低于 B 级;其质量应符合现行国家标准《碳素结构钢》(GB/T 700)和《低合金高强度结构钢》(GB/T 1591)的规定,当采用其他牌号的钢材时,尚应符合

相应有关标准的规定和要求;预埋件的锚筋应采用未经冷加工的热扎钢筋制作。

④ 保温连接件。在夹心保温外墙板中设置的用于连接保温层和两侧预制混凝土层的连接件,如图0-10所示,应满足下列要求:

图 0-10 保温连接件

连接件受力材料应满足现行国家及行业标准的技术要求。

连接件应具有足够的抗拉承载力、抗剪承载力和抗扭承载力以及与混凝土的锚固力,还应具有良好的变形能力和耐久性能。

连接件的规格型号应满足设计文件的要求。

⑤ 保温材料。预制混凝土夹心保温外墙板宜采用挤塑聚苯板或聚氨酯保温板作为保温材料,保温材料除应符合设计要求外,尚应符合现行国家和地方标准要求。

挤塑聚苯板主要性能指标应符合表0-2的要求,其他性能指标应符合现行国家标准《绝热用模塑聚苯乙烯泡沫塑料》(GB/T 10801.1)的要求。

表 0-2 挤塑聚苯板性能指标要求

项目	单位	性能指标	试验方法
密度	kg/m³	30~35	GB/T 6364
导热系数	W/(m·k)	≤0.03	GB/T 10294
压缩强度	MPa	≥0.2	GB/T 8813
燃烧性能	级	不低于 B₂级	GB 8624
尺寸稳定性	%	≤2.0	GB/T 8811
吸水率(体积分数)	%	≤1.5	GB/T 8810

聚氨酯保温板主要性能指标应符合表0-3的要求,其他性能指标应符合现行行业标准《聚氨酯硬泡复合保温板》(JG/T 314)的要求。

表 0-3 聚氨酯保温板性能指标要求

项目	单位	性能指标	试验方法
表观密度	kg/m³	≥32	GB/T 6343
导热系数	W/(m·k)	≤0.024	GB/T 10294
压缩强度	MPa	≥0.15	GB/T 8813

续表

项目	单位	性能指标	试验方法
拉伸强度	MPa	≥0.15	GB/T 9641
吸水率（体积分数）	%	≤3	GB/T 8810
燃烧性能	级	不低于 B₂级	GB 8624
尺寸稳定性	%	80 ℃ 48 h≤1.0	GB/T 8811
		−30 ℃ 48 h≤1.0	

（2）预制构件用混凝土质量的影响因素　混凝土的质量影响因素主要包括原材料的选用、水灰比、养护条件、环境等，而预制构件所用混凝土可购买商品混凝土，也可在工厂自设搅拌站，由于建筑业与工业化的深度融合，预制构件所用混凝土的质量主要影响因素为原材料的选用，应符合下列要求：

① 水泥宜采用不低于 42.5 级硅酸盐、普通硅酸盐水泥，质量应符合现行国家标准《通用硅酸盐水泥》（GB 175）的规定。水泥应与所使用的外加剂具有良好的适应性，宜优先选用早期强度高、凝结时间较短的普通硅酸盐水泥。

② 砂质量应符合现行行业标准《普通混凝土用砂、石质量及检验方法标准》（JGJ 52）的规定，宜选用Ⅱ区中砂，根据当地砂的来源情况选用河砂、机制砂或者其他砂种。

③ 石质量应符合现行行业标准《普通混凝土用砂、石质量及检验方法标准》（JGJ 52）的规定，最大公称粒径应符合现行国家标准《混凝土质量控制标准》（GB 50164）的有关规定，宜选用 5~20 mm 连续级配的碎石。

④ 外加剂宜选用高性能减水剂，其质量应符合现行国家标准《混凝土外加剂》（GB 8076）的规定，并满足工厂混凝土缓凝、早强等要求，外加剂的掺量应经试验确定。

⑤ 粉煤灰及其他矿物掺合料应符合现行国家标准《用于水泥和混凝土中粉煤灰》（GB/T 1596）等国家及行业相关标准规定，宜选用Ⅱ级或优于Ⅱ级的粉煤灰。

⑥ 拌合用水应符合现行行业标准《混凝土拌合用水标准》（JGJ 63）的规定。

2. 装配式建筑建材施工要求

（1）预制构件用混凝土与现浇混凝土的区别　在工厂中预制混凝土构件，最大的优越性是有利于质量控制，而在现浇混凝土时，由于条件的限制，很多方面是难以做到的。这种优越性主要体现在以下几个方面：

① 便于预应力钢筋或钢丝的张拉。在楼板、桁架等建筑构件中，常配有预应力钢筋，这些钢筋不同于普通钢筋，它们在浇筑混凝土前预先加上一个外力，将其张拉。钢筋的张拉应力值对所制备构件的力学性质有相当大的影响，必须严格加以控制。在现场张拉钢筋常受到施工条件的限制，即便可以张拉，也可能由于锚固不好，或者模板松动等原因，使张拉应力松弛而达不到设计的要求。而在预制构件厂中，由于有专门的场地，专用的模具和锚固件，以及专用的钢筋张拉设备，因而能比较好地控制钢筋的张拉应力。

② 便于混凝土的质量控制。预制构件厂一般是一些专业性的企业，其对所生产的构件具有一定的专业知识和较丰富的经验，对混凝土的制备控制比较严格，由于不受场地的限制，成型、振捣都比较容易。因此，比较容易控制混凝土的质量。

③ 便于养护。混凝土的养护对混凝土预制构件的质量来说是一个十分重要的环节。

在施工现场,由于受到条件的限制,一般只能采取自然养护,受环境影响较大。而在预制厂中生产预制构件,由于它是一个独立的构件,相对于建筑物而言,体积要小得多,因而可以采取较灵活的养护方式,如室内养护、蒸汽养护等。

(2)预制混凝土构件中的预埋件要求 预制混凝土构件中的预埋件用钢材及焊条的性能应符合实际要求,其加工偏差应符合表0-4的规定。

表0-4 预埋件加工允许偏差

项次	检验项目		允许偏差/mm	检验方法
1	预埋件锚板的边长		0,−5	钢尺量测
2	预埋件锚板的平整度		1	直尺和塞尺量测
3	锚筋	长度	10,−5	钢尺量测
		间距偏差	±10	钢尺量测

(3)对于有特殊要求的如裸露的埋件的热镀锌处理 镀锌是指在金属、合金或者其他材料的表面镀一层锌以起美观、防锈等作用的表面处理技术。主要采用的方法是热镀锌。

锌易溶于酸,也能溶于碱,故称它为两性金属。锌在干燥的空气中几乎不发生变化。在潮湿的空气中,锌表面会生成致密的碱式碳酸锌膜。在含二氧化硫、硫化氢以及海洋性气氛中,锌的耐蚀性较差,尤其在高温高湿含有机酸的气氛里,锌镀层极易被腐蚀。锌的标准电极电位为−0.76 V,对钢铁基体来说,锌镀层属于阳极性镀层,它主要用于防止钢铁的腐蚀,其防护性能的优劣与镀层厚度关系甚大。锌镀层经钝化处理、染色或涂覆护光剂后,能显著提高其防护性和装饰性。

热镀锌的生产工序主要包括:材料准备→镀前处理→热浸镀→镀后处理→成品检验等。按照习惯,往往根据镀前处理方法的不同,把热镀锌工艺分为线外退火和线内退火两大类。在装配式混凝土预制构件中(图0-11),各类构件均有裸露的钢筋和预埋件,必要时需考虑采取热镀锌处理。

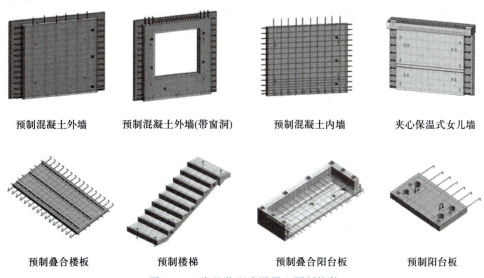

预制混凝土外墙   预制混凝土外墙(带窗洞)   预制混凝土内墙   夹心保温式女儿墙

预制叠合楼板   预制楼梯   预制叠合阳台板   预制阳台板

图0-11 常见装配式混凝土预制构件

▶ 五、与装配式建筑有关的规范要求

1.《装配式住宅建筑设计标准》简介

（1）概述　2018年6月1日起开始实施的《装配式住宅建筑设计标准》（JGJ/T 398—2017）是国内首部面向全国的关于装配式住宅建筑设计类的指导文件，其从建筑设计源头建立装配式住宅的建设标准体系、明确技术要点，引导、促进和规范装配式住宅的建设，改变各地建设水平参差不齐的现状，对于引导促进建筑产业现代化可持续性发展具有重要意义。该标准主要包括以下8部分内容：1. 总则；2. 术语；3. 基本规定；4. 建筑设计；5. 建筑结构体与主体部件；6. 建筑内装体与内装部品；7. 围护结构；8. 设备及管线。适用于采用装配式建筑结构体与建筑内装体集成化建造的新建、改建和扩建住宅建筑设计。

（2）基本规定

① 装配式住宅的安全性能、适用性能、耐久性能、环境性能、经济性能和适老性能等应符合国家现行标准的相关规定。

② 装配式住宅应在建筑方案设计阶段进行整体技术策划，对技术选型、技术经济可行性和可建造性进行评估，科学合理地确定建造目标与技术实施方案。整体技术策划应包括下列内容：概念方案和结构选型的确定；生产部件部品工厂的技术水平和生产能力的评定；部件部品运输的可行性与经济性分析；施工组织设计及技术路线的制定；工程造价及经济性的评估。

③ 装配式住宅建筑设计宜采用住宅建筑通用体系，以集成化建造为目标实现部件部品的通用化、设备及管线的规格化。

④ 装配式住宅建筑应符合建筑结构体和建筑内装体的一体化设计要求，其一体化技术集成应包括下列内容：建筑结构体的系统及技术集成、建筑内装体的系统及技术集成、围护结构的系统及技术集成、设备及管线的系统及技术集成。

⑤ 装配式住宅建筑设计宜将建筑结构体与建筑内装体、设备管线分离。

⑥ 装配式住宅设计应满足标准化与多样化要求，以少规格多组合的原则进行设计，应包括下列内容：建造集成体系通用化、建筑参数模数化和规格化；套型标准化和系列化；部件部品定型化和通用化。

⑦ 装配式住宅建筑设计应遵循模数协调原则，并应符合现行国家标准《建筑模数协调标准》（GB/T 50002）的有关规定。

⑧ 装配式住宅设计除应满足建筑结构体的耐久性要求，还应满足建筑内装体的可变性和适应性要求。

⑨ 装配式住宅建筑设计选择结构体系类型及部件部品种类时，应综合考虑使用功能、生产、施工、运输和经济性等因素。

⑩ 装配式住宅主体部件的设计应满足通用性和安全可靠要求。

⑪ 装配式住宅内装部品应具有通用性和互换性，满足易维护的要求。

⑫ 装配式住宅建筑设计应满足部件生产、运输、存放、吊装施工等生产与施工组织设计的要求。

⑬ 装配式住宅应满足建筑全寿命期要求，应采用节能环保的新技术、新工艺、新材料和新设备。

2.《装配式混凝土结构技术规程》简介

（1）概述　《装配式混凝土结构技术规程》（JGJ 1—2014）在原《装配式大板居住建筑设计和施工规程》（JGJ 1—1991）基础上修订完成，在原规程的基础上扩大了适用范围，加强了装配式结构整体性的设计要求，实现等同现浇的要求。包含了装配式框架结构、剪力墙结构等几种主要的结构形式，除了结构设计的内容外，还补充、强化了建筑设计、加工制作、安装、工程验收等环节，着重强调钢筋的连接以及预制构件与后浇混凝土或拼缝材料之间的连接，突出整体性要求，以保证结构的抗震性能和整体稳固性。该规程主要包括以下 13 部分内容：1. 总则；2. 术语和符号；3. 基本规定；4. 材料；5. 建筑设计；6. 结构设计基本规定；7. 框架结构设计；8. 剪力墙结构设计；9. 多层剪力墙结构设计；10. 外挂墙板设计；11. 构件制作与运输；12. 结构施工；13. 工程验收。

（2）基本规定

① 在装配式建筑方案设计阶段，应协调建设、设计、制作、施工各方之间的关系，并应加强建筑、结构、设备、装修等专业之间的配合。

② 装配式建筑设计应遵循少规格、多组合的原则。

③ 装配式结构的设计应符合现行国家标准《混凝土结构设计规范》（GB 50010）的基本要求，并应符合下列规定：应采取有效措施加强结构的整体性；装配式结构宜采用高强混凝土、高强钢筋；装配式结构的节点和接缝应受力明确、构造可靠，并应满足承载力、延性和耐久性等要求；应根据连接节点和接缝的构造方式和性能，确定结构的整体计算模型。

④ 抗震设防的装配式结构，应按现行国家标准《建筑工程抗震设防分类标准》（GB 50223）确定抗震设防类别及抗震设防标准。

⑤ 装配式结构中，预制构件的连接部位宜设置在结构受力较小的部位，其尺寸和形状应符合下列规定：应满足建筑使用功能、模数、标准化要求，并应进行优化设计；应根据预制构件的功能和安装部位、加工制作及施工精度等要求，确定合理的公差；应满足制作、运输、堆放、安装及质量控制要求。

⑥ 预制构件深化设计的深度应满足建筑、结构和机电设备等各专业以及构件制作、运输、安装等各环节的综合要求。

3.《装配式混凝土建筑技术标准》简介

（1）概述　《装配式混凝土建筑技术标准》（GB/T 51231—2016）作为重要的装配式建筑技术标准之一，明确了装配式建筑的定义：是建筑结构系统、外围护系统、内装系统和设备与管线系统的主要部分采用预制部品部件集成的建筑。该标准既秉承装配式建筑标准的集成性和一体化特点，同时又兼顾了结构系统设计的重要性。在结构设计的内容上，该标准结合了近几年的科研成果和工程实践经验，对《装配式混凝土结构技术规程》（JGJ 1—2014）的技术内容和条文进行补充完善，丰富发展了装配式混凝土结构的成熟新技术、新工艺。除此之外，标准中针对装配式混凝土预制构件的生产运输、施工安装、质量验收等内容都提出了明确的规定和要求。该标准主要包括以下 11 部分内容：1. 总则；2. 术语和符号；3. 基本规定；4. 建筑集成设计；5. 结构系统设计；6. 外围护系统设计；7. 设备与管线系统设计；8. 内装系统设计；9. 生产运输；10. 施工安装；11. 质量验收。

（2）基本规定

① 装配式混凝土建筑应采用系统集成的方法统筹设计、生产运输、施工安装，实现全过

程协同。

② 装配式混凝土建筑设计应按照通用化、模数化、标准化的要求,以少规格、多组合的原则,实现建筑及部品部件的系列化和多样化。

③ 部品部件的工厂化生产应建立完善的生产质量管理体系,设置产品标识,提高生产精度,保障产品质量。

④ 装配式混凝土建筑应综合协调建筑、结构、设备和内装等专业,制定相互协同的施工组织方案,并应采用装配式施工,保证工程质量,提高劳动效率。

⑤ 装配式混凝土建筑应实现全装修,内装系统应与结构系统、外围护系统、设备与管线系统一体化设计建造。

⑥ 装配式混凝土建筑宜采用建筑信息模型(BIM)技术,实现全专业、全过程的信息化管理。

⑦ 装配式混凝土建筑宜采用智能化技术,提升建筑使用的安全、便利、舒适和环保等性能。

⑧ 装配式混凝土建筑应进行技术策划,对技术选型、技术经济可行性和可建造性进行评估,并应科学合理地确定建造目标与技术实施方案。

⑨ 装配式混凝土建筑应满足适用性能、环境性能、经济性能、安全性能、耐久性能等要求,并应采用绿色建材和性能优良的部品部件。

4.《装配式建筑评价标准》简介

(1)概述 2018年2月1日起实施的《装配式建筑评价标准》(GB/T 51129—2017),以装配率作为统一指标来考量建筑的装配化程度,整合了各地标准中预制率、预制装配率、装配化率等评价指标,使得装配式建筑的评价工作更为简捷明确和易于操作。拓展了装配率计算指标的范围,设置了控制性指标,明确了装配式建筑最低准入门槛,以竖向构件、水平构件、围护墙和分隔墙、全装修等指标,分析建筑单体的装配化程度。该标准以装配式建筑作为最终产品对建筑的装配化等级进行定量的评价,可作为地方政府制定相关奖励性政策的依据。该标准主要包括以下5部分内容:1. 总则;2. 术语;3. 基本规定;4. 装配率计算;5. 评价等级划分。

(2)基本规定

① 装配率计算和装配式建筑等级评价应以单体建筑作为计算和评价单元,并应符合下列规定:主体建筑应按项目规划批准文件的建筑编号确认;建筑由主楼和裙房组成时,主楼和裙房可按不同的单体建筑进行计算和评价;单体建筑的层数不大于3层,且地上建筑面积不超过500 m² 时,可由多个单体建筑组成建筑组团作为计算和评价单元。

② 装配式建筑评价应符合下列规定:设计阶段宜进行预评价,并应按设计文件计算装配率;项目评价应在项目竣工验收后进行,并应按竣工验收资料计算装配率和确定评价等级。

③ 装配式建筑应同时满足下列要求:主体结构部分的评价分值不低于20分;围护墙和内隔墙部分的评价分值不低于10分;采用全装修;装配率不低于50%。

④ 装配式建筑宜采用装配化装修。

5.《装配式住宅建筑检测技术标准》简介

(1)概述 自2020年6月1日起实施的《装配式住宅建筑检测技术标准》(JGJ/T

485—2019），适用于新建装配式住宅建筑在工程施工与竣工验收阶段的现场检测。标准明确了装配式住宅建筑的现场检测要求，对装配式住宅建筑的检测方法作出了明确的规定。该标准主要包括装配式混凝土结构检测、装配式钢结构检测、装配式木结构检测、外围护系统检测、设备与管线系统检测、内装系统检测等内容，适用于安装施工与竣工验收阶段装配式住宅建筑的检测等内容。标准的出台，填补了装配式住宅建筑检测技术标准的空白，为安装施工与竣工验收阶段装配式住宅建筑的现场检测提供了技术依据，对于保证装配式住宅建筑的工程质量具有重大的现实意义。该标准包括了以下 9 部分内容：1. 总则；2. 术语；3. 基本规定；4. 装配式混凝土结构检测；5. 装配式钢结构检测；6. 装配式木结构检测；7. 外围护系统检测；8. 设备与管线系统检测；9. 装饰装修系统检测。

（2）基本规定

① 装配式住宅建筑检测应包括结构系统、外围护系统、设备与管线系统、装饰装修系统等内容。

② 工程施工阶段，应对装配式住宅建筑的部品部件及连接等进行现场检测；检测工作应结合施工组织设计分阶段进行，正式施工开始至首层装配式结构施工结束宜作为检测工作的第一阶段，对各阶段检测发现的问题应及时整改。

③ 工程施工和竣工验收阶段，当遇到下列情况之一时，应进行现场补充检测：涉及主体结构工程质量的材料、构件以及连接的检验数量不足；材料与部品部件的驻厂检验或进场检验缺失，或对其检验结果存在争议；对施工质量的抽样检测结果达不到设计要求或施工验收规范要求；对施工质量有争议；发生工程质量事故，需要分析事故原因。

④ 第一阶段检测前，应在现场调查基础上，根据检测目的、检测项目、建筑特点和现场具体条件等因素制定检测方案。

⑤ 现场调查应包括下列内容：收集被检测装配式住宅建筑的设计文件、施工文件和岩土工程勘察报告等资料；场地和环境条件；被检测装配式住宅建筑的施工状况；预制部品部件的生产制作状况。

⑥ 检测方案宜包括下列内容：工程概况；检测目的或委托方检测要求；检测依据；检测项目、检测方法以及检测数量；检测人员和仪器设备；检测工作进度计划；需要现场配合的工作；安全措施；环保措施。

⑦ 装配式住宅建筑的现场检测可采用全数检测和抽样检测两种检测方式，遇到下列情况时宜采用全数检测方式：外观缺陷或表面损伤的检查；受检范围较小或构件数量较少；检测指标或参数变异性大、构件质量状况差异较大。

⑧ 装配式住宅建筑施工过程应测量结构整体沉降和倾斜，测量方法应符合现行行业标准《建筑变形测量规范》（JGJ 8）的规定。

⑨ 当仅采用静力性能检测无法进行损伤识别和缺陷诊断时，宜对结构进行动力测试。动力测试应符合现行国家标准《建筑结构检测技术标准》（GB/T 50344）的规定。

⑩ 检测结束后，应修补检测造成的结构局部损伤，修补后的结构或构件的承载能力不应低于检测前承载能力。

⑪ 每一阶段检测结束后应提供阶段性检测报告，检测工作全部结束后应提供项目检测报告；检测报告应包括工程概况、检测依据、检测目的、检测项目、检测方法、检测仪器、检测数据和检测结论等内容。

▶ 六、装配式建筑图纸识读

1. 装配式混凝土建筑识图基本知识

（1）图纸制成原理与基本概念　装配式建筑工程施工图与传统的建筑工程施工图相比，也是由建筑施工图、结构施工图和设备施工图组成。装配式建筑工程施工图除了要在平面、立面、剖面准确表达预制构件的应用范围、构件编号及位置、安装节点等要求外，还应包括典型预制构件图、配件标准化设计与选型、预制构件性能设计等内容。施工图设计必须要满足后续预制构件深化设计要求，在施工图初步设计阶段就要与深化设计单位充分沟通，将装配式建筑施工要求融入施工图设计中，减少后续图纸变更或更改，确保施工图设计图纸的深度对于深化设计需要协调的要点已经充分清晰表达。

装配式建筑工程施工图与传统的建筑工程施工图不同的是还有一个预制构件施工图深化设计阶段，包括平立面安装布置图、典型构件安装节点详图、预制构件安装构造详图及各专业设计预留预埋件定位图。

（2）图纸说明的识读　在设计总说明中，添加了装配式混凝土结构专项说明，装配式混凝土结构专项说明可以与结构设计总说明合并编写，也可单独编写。当选用配套标准图集的构件和做法时，应满足选用图集的规定，并将配套图集列于设计文件中。

① 了解依据性文件名称和文号，如批文、本专业设计所执行的主要法规和所采用的主要标准（包括标准名称、编号、年号和版本号）及设计合同等。

② 了解项目概况。内容一般有建筑名称、建设地点、建设单位、建筑面积、建筑基底面积、项目设计规模等级、设计使用年限、建筑层数和建筑高度、建筑防火分类和耐火等级、人防工程类别和防护等级，人防建筑面积、屋面防水等级、地下室防水等级、主要结构类型、抗震设防烈度、项目内采用装配整体式结构单体的分布情况，范围、规模及预制构件种类、部位等，以及能反映建筑规模的主要技术经济指标，如住宅的套型和套数（包括每套的建筑面积、使用面积）、旅馆的客房间数和床位数、医院的门诊人次和住院部的床位数、车库的停车泊位数等；各装配整体式建筑单体的建筑面积统计，应列出预制外墙部分的建筑面积，说明外墙预制构件所占的外墙面积比例及计算过程，并说明是否满足不计入规划容积率的条件。

③ 掌握设计标高。搞清工程的相对标高与总图绝对标高的关系。

④ 熟悉用料说明和室内外装修情况。

墙体、墙身防潮层、地下室防水、屋面、外墙面、勒脚、散水、台阶、坡道、油漆、涂料等处的材料和做法，可用文字说明或部分文字说明，部分直接在图上引注或加注索引号，其中应包括节能材料的说明。

预制装配式构件的构造层次，当采用预制外墙时，应注明预制外墙外饰面做法。如预制外墙反打面砖、反打石材、涂料等。

室内装修部分除用文字说明以外亦可用表格形式表达，在表中填写相应的做法或代号。

⑤ 说明各类预制构件和现浇构件在不同部位所选用的混凝土强度等级和钢筋级别，以确定相应预制构件预留钢筋的最小锚固长度及最小搭接长度等。

⑥ 注明后浇段、纵筋，预制墙体分布筋等在具体工程中需接长时所采用的连接形式及有关要求，必要时，应注明对接头的性能要求。

2. 主体结构施工图纸识读

（1）预制内墙施工图识读　预制混凝土剪力墙内墙板一般为单叶板,实心墙板模式。预制内墙板如图 0-12 所示。

图 0-12　预制内墙板

① 规格及编号。预制内墙板在装配式建筑施工图中,针对不同的形式及规格大小,采用统一的编号规则,如图 0-13 所示。

NQ×× — ×××× — ××××

预制内墙板类型(NQ、NQM1、NQM2、NQM3)

预制内墙板标志宽度、建筑层高,以 dm 计

预制内墙板洞口宽度和高度,以 dm 计

墙板类型	示意图	墙板编号	标志宽度	层高	门宽	门高
无洞口内墙		NQ—2128	2 100	2 800	—	—
固定门垛内墙		NQM1—3028—0921	3 000	2 800	900	2 100
中间门洞内墙		NQM2—3029—1022	3 000	2 900	1 000	2 200
刀把内墙		NQM3—3330—1022	3 300	3 000	1 000	2 200

图 0-13　预制内墙板规格及编号

② 图例与符号说明。预制钢筋混凝土墙板所用图例及符号的规定见表 0-5。

表 0-5　预制钢筋混凝土墙板所用图例与符号

名称	图例	名称	符号
预埋线盒	⊠	吊件	MJ1
保温层		临时支撑预埋螺母	MJ2
夹心保温外墙	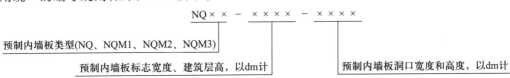	套筒组件	TT1/TT2

23

③ 墙身模板图识读。根据国家标准图集《预制混凝土剪力墙内墙板》(15G365-2)的相关规定,本节以 NQ-1828 为例说明墙身模板图识读,如图 0-14 所示。

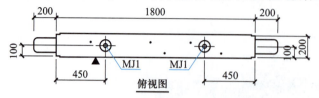

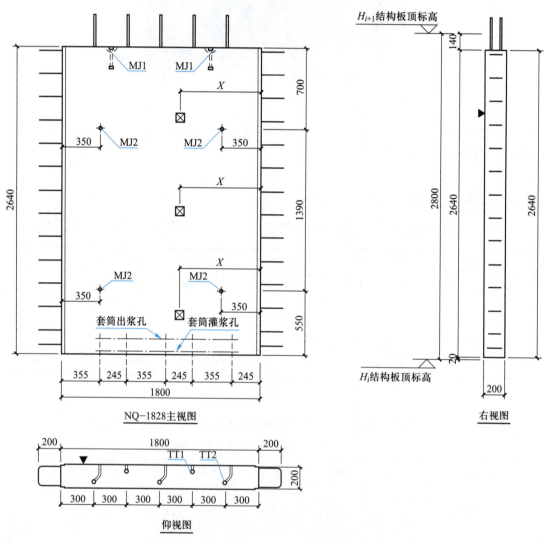

图 0-14　预制内墙板模板图

墙板宽 1 800 mm,高 2 640 mm,底部预留 20 mm 高灌浆区,顶部预留 140 mm 后浇区,厚 200 mm。

墙板底部预埋五个灌浆套筒(TT),墙板顶部有两个预埋吊件(MJ1),墙板内侧面有四个临时支撑预埋螺母(MJ2),墙板内侧面有三个预埋电气线盒(⊠)。

墙板两侧边钢筋伸出墙边 200 mm。

（2）预制外墙施工图识读　预制混凝土剪力墙外墙由内叶墙板、保温层和外叶墙板组成。预制外墙板如图 0-15 所示。

图 0-15　预制外墙板

① 规格及编号。预制外墙板在装配式建筑施工图中,针对不同的形式及规格大小,采用统一的编号规则,如图 0-16 所示。

WQ×× - ×××× - ×××× - ××××

预制外墙板类型
(WQ、WQC1、WQCA、WQC2、WQM)

预制外墙板标志宽度、建筑层高,以dm计

第二个门窗洞口宽度和高度,以dm计

预制外墙板门窗洞口宽度和高度,以dm计

墙板类型	示意图	墙板编号	标志宽度	层高	门/窗洞口宽	门/窗洞口高	门/窗洞口宽	门/窗洞口高
无洞口外墙	□	WQ-2428	2 400	2 800	—	—		
一个窗洞外墙(高窗台)	▣	WQC1-3328-1514	3 300	2 800	1 500	1 400		
一个窗洞外墙(矮窗台)	▢	WQCA-3329-1517	3 300	2 900	1 500	1 700		
两个窗洞外墙	▣▣	WQC2-4830-0615-1515	4 800	3 000	600	1 500	1 500	1 500
一个门洞外墙	∏	WQM-3628-1823	3 600	2 800	1 800	2 300		

图 0-16　预制外墙板规格及编号

② 墙身模板图识读。根据国家标准图集《预制混凝土剪力墙外墙板》(15G365-1)的相关规定,本节以 WQ-2728 为例说明墙身模板图识读,如图 0-17 所示。

由内而外依次是内叶墙板、保温板和外叶墙板,均同中心轴对称布置。内叶墙板距保温板边 270 mm,外叶墙板距保温板边 20 mm。内叶墙板底部高出结构板顶 20 mm(底部灌浆区),顶部低于上一层结构板顶标高 140 mm。保温板底部与内叶墙板平齐,顶部与上一层结构板顶标高平齐。外叶墙板底低于内叶墙板底部 35 mm。

其余外墙板识图内容、方法均与内墙板的识图一致。

（3）预制柱施工图识读　预制柱是指预先按规定尺寸做好模板,然后浇筑成型,待强度

25

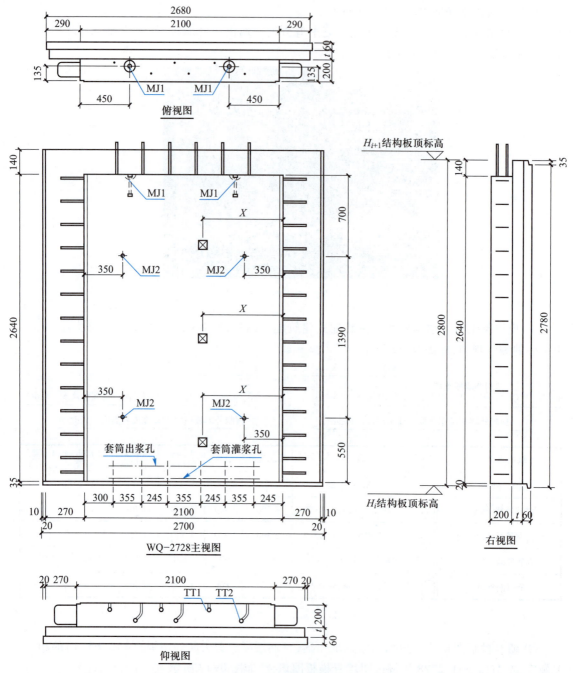

图 0-17　预制外墙板模板图

达到后再运至施工现场按设计要求位置进行安装固定的柱。在框架结构中,预制柱承受梁和板传来的荷载,并将荷载传给基础,是主要的竖向支撑结构。

预制混凝土柱包括实心柱和矩形柱壳两种形式。预制混凝土柱的外观多种多样,包括矩形、圆形和工字形等。

目前我国预制装配式混凝土框架结构通常采用分层预制的实心混凝土柱,梁柱节点区域采用现浇混凝土,框架柱纵向钢筋通常采用套筒灌浆进行连接。

预制柱钢筋笼如图 0-18 所示,预制混凝土实心柱成品如图 0-19 所示,预制混凝土实心柱(带灌浆套筒)如图 0-20 所示。

图 0-18　预制柱钢筋笼

图 0-19　预制混凝土实心柱成品

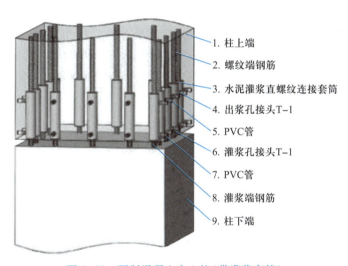

1. 柱上端
2. 螺纹端钢筋
3. 水泥灌浆直螺纹连接套筒
4. 出浆孔接头T-1
5. PVC管
6. 灌浆孔接头T-1
7. PVC管
8. 灌浆端钢筋
9. 柱下端

图 0-20　预制混凝土实心柱(带灌浆套筒)

(4)预制板施工图识读　目前装配式建筑中常用的预制板为桁架钢筋混凝土叠合板,是由预制底板和后浇钢筋混凝土叠合而成的装配整体式楼板,又可分为单向叠合板和双向叠合板。预制叠合板如图 0-21 所示。

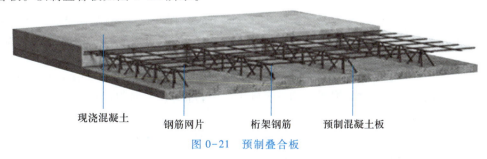

现浇混凝土　　钢筋网片　　桁架钢筋　　预制混凝土板

图 0-21　预制叠合板

① 规格及编号。预制叠合板在装配式建筑施工图中,针对不同的形式及规格大小,采用统一的编号规则。双向板编号规则如图 0-22 所示。

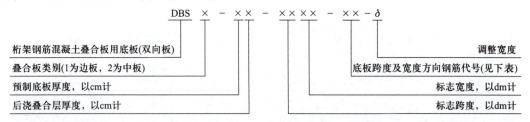

编号 宽度 方向钢筋 \ 跨度方向钢筋	⌀8@200	⌀8@150	⌀10@200	⌀10@150
⌀8@200	11	21	31	41
⌀8@150		22	32	42
⌀8@100				43

图 0-22 预制双向叠合板编号规则

例:底板编号 DBS1-67-3620-31,表示双向受力叠合板用底板,拼板位置为边板,预制底板厚度为 60 mm,后浇叠合层厚度为 70 mm,预制底板的标志跨度为 3 600 mm,预制底板的标志宽度为 2 000 mm,底板跨度方向配筋为⌀10@200,底板宽度方向配筋为⌀8@200。

单向叠合板编号规则如图 0-23 所示。

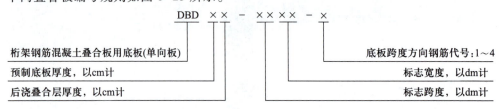

代号	1	2	3	4
受力钢筋规格及间距	⌀8@200	⌀8@150	⌀10@200	⌀10@150
分布钢筋规格及间距	⌀6@200	⌀6@200	⌀6@200	⌀6@200

图 0-23 预制单向叠合板编号规则

例:底板编号 DBD68-3620-2,表示单向受力叠合板用底板,预制底板厚度为 60 mm,后浇叠合层厚度为 80 mm,预制底板的标志跨度为 3 600 mm,预制底板的标志宽度为 2 000 mm,底板跨度方向配筋,受力钢筋为⌀8@150,分布钢筋为⌀6@150。

② 符号说明。预制钢筋混凝土阳台板施工图中,△所指方向为模板面,△所指方向为粗糙面。

③ 叠合板模板图识读。根据国家标准图集《桁架钢筋混凝土叠合板》(15G366-1)的相关规定,本节以 DBS1-67-3015-11 为例说明叠合板模板图识读,如图 0-24 所示。

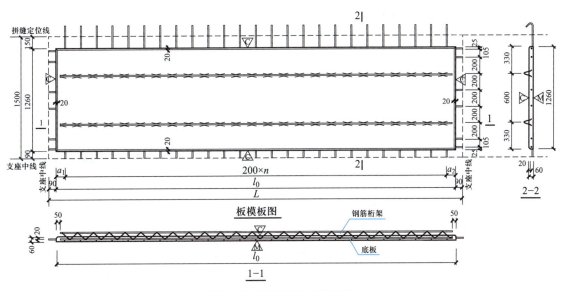

图 0-24 预制叠合板模板图

叠合板双向板底板,厚度 60 mm,用作边板。板的宽度方向,支座中线距拼缝定位线 1 500 mm,预制板混凝土面宽度 1 260 mm,支座中线距支座一侧板边 90 mm,拼缝定位线距拼缝一侧板边 150 mm。板的长度方向,两侧板边距支座中线均为 90 mm,预制板混凝土面长度 l_0。预制板四边及顶面均为粗糙面,底面为模板面。

(5)预制楼梯施工图识读 预制楼梯是将梯段整体预制,通过预留的销键孔与梯梁上的预留筋形成连接。常用的预制楼梯有双跑楼梯和剪刀楼梯。预制楼梯如图 0-25 所示。

图 0-25 预制楼梯

① 规格及编号。预制楼梯在装配式建筑施工图中,针对不同的形式及规格大小,采用统一的编号规则,如图 0-26 所示。

例 1:ST-28-25 表示双跑楼梯梯段板,建筑层高 2.8 m,楼梯间净宽 2.5 m。

例 2:JT-28-25 表示剪刀楼梯梯段板,建筑层高 2.8 m,楼梯间净宽 2.5 m。

② 图例及符号说明。预制钢筋混凝土楼梯所用符号见表 0-6。

图 0-26　预制楼梯规格及编号

表 0-6　预制钢筋混凝土楼梯所用符号

编号	名称	编号	名称
D1	栏杆预留洞口	M2	梯段板吊装预埋件
M1	梯段板吊装预埋件	M3	栏杆预留埋件

③ 楼梯模板图识读。根据国家标准图集《预制钢筋混凝土板式楼梯》(15G367-1)的相关规定,本节以 ST-28-25 为例说明楼梯模板图识读,如图 0-27 所示。

楼梯间净宽 2 500 mm,梯段宽 1 195 mm,梯井宽 110 mm,梯段水平投影长 2 620 mm,梯段板厚 120 mm。

梯段底部平台上面宽 400 mm,底面宽 348 mm,厚 180 mm。顶面与低处楼梯平台建筑面层平齐,支撑在平台梁上。平台上设置两个销键预留洞,预留洞下部 140 mm 直径为 50 mm,上部 40 mm 直径为 60 mm,预留洞中心距离梯段板边分别为 185 mm 和 280 mm。

高处平台的上面宽 400 mm,底面宽 192 mm,厚 180 mm,长 1 250 mm,梯井一侧比踏步宽 55 mm。平台上设置两个销键预留洞,直径为 50 mm,预留洞中心距离两侧梯段板边均为 280 mm。

踏步高 175 mm,踏步宽 260 mm,踏步表面做防滑槽。02 和 06 踏步面上各设置两个梯段板吊装预埋件 M1,距板边 200 mm。02 和 06 踏步侧面各设置一个梯段板吊装预埋件 M2。01、03、05、07 踏步面靠近梯井处板边 50 mm 分别设置一个栏杆预留洞口。

3. 其他预制构件施工图识读

(1) 预制阳台板施工图识读　预制钢筋混凝土阳台板是一种悬挑构件的水平承重板,按构件类型分为叠合板式阳台、全预制板式阳台、全预制梁式阳台。预制阳台板如图 0-28 所示。

① 规格及编号。预制阳台板在装配式建筑施工图中,针对不同的形式及规格大小,采用统一的编号规则,如图 0-29 所示。

预制阳台板类型:D 型代表叠合板式阳台;B 型代表全预制板式阳台;L 型代表全预制梁式阳台。

预制阳台板封边高度:04 代表阳台封边 400 mm 高;08 代表阳台封边 800 mm 高;12 代表阳台封边 1 200 mm 高。

② 施工平面图示例。在装配式建筑施工图中,预制阳台平面布置图如图 0-30 所示。

③ 图例、符号及视点说明。详图索引方法如图 0-31 所示。

预制钢筋混凝土阳台板所用图例及符号的规定见表 0-7 和表 0-8。

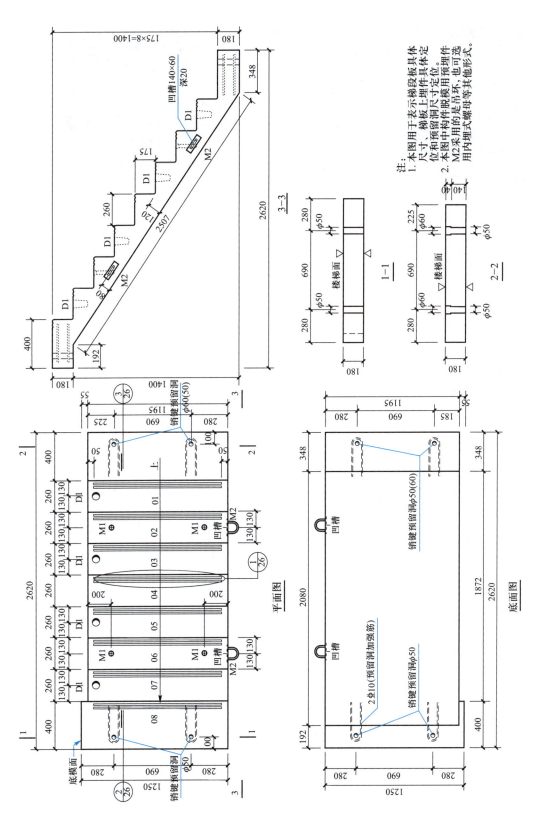

图0-27 楼梯模板

注：1. 本图用于表示梯段板具体尺寸、梯板上埋件具体定位和预留洞尺寸定位。
2. 本图中构件脱模用预埋件M2采用的是吊环，也可选用内埋式螺母等其他形式。

图0-27 楼梯模板

(a) 叠合板式阳台   (b) 全预制板式阳台

图 0-28 预制阳台板

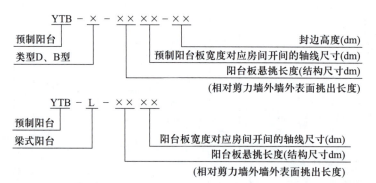

图 0-29 预制阳台规格及编号

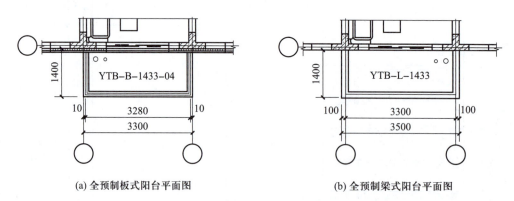

(a) 全预制板式阳台平面图   (b) 全预制梁式阳台平面图

图 0-30 预制阳台平面布置图

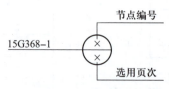

图 0-31 详图索引

表 0-7　预制钢筋混凝土阳台板所用图例

名称	图例	名称	图例
预制钢筋混凝土构件	▬	后浇段、边缘构件	▨
保温层	▦	夹心保温外墙	▤
钢筋混凝土现浇层	▭		

表 0-8　符 号 说 明

名称	符号	名称	符号
压光面	△	粗糙面	△
模板面	△		

预制阳台板在施工图中,根据不同的视点进行绘制,从上至下为俯视图或平面图,从下至上为仰视图或底面图,从左至右为右视图,从前至后为正视图或正立面图,如图 0-32 所示。

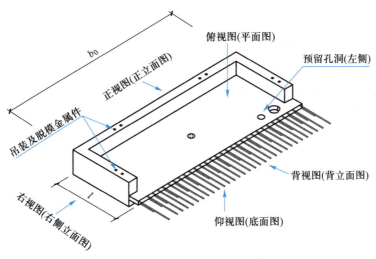

图 0-32　预制阳台视点示意图

④ 预制底板模板图识读。根据国家标准图集《预制钢筋混凝土阳台板、空调板及女儿墙》(15G368-1)中关于预制钢筋混凝土阳台板的相关规定,本节以叠合板式阳台 YTB-D-××××-04 为例说明预制底板模板图识读。

预制叠合板式阳台 YTB-D-××××-04 预制底板模板平面图如图 0-33 所示。图中,阳台宽度为 b_0,阳台长度为 l,阳台封边厚度为 150 mm;阳台落水管预留孔直径为 150 mm,地漏预留孔直径为 100 mm,两者位置尺寸见图中标注;接线盒位于预制阳台板中心;三面封边的"□"表示阳台栏杆预埋件,"✦¦✦"表示吊点位置。剖面图中,△ 所指方向为模板面,△ 所指方向为粗糙面,△ 所指方向为压光面;预制底板厚度为 60 mm,现浇部分厚度为 h_2;封边尺寸为 400 mm,其中上侧伸出 150 mm。

(2)预制空调板施工图识读　预制空调板根据栏杆构造形式的不同,一般有铁艺栏杆

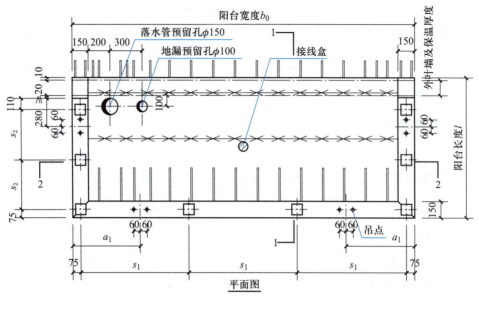

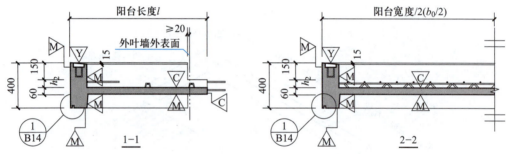

图 0-33 YTB-D-××××-04 预制底板模板平面图

空调板和百叶空调板两种类型,构造上主要区别在于预埋件不同。预制空调板如图 0-34 所示。

图 0-34 预制空调板

① 规格及编号。预制空调板规格代号如图 0-35 所示。

> 例:KTB-84-130 表示预制空调板构件长度(L)为 840 mm,预制空调板宽度(B)为 1 300 mm。

② 施工平面图示例。在装配式建筑施工图中,预制空调板平面布置图如图 0-36 所示。

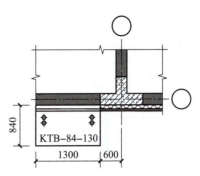

图 0-36　预制空调板平面布置图

图 0-35　预制空调板规格及编号

③ 符号说明。预制钢筋混凝土空调板施工图中，△M所指方向为模板面，△C所指方向为粗糙面，△Y所指方向为压光面。

④ 模板图识读。根据国家标准图集《预制钢筋混凝土阳台板、空调板及女儿墙》(15G368-1)中关于预制钢筋混凝土空调板的相关规定，本节以预制钢筋混凝土铁艺栏杆空调板为例说明空调板模板图识读。

预制钢筋混凝土铁艺栏杆空调板模板图如图 0-37 所示。图中，空调板宽度为 B，长度为 L，厚度为 h；四个预留孔直径为 100 mm；两个吊件位于长度方向的 1/2 处；"田"表示安装铁艺栏杆用预埋件，共四个；△M所指方向为模板面，△C所指方向为粗糙面，△Y所指方向为压光面。

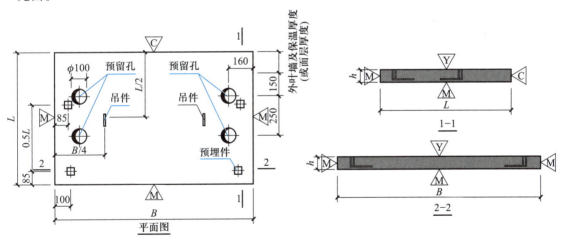

图 0-37　预制钢筋混凝土空调板模板图(铁艺栏杆)

（3）预制女儿墙施工图识读　预制钢筋混凝土女儿墙是安装在混凝土结构屋顶的构件，一般有夹心保温式女儿墙和非保温式女儿墙两类。夹心保温式女儿墙如图 0-38 所示。

① 规格及编号。预制女儿墙规格编号如图 0-39 所示。

预制女儿墙类型中：J1 型代表夹心保温式女儿墙（直板）；J2 型代表夹心保温式女儿墙（转角板）；Q1 型代表非夹心保温式女儿墙（直板）；Q2 型代表非夹心保温式女儿墙（转角板）。

预制女儿墙高度从屋顶结构层标高算起 600 mm 高表示为 06，1 400 mm 高表示为 14。

图 0-38 夹心保温式
女儿墙示意图

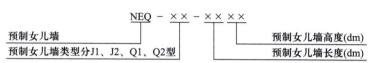

图 0-39 预制女儿墙规格及编号

> 例 1：NEQ-J2-3314：该编号预制女儿墙是指夹心保温式女儿墙（转角板），单块女儿墙放置的轴线尺寸为 3 300 mm（女儿墙长度为：直段 3 520 mm，转角段 590 mm），高度为 1 400 mm。
>
> 例 2：NEQ-Q1-3006：该编号预制女儿墙是指非夹心保温式女儿墙（直板），单块女儿墙长度为 3 000 mm，高度为 600 mm。

② 施工平面图示例。在装配式建筑施工图中，预制女儿墙平面图如图 0-40 所示。

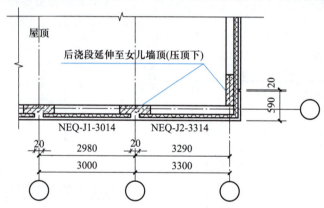

图 0-40 预制女儿墙平面布置图

③ 图例及符号说明。预制钢筋混凝土女儿墙所用图例与符号的规定见表 0-9。

表 0-9 预制钢筋混凝土女儿墙所用图例与符号

编号	功能	图例	编号	功能	图例
M1	调节标高用埋件	⊠	M3	板板连接用埋件	⊗
M2	吊装用埋件	⊙		模板拉结用埋件	
	脱模斜撑用埋件		M4	后装栏杆用埋件	⬦

④ 墙身模板图识读。根据国家标准图集《预制钢筋混凝土阳台板、空调板及女儿墙》（15G368-1）中关于预制钢筋混凝土女儿墙的相关规定，本节以夹心保温式女儿墙（1.4 m）为例说明墙身模板图识读，其中正立面图构件简单，限于篇幅，此处不加赘述。

夹心保温式女儿墙（1.4 m）墙身模板背立面图如图 0-41 所示。图中，外叶板高 1 210 mm，内叶板高 1 190 mm；内叶板 450 mm 高度处为泛水收口预留槽；墙身共有 8 个脱模斜撑用埋件 M2；外叶板两侧分别有 3 个板板连接用埋件 M3，内页板两侧分别有 3 个模板拉结用埋件 M3；墙底部有两处螺纹盲孔（当墙长<4 m 时，螺纹盲孔仅居中设置一个）；螺纹盲孔至内叶墙板侧边尺寸为 L_1，外侧 M2 至外叶墙板侧边尺寸为 L_2，内侧 M2 之间的尺寸为 L_3，螺纹盲孔之间的尺寸为 L_4。

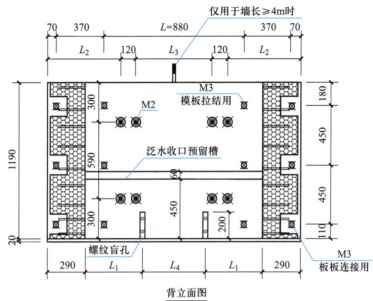

背立面图

注：当女儿墙长度取值<4m 时，螺纹盲孔仅居中设置一个。

图 0-41　夹心保温式女儿墙（1.4 m）墙身模板背立面图

4. 连接节点施工图识读

装配式混凝土结构中存在大量水平接缝、竖向接缝以及节点。国家标准图集《预制混凝土剪力墙外墙板》（15G365-1）和《预制混凝土剪力墙内墙板》（15G365-2）中均给出了预制墙体连接节点推荐做法，《桁架钢筋混凝土叠合板（60 mm 厚底板）》（15G366-1）中给出了叠合板底板拼缝构造图以及节点构造图。图集《装配式混凝土结构连接节点构造》（15G310-1~2）对装配式混凝土结构连接节点展开了更为详尽的介绍。

装配式混凝土结构节点施工图常采用的图例见表 0-10。

表 0-10　装配式混凝土结构连接节点施工图图例

名称	图例	名称	图例
预制构件		灌浆部位	
后浇混凝土		空心部位	

续表

名称	图例	名称	图例
橡胶支垫或坐浆		附加或重要钢筋(红色)	
粗糙面结合面		钢筋灌浆套筒连接	
键槽结合面		钢筋机械连接	
预制构件钢筋		钢筋焊接	
后浇混凝土钢筋		钢筋锚固板	

注：1. 钢筋套筒灌浆连接包括全灌浆套筒连接和半灌浆套筒连接。

2. 钢筋锚固板包括正放和反放两种情况。

（1）楼盖连接节点施工图识读　装配式混凝土结构楼盖连接节点构造依照国家标准图集《装配式混凝土结构连接节点构造（楼盖和楼梯）》（15G310-1），包括混凝土叠合板连接构造、混凝土叠合梁连接构造等。

① 叠合板预制底板布置图。如图 0-42 所示为施工图中叠合板预制底板布置图。图中编号 YB 为预制板，YXB 为悬挑预制板，KL 为框架梁，L 为非框架梁，Q 为剪力墙；"━━"表示双向板后浇带接缝，"———"表示双向板密拼接缝或单向板连接。

② 连接节点图识读。混凝土叠合板连接节点构造包括双向叠合板整体式接缝连接构造、边梁支座板端连接构造、中间梁支座板端连接构造、剪力墙边支座板端连接构造、剪力墙中间支座板端连接构造、单向叠合板板侧连接构造、悬挑叠合（预制）板连接构造等。

本节以图 0-42 中编号为 B1-1 的连接节点为例说明叠合板连接节点图识读。该节点为双向叠合板整体式接缝连接中的后浇带形式接缝，板底纵筋直线搭接，如图 0-43 所示，"▨"表示预制双向叠合板，"▢"表示后浇混凝土；叠合板垂直拼缝的纵向受拉钢筋搭接长度为 l_l，钢筋截断位置距离叠合板边缘不小于 10 mm；后浇带接缝宽度为 l_h，不小于 200 mm，且应满足钢筋搭接长度要求；接缝处顺缝板底纵筋为 A_{sa}。

混凝土叠合梁连接构造包括叠合梁后浇段对接连接构造、主次梁边节点连接构造、主次梁中间节点连接构造、搁置式主次梁连接节点构造、楼面梁与剪力墙平面外连接边节点构造、楼面梁与剪力墙平面外连接中间节点构造等。

以图 0-42 中编号为 L1-2 的连接节点为例，该节点为叠合梁后浇段对接连接构造中的梁底纵筋套筒灌浆连接，如图 0-44 所示，"▨"表示预制叠合梁，"▢"表示后浇混凝土；梁端采用键槽结合面；受拉纵筋采用套筒灌浆连接接头，外伸长度不小于 l_l，套筒边缘与

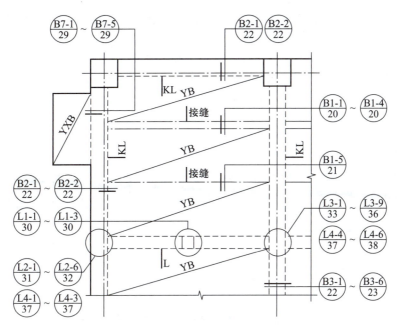

图 0-42 叠合板预制底板布置图

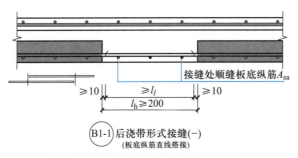

图 0-43 双向叠合板后浇带形式接缝

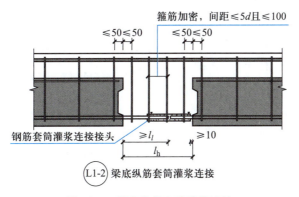

图 0-44 梁底纵筋套筒灌浆连接

梁端的距离不小于 10 mm,后浇部分宽度为 l_h;叠合梁端部箍筋到构件边缘的距离不大于 50 mm;后浇部分最外侧箍筋到构件边缘的距离不大于 50 mm,中间箍筋加密,间距不大于 $5d$ 且不大于 100 mm。

（2）预制墙连接节点施工图识读　装配式混凝土结构剪力墙连接节点构造依照国家标准图集《装配式混凝土结构连接节点构造（剪力墙）》（15G310-2），包括预制墙的竖向接缝构造、预制墙的水平接缝构造、连梁及楼（屋）面梁与预制墙的连接构造等。预制墙的竖向接缝构造根据平面形式可分为一字形、L形、T形以及十字形。

① 预制剪力墙平面布置图。如图0-45所示为施工图中预制剪力墙平面布置图。图中编号YQ为预制墙，YL为预制楼面梁，LL为连梁，YLL为预制连梁，YBZ为约束边缘构件，GBZ为构造边缘构件。

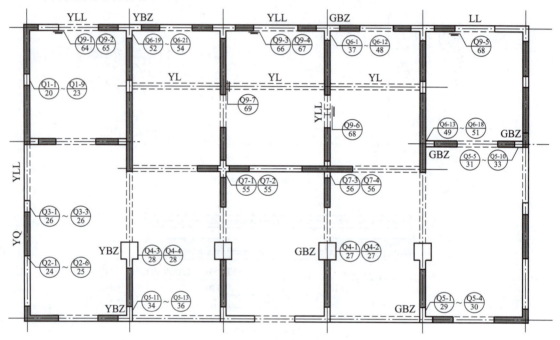

图0-45　预制剪力墙平面布置图

② 连接节点图识读。本节以图0-45中编号为Q1-5的连接节点为例进行说明。该节点为预制墙间的竖向接缝构造，附加封闭连接钢筋与预留U形钢筋连接，如图0-46所示，"▓"表示预制墙，"▢"表示接缝处后浇混凝土；墙厚为 b_w；预制墙预留U形钢筋，接缝处附加封闭连接钢筋；U形钢筋之间的距离不小于20 mm，附加连接钢筋到预制墙边缘的距离不小于10 mm；附加连接钢筋与U形钢筋的搭接长度不小于 $0.6l_{aE}$，且不小于 $0.6l_a$；接缝后浇段宽度 L_g 不小于 b_w，且不小于200 mm。

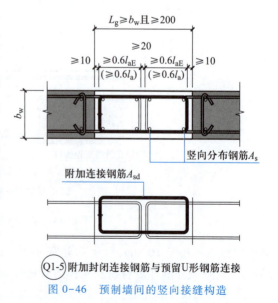

Q1-5 附加封闭连接钢筋与预留U形钢筋连接

图0-46　预制墙间的竖向接缝构造

▶ 七、装配式混凝土建筑常见连接技术

预制构件之间需通过可靠的连接方式形成整体的装配式混凝土结构。现行《装配式混凝土结构技术规程》中,对于预制构件受力钢筋的连接方式,推荐采用钢筋套筒灌浆连接技术和浆锚搭接连接技术。前者在日本等地震高发国家已经得到普遍应用,后者也已经具备了应用的技术基础。

1. 钢筋套筒灌浆连接技术

钢筋套筒灌浆连接技术在欧美、日本等应用已有 50 多年的历史。它们对钢筋套筒灌浆连接的技术进行了大量的试验研究。采用这项技术的建筑物也经历了多次地震的考验,包括日本一些大地震的考验。美国 ACI 明确地将这种接头归类为机械连接接头,并将这项技术广泛用于预制构件受力钢筋的连接,同时也用于现浇混凝土受力钢筋连接。

随着装配式建筑技术的发展,国内也对钢筋套筒灌浆连接技术进行了大量的研究与实践。目前已有大量的试验数据和成功案例验证了钢筋套筒灌浆技术的可行性,这种技术目前主要用于柱、剪力墙等竖向构件的受力钢筋连接。

(1)工作机理　钢筋套筒灌浆连接是指在预制混凝土构件内预埋的金属套筒中插入带肋钢筋并灌注水泥基灌浆料的钢筋连接方式。

这种连接方式是基于灌浆套筒内灌浆料有较高的抗压强度,同时自身还具有微膨胀特性,当它受到灌浆套筒的约束时,在灌浆料与灌浆套筒内侧筒壁间产生较大的正向应力,钢筋藉此正向应力在其带肋的粗糙表面产生摩擦力,藉以传递钢筋轴向力。因此,灌浆套筒连接结构要求灌浆料有较高的抗压强度,钢筋套筒应具有较大的刚度和较小的变形能力。钢筋套筒灌浆连接接头的另一个关键技术在于灌浆料的质量。灌浆料应具有高强、早强、无收缩和微膨胀等基本特性,以使其能与套筒、被连接钢筋更有效地结合在一起共同工作,同时满足装配式结构快速化施工的要求。

(2)钢筋套筒灌浆连接材料

① 灌浆套筒。灌浆套筒在预制构件生产时进行预埋,可分为全灌浆套筒(图 0-47)、半灌浆套筒(图 0-48)两种形式。全灌浆套筒的两端钢筋均采用灌浆套筒连接,主要用于水平构件的钢筋连接;半灌浆套筒的一端钢筋采用灌浆套筒连接,另一端钢筋采用其他方式连接(如锚固在预制混凝土构件中),主要用于竖向构件的钢筋连接。

② 钢筋。采用套筒灌浆连接技术的受力钢筋应采用符合现行国家标准规定的带肋钢筋;钢筋直径不宜小于 12 mm,也不宜大于 40 mm。

灌浆套筒灌浆端最小内径与连接钢筋公称直径的差值不宜小于表 0-11 规定的数值,灌浆连接端用于钢筋锚固的深度不宜小于插入钢筋公称直径的 8 倍。

表 0-11　灌浆套筒灌浆段最小内径尺寸要求

钢筋直径/mm	套筒灌浆段最小内径与连接钢筋公称直径差最小值/mm
12~25	10
28~40	15

③ 灌浆料。灌浆料以水泥为基本材料,配以细骨料、混凝土外加剂和其他材料组成。加水拌合后具有良好的流动性、早强、高强、微膨胀等性能,填充于套筒与带肋钢筋间隙。

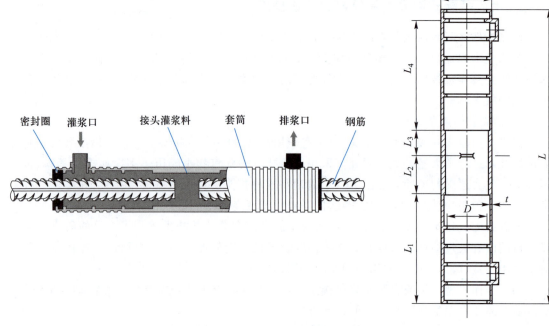

图 0-47　全灌浆套筒

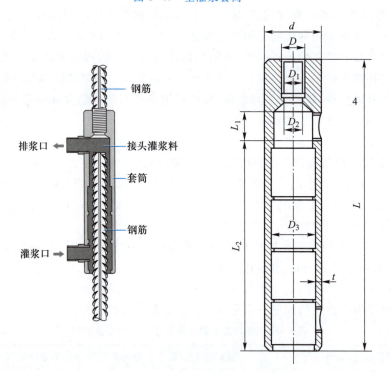

图 0-48　半灌浆套筒

其中细骨料最大粒径不宜超过 2.36 mm。其他性能须满足表 0-12 的要求。

表 0-12　套筒灌浆料的技术性能

检测项目		性能指标
流动度/mm	初始	≥300
	30 min	≥260
抗压强度/MPa	1d	≥35
	3d	≥60
	28d	≥85
竖向膨胀率/%	3h	≥0.02
	24h 与 3h 差值	0.02～0.05
氯离子含量/%		≤0.03
泌水率/%		0

（3）连接形式　水平构件的钢筋连接采用全灌浆套筒,如图 0-49 所示,套筒两端的连接均在现场完成;竖向构件的钢筋连接采用半灌浆套筒,如图 0-50 所示,套筒的连接一般可分为两个阶段:第一个阶段在构件生产工厂完成,套筒的一端与构件底端竖向钢筋可靠连接,浇筑构件混凝土时将钢筋和套筒预埋在构件内;第二个阶段在施工现场完成,底部带灌浆套筒的构件与底层预留钢筋精准对接安装,并通过各种灌浆保证措施在施工现场完成注浆连接。

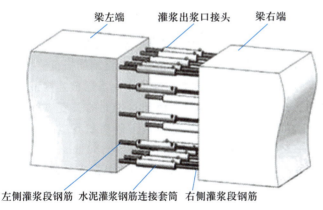

图 0-49　全灌浆套筒水平连接

（4）套筒灌浆连接在预制剪力墙中的应用　预制剪力墙竖向钢筋采用灌浆套筒连接时,可根据构件类型、钢筋数量、直径大小合理确定采用套筒灌浆连接技术的钢筋数量。如预制剪力墙构件由于竖向分布钢筋直径小且数量多,全部连接会导致施工繁琐且造价高,连接接头数量太多对剪力墙的抗震性能也有不利影响。因此,预制剪力墙的竖向分布钢筋宜采用双排连接,而边缘构件的竖向钢筋则应逐根连接。

当采用竖向分布钢筋"梅花形"部分连接时,连接钢筋的配筋率应符合规范规定的最小配筋率的要求,连接钢筋的直径不应小于 12 mm,同侧的间距不应大于 600 mm,未连接的竖向分布筋钢筋直径不应小于 6 mm(图 0-51)。

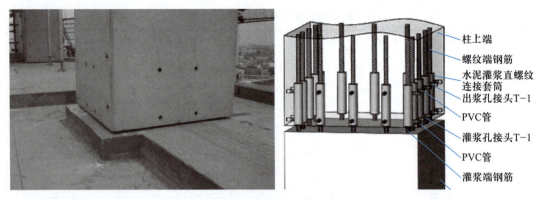

柱上端
螺纹端钢筋
水泥灌浆直螺纹连接套筒
出浆孔接头T-1
PVC管
灌浆孔接头T-1
PVC管
灌浆端钢筋

图 0-50　半灌浆套筒竖向连接

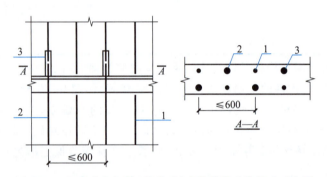

图 0-51　竖向分布钢筋"梅花形"套筒灌浆连接构造示意图
1—未连接的竖向分布钢筋；2—连接的竖向分布钢筋；3—灌浆套筒

当墙体厚度不大于 200 mm 的丙类建筑预制剪力墙的竖向分布钢筋可采用单排连接，采用单排连接时，剪力墙两侧竖向分布钢筋与配置于墙体厚度中部的连接钢筋搭接连接，连接钢筋位于内、外侧被连接钢筋的中间；连接钢筋受拉承载力不应小于上下层被连接钢筋受拉承载力较大值的 1.1 倍，间距不宜大于 300 mm，上下层剪力墙连接钢筋的长度应符合规范要求。钢筋连接长度范围内应配置拉筋，同一连接接头内的拉筋配筋面积不应小于连接钢筋的面积；拉筋沿竖向的间距不应大于水平分布钢筋间距，且不宜大于 150 mm，拉筋沿水平方向的间距不应大于竖向分布钢筋间距，直径不应小于 6 mm；拉筋应紧靠连接钢筋，并钩住最外层分布筋（图 0-52）。

2. 钢筋浆锚搭接连接技术

钢筋浆锚搭接连接是指在预制混凝土构件中预留孔道，在孔道中插入需要搭接的钢筋，并灌注水泥基灌浆料而实现的钢筋搭接连接方式。该技术适用于直径较小钢筋的连接，具有施工方便，造价较低的特点。

这种连接方式在欧洲有多年的应用历史和研究成果，也被称为间接搭接或间接锚固。早在我国 1989 年版的《混凝土结构设计规范》的条文说明中，已将欧洲标准对间接搭接的要求进行了说明。近年来，国内的科研单位及企业对各种形式的钢筋将锚搭接连接接头进行了试验研究工作，已有了一定的研究成果和实践经验。

（1）工作机理　钢筋采用浆锚搭接连接技术，构件安装时需将搭接的钢筋插入孔洞内一定深度，然后通过灌浆孔和排气孔向孔洞内灌入具有高强、早强、无收缩和微膨胀等特性

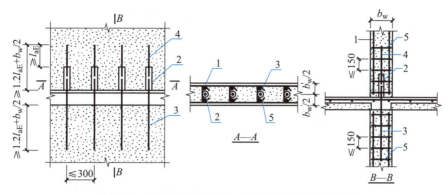

图 0-52　竖向分布钢筋单排套筒灌浆连接构造示意

1—上层预制剪力墙竖向分布钢筋；2—灌浆套筒；3—下层剪力墙连接钢筋；4—上层剪力墙连接钢筋；5—拉筋

的灌浆料，灌浆料经凝结硬化后，完成两根钢筋的搭接，从而实现力的传递。即钢筋中的应力是通过灌浆料传递给预制混凝土构件。当采用这种连接方式时，对预留孔成孔工艺、孔道形状和长度、构造要求、灌浆料和被连接的钢筋应进行力学性能及适用性的试验验证。

（2）连接形式　按照成孔方式主要有预留孔洞插筋后灌浆的间接搭接连接（图 0-53）和金属波纹管浆锚搭接连接（图 0-54）两种形式。

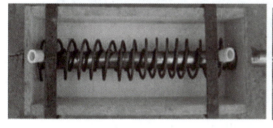

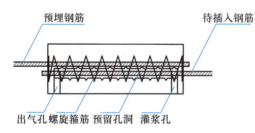

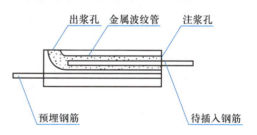

图 0-53　预留孔洞插筋后灌浆的间接搭接连接　　　　图 0-54　金属波纹管浆锚搭接连接

浆锚搭接浆的连接过程分为两个阶段。第一阶段在工场预制，即在上层预制构件的底部预埋金属波纹管或螺旋箍筋，并与被连接钢筋绑扎，然后浇筑混凝土，实现工程预制构件的准确预埋工作；第二阶段在施工现场完成，下层预制构件伸出连接钢筋，插入上层构件的预留孔洞中并灌浆锚固，连接钢筋与被连接钢筋间互不接触，形成间接搭接，从而保证钢筋受力连续性（图 0-55）。

3. 后浇带节点连接技术

预制剪力墙的顶面、底面和两侧面应处理为粗糙面或者制作键槽，与预制剪力墙连接的圈梁上表面也应处理为粗糙面，粗糙面露出的混凝土粗骨料不宜小于其最大粒径的 1/3，且

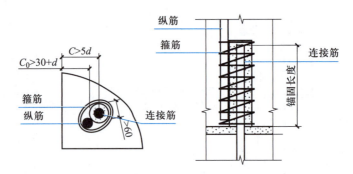

图 0-55　浆锚搭接连接

粗糙面凹凸不应小于 6 mm。当然也可以设置成锯齿形凹凸面,如图 0-56 所示。

图 0-56　预制墙体锯齿形和粗糙面处理

根据《装配式混凝土结构技术规程》(JGJ 1—2014),对高层预制装配式墙体结构,楼层内相邻预制剪力墙的连接应符合下列规定:

边缘构件应现浇,现浇段内按照现浇混凝土结构的要求设置箍筋和纵筋。如图 0-57 所示,预制剪力墙的水平钢筋应在现浇段内锚固,或与现浇段内水平钢筋焊接或搭接连接。

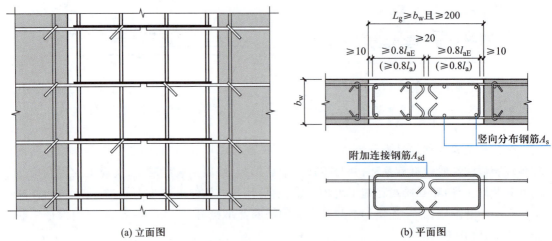

(a) 立面图　　　　　　　　(b) 平面图

图 0-57　预制剪力墙间的竖向接缝构造

4. 螺栓连接

螺栓连接是用螺栓和预埋件将预制构件与预制构件或预制构件与主体结构进行连接。前面介绍的套筒灌浆连接、浆锚搭接连接、后浇筑连接都属于湿连接,螺栓连接属于干连接。

目前在装配整体式混凝土结构中,螺栓连接一般用于外挂墙板和楼梯等非主体结构构件的连接。如图 0-58 与图 0-59 所示是外挂墙板与楼梯的螺栓连接示意图。

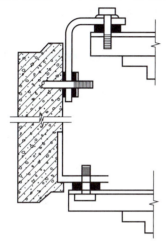

图 0-58　外挂墙板螺栓连接示意图

1M16 C级螺栓　　　锚头

图 0-59　楼梯螺栓连接示意图

而在全装配式混凝土结构中螺栓连接是主要的连接方式。可以连接结构柱、梁。非抗震设计或低抗震设防烈度设计的低层或多层建筑,当采用全装配式混凝土结构时,可用螺栓连接主体结构。如图 0-60 所示是螺栓连接柱子示意图。

5. 焊接连接

焊接连接方式是在预制混凝土构件中预埋钢板,构件之间如钢结构一样用焊接方式连接。与螺栓连接相似,焊接方式在装配整体式混凝土结构中,仅用于非结构构件的连接。在全装配式混凝土结构中,可用于结构构件的连接。

焊接连接在装配式混凝土结构建筑中用的比较少。有的预制楼梯固定结点采用焊接连接方式。单层装配式混凝土结构厂房的吊车梁和屋顶预制混凝土桁架与柱子连接也会用到焊接方式,用于钢结构建筑的混凝土预制构件也可能采用焊接方式。

图 0-60　螺栓连接柱子示意图

焊接连接结点预埋件锚固和焊缝设计须符合现行国家标准《混凝土结构设计规范》(GB 50010—2010,2015 版)和《钢结构焊接规范》(GB 50661—2011)中关于预埋件及连接件的有关规定。

采用干式连接时应根据不同的连接构造编制施工方案,方案应符合国家、行业相关标准规定,还应注意以下问题:

① 采用螺栓连接时,应按设计或有关规范的要求进行施工检查和质量控制,螺栓型号、规格、配件应符合设计要求,表面清洁,无锈蚀、裂纹、滑丝等缺陷,并应对外露铁件采取防腐措施。螺栓紧固方式及紧固力须符合设计要求。

② 采用焊接连接时,其焊接件、焊缝表面应无锈蚀,并按设计打磨坡口,并应避免由于连续施焊引起预制构件及连接部位混凝土开裂。焊接方式应符合设计要求。

③ 采用预应力法连接时,其材料、构造需符合规范及设计要求。

④ 采用支座支撑方式连接时,其支座材料、质量、支座接触面等须符合设计要求。

▶ 八、装配式建筑职业道德与素养

1. 建筑领域职业道德

我国的建筑行业正在如火如荼地发展,提高建筑领域的职业道德素质,有助于我国建筑事业高水平发展。

(1) 施工作业人员职业道德　施工作业人员主要从事具体施工作业,长期在生产一线工作,职业道德规范主要有以下几项:

① 苦练硬功,扎实工作。刻苦钻研技术,熟练掌握本工种的基本技能,努力学习和运用先进的施工方法,练就过硬本领,立志岗位成才。热爱本职工作,不怕苦、不怕累,认认真真,精心操作。

② 精心施工,确保质量。严格按照设计图纸和技术规范操作,坚持自检、互检、交接检制度,确保工程质量。

③ 安全生产,文明施工。树立安全生产意识,严格执行安全操作规程,杜绝一切违章作业现象。维护施工现场整洁,不乱倒垃圾,做到工完场清。

④ 遵章守纪,维护公德。争做文明职工,不断提高文化素质和道德修养,遵守各项规章制度,发扬劳动者的主人翁精神,维护国家利益和集体荣誉,服从上级领导和有关部门的管理,争做文明职工。

(2) 施工管理员职业道德　施工员是施工现场重要的工程管理人员,其自身素质对工程项目的质量、成本、进度有很大影响。因此,要求施工员应具有良好的职业道德,职业道德规范主要有以下几项:

① 学习和贯彻执行国家工程规定。学习、贯彻执行国家和建设行政管理部门颁发的建设法律、规范、规程、技术标准;熟悉基本建设程序、施工程序和施工规律,并在实际工作中具体运用。

② 做好本职工作。热爱施工员本职工作,爱岗敬业,工作认真,一丝不苟,团结合作。

③ 遵纪守法。遵纪守法,模范地遵守建设职业道德规范。

④ 维护国家的荣誉和利益。

⑤ 努力学习专业技术知识,不断提高业务能力和水平。

⑥ 认真负责地履行自己的义务和职责,保证工程质量。

(3) 工程技术人员职业道德　建筑企业工程技术人员主要从事工程设计、施工方案等技术性工作,要求一丝不苟,精益求精,牢固确立精心工作、求实认真的工作作风,其职业道德规范主要有以下几项:

① 热爱科技,献身事业。树立"科技是第一生产力"的观念,敬业爱岗,勤奋钻研,追求

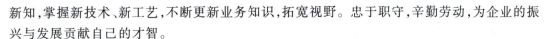

新知,掌握新技术、新工艺,不断更新业务知识,拓宽视野。忠于职守,辛勤劳动,为企业的振兴与发展贡献自己的才智。

② 深入实际,勇于攻关。深入基层,深入现场,理论和实际相结合,科研和生产相结合,把施工生产中的难点作为工作重点,知难而进,百折不挠,不断解决施工生产中的技术难题,提高生产效率和经济效益。

③ 一丝不苟,精益求精。牢固确立精心工作、求实认真的工作作风。施工中严格执行建筑技术规范,认真编制施工组织设计,做到技术上精益求精,工程质量上一丝不苟,为用户提供合格建筑产品。积极推广和运用新技术、新工艺、新材料、新设备,大力发展建筑高科技,不断提高建筑科学技术水平。

④ 以身作则,培育新人。谦虚谨慎,尊重他人,善于合作共事,搞好团结协作,既当好科学技术带头人,又甘当铺路石,培育科技事业的接班人,大力做好施工科技知识在职工中的普及工作。

⑤ 严谨求实,坚持真理。在参与可行性研究时,坚持真理,实事求是,协助领导进行科学决策;在参与投标时,从企业实际出发,以合理造价和合理工期进行投标;在施工中,严格执行施工程序、技术规范、操作规程和质量安全标准,决不弄虚作假,欺上瞒下。

(4)项目经理职业道德 项目经理承担着对项目的人财物进行科学管理的重任,职业道德规范主要有以下几项:

① 强化管理,争创效益。加强成本核算,实行成本否决,教育全体人员节约开支,厉行节约,精打细算,努力降低物资和人工消耗。

② 讲求质量,重视安全。精心组织,严格把关,顾全大局 不为自身和小团体的利益而降低对工程质量的要求。加强劳动保护措施,对国家财产和施工人员的生命安全高度负责,不违章指挥,及时发现并坚决制止违章作业,检查和消除各类事故隐患。

③ 关心职工,平等待人。要像关心家人一样关心职工、爱护职工。不拖欠工资,不敲诈用户,不索要回扣,不多签或少签工程量或工资。充分尊重职工的人格,以诚相待,平等待人。搞好职工的生活,保障职工的身心健康。

④ 廉洁奉公,不谋私利。发扬民主,主动接受监督,不利用职务之便谋取私利,不用公款请客送礼 如实上报施工产值、利润,不弄虚作假。不在决算定案前搞分配,不搞分光吃光的短期行为。

⑤ 用户至上,诚信服务。树立用户至上的思想,事事处处为用户着想,积极采纳用户的合理要求和建议,热忱为用户服务,建设用户满意工程。坚持保修回访制度,为用户排忧解难,维护企业的信誉。

2. 装配式建筑领域的职业态度、协同与组织能力

(1)职业态度 职业态度是指个人对所从事职业的看法及在行为举止方面反映的倾向。一般情况下,态度的选择与确立,与个人对职业的价值认识,即职业观与情感维系程度有关,是构成职业行为倾向的稳定的心理因素。

职业态度是做好本职工作的前提,是安全生产的重要保证,肯定的、积极的职业态度,能促进装配式建筑领域的相关工作人员去钻研技术,掌握技能,提高职业活动的忍耐力和工作效率,包括工作的认真度、责任度、努力程度等,同时职业态度还是强化企业核心竞争力的秘密武器。如果团队中每个人都有良好的职业态度,那么每个岗位的工作必然能做到让自己

满意、同事满意、领导满意、客户满意,团队的执行力、工作水平、工作质量就会不断飞跃,从而使企业的核心竞争力得到强化。作为建筑职业人应做到以下几点:

① 要有敬业而且乐业的精神,积极执行公司的命令、领导和管理。

② 不管面对怎样的挫折,都始终保持积极进取的工作态度。

③ 严格遵守单位的规章制度,维护公司的名誉、形象和利益。

④ 及时调整个人情绪,使之不会影响日常工作,虚心接受上级和同事的批评建议。

⑤ 不管有多大困难,考虑问题时都应先从工作的角度出发。

（2）协同能力　因为装配式建筑行业涉及很多知识领域和工作环节,所以一个完整的项目从勘测、设计、构件制作、构件运输、构件安装等到完成建设,这其中的流程不但专业性强而且牵涉许多人共同协作工作。要有过硬的专业技术知识,还要有较强的协同能力。

① 协同管理在项目管理中的体现。在装配式建筑项目管理中,协同管理是指协调两种及以上的不同的组织和资源,使它们可以共同去完成某个既定的目标任务,在强化人与人之间的相互协同管理的时候,同时也涉及相关的不同系统之间、不同工程设备之间、不同工程资源之间、不同建筑情景之间以及人与建筑设备之间的协调配合,而这些不同的团队就要在协调一致的基础上完成许多复杂的程序。

项目经理对其技术、专业性有着很高的要求,必须做到对整个项目的施工现场进行全局的掌控。如若该项目的经理对整个施工现场还一知半解,会造成自认为的工程项目管理重点与工程每个部门所理解的项目重点出现出入,并由此会导致各种工作矛盾的产生,进而对整个项目的协同管理造成很大的障碍和困难。此外,在工程项目经理召开例行会议时则会造成会议内容的侧重点有所偏差,实际施工中出现的问题得不到解决,给整个工程的施工进度带来不可估量的影响。项目经理就不能完全充分的发挥自己的工作职责,不能及时合理地协调和沟通更会给整个工程项目带来管理上和施工上的混乱状况。

一线施工人员向上级反映施工情况时及上级向一线施工现场发布施工指令时,如果信息不能及时、有效、准确地传达到彼此身边,就很容易造成彼此对信息的误读和产生歧义,间接地对建筑施工造成巨大的资源浪费。

② 协同管理在质量管理中的体现。协同能力在强化质量管理的过程中,首先要做的就是对一线施工人员员责任心的培养和提高。责任心的培养和提高可以通过进行项目岗位岗前培训来进行,与此同时,通过相关真实的工程实例讲解和宣传、案例分析、与工程项目的责任人签订工程施工责任书等形式来规范和约束一线施工人员的质量把控问题以及对用户的危害性问题。在实际的工作当中可以通过从严要求、从严管理,核查施工质量。当施工过程结束之后,依照相关的施工要求检查施工质量,以此保证工程质量。与此同时,还要积极地开展施工人员的自查、施工组之间的互查、制订检查方案,依照相关质量把控工序进行检查,并在检查之后进行签字确认,如若检查验收不通过,则不能投入日后使用,严把质量关。

③ 协同管理在安全文明施工中的体现。在施工过程中还要注意对周边环境的保护,其中包括控制水和噪声的污染。噪声的污染是最为普遍和严重的,在实际的建筑施工中可以采取错时施工的方法,将工程施工的噪声较大的项目尽量安排在白天进行,可以通过此种方式避开对居民的打扰;并要做好对施工设备的日常维护和及时更新,一方面提高其施工的效率,另一方面可以降低其施工所带来的噪声污染。

④ 协同管理在成本管控中的体现。协同能力在加强造价管理的过程中,在设计之初就要把控好整个工程项目的成本与管理,在工程项目开始施工前,要做好每个施工环节的经济成本预算,之后根据经济成本核算制订相应的建筑施工项目成本控制计划,即通过协同管理等方法达到成本控制的目标,可以通过加强施工管理来加强造价管理,加强施工产品的质量管理,就能相应地避免项目返工。

(3)组织能力 装配式建筑工程组织管理对项目的顺利进行有着及其重要的意义,在工程项目中,任何一种意识和行为都有着既定的标准和要求,凡是偏离标准和要求的意识和行为,就会诱发问题和事故。为此,让管理人员和施工人员认识到工程质量控制的重要性才是改变组织管理基础水平的根本。只有这样,才能有效加强质量控制,保证工程质量,促进装配式建筑工程的高速发展。

① 优化人力资源。在人力资源培养优化上,应该明确发展目标和计划,以耐心和信心开展人才战略。例如:统计、规划施工组织管理人力资源的容量、种类,以及专业职业能力要求,把人力资源培养计划方案有机地结合、引入人力资源管理及控制工作中,协调处理施工团队招聘、培训,以及容量控制等工作。"以人为本"构建工程团队的先进思想和理念,必须严格强调它的影响力和作用价值,在评估、监测每个操作者和管理者的工作能力、业绩的时候,要把他们所做的努力、所付出的劳动都算在内。这样,一是能够积极发挥每个工程人员的专业素质与能力并且培养积极性和信心,让他们更好地为工程操作、监管工作而服务;二是能有效地优化、分配好岗位工作,使得组织管理能够在高效、科学、有序的工作环境中进行。

② 拓展组织管理工作职能范围。拓展组织管理工作职能范围,转变工作重心。以往,工程组织管理的对象是工程操作者和管理者,其工作职能有限、约束条件很多。为此,未来要想扩大工程组织管理的职能范围,必须把管理的对象、范围扩大至整个工程层面上,例如:成立监督小组,对工程的各个环节层层把关,包括建筑材料的采购与应用、建筑设备器材的维修与养护、工程的设计进度规划与控制、工程项目的质量调研与监督等。这些相互关联的组织管理工作会编织成一个新的管理网,为工程的每一项操作而负责,从而使得工程建设整体质量得到提高。

③ 全面规划工程组织管理的控制及监督工作。全面规划工程组织管理的控制及监督工作。问题的发生存在三个阶段:事前、事中、事后,为了能够在这三个环节中行使必要、科学的管控职能,必须全面规划工程组织管理的控制及监督工作。例如:工程团队每天、每周、每月,都要对工程中的各个工程项目进行质量、安全评估,汇总成评估报告,上报给管理者,以做好协调安排。又如:设立调度中心,从人员、施工、技术、物资等方面加强管理,加强设计质量控制、监督控制,确保设计水平符合相关要求和建筑标准。工程建造完成后,总体规划工程的质量及安全工作,如:装配式构件制作、构件安装等环节要仔细,确保每道工序的测量放样工作得到落实效果;各工程项目的性能表现是否符合工程预先设计的职能标准;各工作环节的交接、监测单据、资料信息是否完整,在哪方面存在漏洞;管理人员的工作日志回馈调研分析,查探在整个工程组织管理过程中,工作行为的具体表现还存在哪些漏洞等。

3. 装配式建筑领域的法律法规、伦理与质量责任

(1)相关法律法规 与欧美等地装配式建筑发展相比,虽然我国装配式建筑起步较晚,但发展速度较快,各项标准规范逐步完善。尤其在预制构件标准研究方面取得较多可喜成果,目前常用的国家、地方及行业的相关法律法规、标准、规程和图集已达到70多种。截至目前涉及国家和行业规范、规程、图集已有15种,地方规范、规程、图集已有58种;广泛适用于装配式建筑的设计、加工、施工及验收等。

① 国家和行业标准,见表0-13。

表 0-13 国家和行业标准

序号	地区	类型	名称	编号	适用阶段	发布时间
1	国家	图集	装配式混凝土结构住宅建筑设计示例(剪力墙结构)	15J939-1	设计、生产	2015年2月
2	国家	图集	装配式混凝土结构表示方法及示例(剪力墙结构)	15G107-1	设计、生产	2015年2月
3	国家	图集	预制混凝土剪力墙外墙板	15G365-1	设计、生产	2015年2月
4	国家	图集	预制混凝土剪力墙内墙板	15G365-2	设计、生产	2015年2月
5	国家	图集	桁架钢筋混凝土叠合板(60 mm厚底板)	15G366-1	设计、生产	2015年2月
6	国家	图集	预制钢筋混凝土板式楼梯	15G367-1	设计、生产	2015年2月
7	国家	图集	装配式混凝土结构连接节点构造(楼盖结构和楼梯)	15G310-1	设计、施工、验收	2015年2月
8	国家	图集	装配式混凝土结构连接节点构造(剪力墙结构)	15G310-2	设计、施工、验收	2015年2月
9	国家	图集	预制钢筋混凝土阳台板、空调板及女儿墙	15G368-1	设计、生产	2015年2月
10	国家	验收规范	混凝土结构工程施工质量验收规范	GB 50204—2015	施工、验收	2014年12月
11	国家	验收规范	混凝土结构工程施工规范	GB 50666—2011	生产、施工、验收	2010年10月
12	国家	评价标准	工业化建筑评价标准	GB/T 51129—2015	设计、生产、施工	2015年8月
13	行业	技术规程	钢筋机械连接技术规程	JGJ 107—2016	生产、施工、验收	2016年2月
14	行业	技术规程	钢筋套筒灌浆连接应用技术规程	JGJ 355—2015	生产、施工、验收	2015年1月
15	行业	设计规程	装配式混凝土结构技术规程	JGJ 1—2014	设计、施工、验收	2014年2月

② 地方标准,见表0-14。

表 0-14　地　方　标　准

序号	地区	类型	名称	编号	适用阶段	发布时间
1	北京市	设计规程	装配式剪力墙住宅建筑设计规程	DB11T/970—2013	设计	2013 年
2	北京市	设计规程	装配式剪力墙住宅结构设计规程	DB11/1003—2013	设计	2013 年
3	北京市	标准	预制混凝土构件质量检验标准	DB11/T968—2013	生产、施工、验收	2013 年
4	北京市	验收规程	装配式混凝土结构工程施工与质量验收规程	DB11T/1030—2013	生产、施工、验收	2013 年
5	山东省	设计规程	装配整体式混凝土结构设计规程	DB37/T5018—2014	设计	2014 年 9 月
6	山东省	验收规程	装配整体式混凝土结构工程施工与质量验收规程	DB37/T5019—2014	施工、验收	2014 年 9 月
7	山东省	验收规程	装配整体式混凝土结构工程预制构件制作与验收规程	DB37/T5020—2014	生产、验收	2014 年 9 月
8	上海市	设计规程	装配整体式混凝土公共建筑设计规程	DGJ08-2154—2014	设计	2014 年
9	上海市	图集	装配整体式混凝土构件图集	DBJT08-121—2016	设计、生产	2016 年 5 月
10	上海市	图集	装配整体式混凝土住宅构造节点图集	DBJT08-116—2013	设计、生产、施工	2013 年 5 月
11	上海市	评价标准	工业化住宅建筑评价标准	DG/TJ08-2198—2016	设计、生产、施工	2016 年 2 月
12	广东省	技术规程	装配式混凝土建筑结构技术规程	DBJ15-107—2016	设计、生产、施工	2016 年 5 月
13	深圳市	技术规程	预制装配钢筋混凝土外墙技术规程	SJG24—2012	设计、生产、施工	2012 年 6 月
14	深圳市	技术规范	预制装配整体式钢筋混凝土结构技术规范	SJG18—2009	设计、生产、施工	2009 年 9 月
15	江苏省	技术规程	装配整体式混凝土剪力墙结构技术规程	DGJ32/TJ125—2016	设计、生产、施工、验收	2016 年 6 月

续表

序号	地区	类型	名称	编号	适用阶段	发布时间
16	江苏省	技术规程	施工现场装配式轻钢结构活动板房技术规程	DGJ32/J54—2016	设计、生产、施工、验收	2016年4月
17	江苏省	技术规程	预制预应力混凝土装配整体式结构技术规程	DGJ32/TJ199—2016	设计、生产、施工、验收	2016年3月
18	江苏省	技术导则	江苏省工业化建筑技术导则（装配整体式混凝土建筑）	无	设计、生产、施工、验收	2015年12月
19	江苏省	图集	预制装配式住宅楼梯设计图集	G26—2015	设计、生产	2015年10月
20	江苏省	技术规程	预制混凝土装配整体式框架（润泰体系）技术规程	JG/T034—2009	设计、生产、施工、验收	2009年11月
21	江苏省	技术规程	预制预应力混凝土装配整体式框架（世构体系）技术规程	JG/T006—2005	设计、生产、施工、验收	2009年9月
22	四川省	验收规程	装配式混凝土结构工程施工与质量验收规程	DBJ51/T054—2015	施工、验收	2016年1月
23	四川省	设计规程	四川省装配整体式住宅建筑设计规程	DBJ51/T038—2015	设计	2015年1月
24	福建省	技术规程	预制装配式混凝土结构技术规程	DBJ13-216—2015	生产、施工、验收	2015年2月
25	福建省	设计导则	装配整体式结构设计导则	无	设计	2015年3月
26	福建省	审图要点	装配整体式结构施工图审查要点	无	设计	2015年3月
27	浙江省	技术规程	叠合板式混凝土剪力墙结构技术规程	DB33/T1120—2016	生产、施工、验收	2016年3月
28	湖南省	规范	装配式钢结构集成部品撑柱	DB43T-1009—2015	生产、验收	2015年6月
29	湖南省	技术规程	装配式斜支撑节点钢结构技术规程	DBJ43/T311—2015	生产、施工、验收	2015年6月
30	湖南省	规范	装配式钢结构集成部品主板	DB43/T995—2015	生产、验收	2015年6月
31	湖南省	技术规程	混凝土装配-现浇式剪力墙结构技术规程	DBJ43/T301—2015	设计、生产、施工、验收	2015年2月

续表

序号	地区	类型	名称	编号	适用阶段	发布时间
32	湖南省	技术规程	混凝土叠合楼盖装配整体式建筑技术规程	DBJ43/T301—2013	设计、生产、施工、验收	2013 年 11 月
33	河北省	技术规程	装配整体式混合框架结构技术规程	DB13(J)/T184—2015	设计、生产、施工、验收	2015 年 4 月
34	河北省	技术规程	装配整体式混凝土剪力墙结构设计规程	DB13(J)/T179—2015	设计	2015 年 4 月
35	河北省	技术规程	装配式混凝土剪力墙结构建筑与设备设计规程	DB13(J)/T180—2015	设计	2015 年 4 月
36	河北省	验收标准	装配式混凝土构件制作与验收标准	DB13(J)/T181—2015	生产、验收	2015 年 4 月
37	河北省	验收规程	装配式混凝土剪力墙结构施工及质量验收规程	DB13(J)/T182—2015	施工、验收	2015 年 4 月
38	河南省	技术规程	装配式住宅建筑设备技术规程	DBJ41/T159—2016	设计、生产、施工、验收	2016 年 6 月
39	河南省	技术规程	装配整体式混凝土结构技术规程	DBJ41/T154—2016	设计、生产、施工、验收	2016 年 7 月
40	河南省	技术规程	装配式混凝土构件制作与验收技术规程	DBJ41/T155—2016	生产、验收	2016 年 7 月
41	河南省	技术规程	装配式住宅整体卫浴间应用技术规程	DBJ41/T158—2016	施工、验收	2016 年 6 月
42	湖北省	技术规程	装配整体式混凝土剪力墙结构技术规程	DB42/T1044—2015	设计、生产、施工、验收	2015 年 4 月
43	湖北省	施工验收规程	预制装配式混凝土结构施工与质量验收规程	DB42/T1225—2016	施工、验收	2017 年 2 月
44	甘肃省	图集	预制带肋底板混凝土叠合楼板图集	DBJT25-125—2011	设计、生产	2011 年 11 月
45	甘肃省	图集	横孔连锁混凝土空心砌块填充墙图集	DBJT25-126—2011	设计、生产	2011 年 11 月
46	辽宁省	验收规程	预制混凝土构件制作与验收规程(暂行)	DB21/T1872—2011	生产、验收	2011 年 2 月
47	辽宁省	技术规程	装配整体式混凝土结构技术规程(暂行)	DB21/T1924—2011	设计、生产、施工、验收	2011 年

续表

序号	地区	类型	名称	编号	适用阶段	发布时间
48	辽宁省	技术规程	装配式建筑全装修技术规程（暂行）	DB21/T1893—2011	设计、生产、施工、验收	2011 年
49	辽宁省	设计规程	装配整体式剪力墙结构设计规程(暂行)	DB21/T2000—2012	设计、生产	2012 年
50	辽宁省	技术规程	装配整体式混凝土结构技术规程(暂行)	DB21/T1868—2010	设计、生产、施工、验收	2010 年
51	辽宁省	技术规程	装配整体式建筑设备与电气技术规程(暂行)	DB21/T1925—2011	设计、生产、施工、验收	2011 年
52	辽宁省	图集	装配式钢筋混凝土板式住宅楼梯	DBJT05-272	设计	2015 年
53	辽宁省	图集	装配式钢筋混凝土叠合板	DBJT05-273	设计	2015 年
54	辽宁省	图集	装配式预应力混凝土叠合板		设计	2015 年
55	安徽省	技术规程	建筑用光伏构件系统工程技术规程	DB34/T2461—2015	设计、生产、施工、验收	2015 年 8 月
56	安徽省	产品规范	建筑用光伏构件	DB34/T2460—2015	设计、生产、施工、验收	2015 年 8 月
57	安徽省	验收规程	装配整体式混凝土结构工程施工及验收规程	DB34/T5043—2016	施工、验收	2016 年 3 月
58	安徽省	验收规程	装配整体式建筑预制混凝土构件制作与验收规程	DB34/T5033—2015	生产、验收	2015 年 10 月

与此同时各地代表性企业积极推进预制构件相关标准的编制和研究，形成了比较丰富的企业标准。我国标准规范及标准图集，主要以推荐性和参考性为主，选用型标准图集（比如《预制混凝土外墙板》15G365—1 等）虽已经出台，但各地直接选用的情况不太普遍，构件设计、生产的标准化、模数化和施工、验收的规范化、科学化亟需提高。因此，应加大执行力度，使参与装配式建设各单位、企业及个人以相应标准为依据，严格执行，做到有规必依。从而从各环节确保装配式预制构件质量可靠、规格统一。

（2）工程伦理　中国是当今世界的工程大国，正在向工程强国迈进。近年来，工程伦理日益成为科技哲学领域的热门话题。实践证明，工程尤其是大工程，不纯粹是自然科学技术的应用，还关涉道德、人文、生态和社会等诸多维度的问题，这使得工程师面临特别的义务或责任，工程伦理便是这种责任的批判性反思。在当代社会，人们免不了使用工程产品，免不了生活在工程世界之中，工程伦理因而与每个社会成员息息相关。

① 工程伦理历史变迁。工程伦理伴随着工程师和工程师职业团体的出现而出现。一开始，人们认为工程任务自然会带给人类福祉，但后来发现：工程实践目标很容易被等同于

商业利益增长,这一点随着越来越多工程的实施遭到了社会批判。人们日益认识到工程师因为应用现代科学技术拥有巨大力量,要求工程师承担更多伦理的义务和责任。从职业发展来说,工程师共同体强调行业的专业化和独立性,也需要加强工程师的职业伦理建设,因而很多工程师职业组织在19世纪下半叶开始将明确的伦理规范写入组织章程之中。从工程实践来说,好的工程要给社会带来更多的便利,工程师必须要解决社会背景下工程实践中的伦理问题,这些问题仅仅依靠工程方法是无法解决的,在工程设计中尤其要寻求人文科学的帮助。总之,工程伦理就是对工程与工程师的伦理反思,只要人们生活在工程世界中,使用过程产品,工程伦理便和每个人的生活密切相关。

按照美国哲学家卡尔·米切姆的看法,西方工程伦理的发展大致经过5个主要阶段。

工程伦理酝酿阶段。在现代工程和工程师诞生初期,工程伦理处于酝酿阶段,各个工程师团体并没有将之以文字形式明确下来,伦理准则以口耳相传和师徒相传的形式传播,其中最重要的观念是对忠诚或服从权威的强调。这与工程师首先是出现在军队之中是一致的。

工程伦理形成明文规定阶段。到了19世纪下半叶至20世纪初,工程师的职业伦理开始有了明文规定,成为推动职业发展和提高职业声望的重要手段,比如1912年美国电气工程师协会制订的伦理准则。忠诚要求被明确下来,被描述为对职业共同体的忠诚、对雇主的忠诚和对顾客的忠诚,从而达到公众认可和职业自治的程度。

工程伦理关注效率阶段。20世纪上半叶,工程伦理关注的焦点转移到效率上,即通过完善技术、提高效率而取得更大的技术进步。效率工程观念在工程师中非常普遍,与当时流行的技术治理运动紧密相连。技术治理的核心观点之一,是要给予工程师以更大的政治和经济权力。

关注工程与工程师社会责任的阶段。在第二次世界大战之后,工程伦理进入关注工程与工程师社会责任的阶段。反核武器运动、环境保护运动和反战运动等风起云涌,要求工程师投身公共福利之中,把公众的安全、健康和福利放到首位,让他们逐渐意识到工程的重大社会影响和相应的社会责任。

工程伦理进入社会公众参与阶段。21世纪初,工程伦理的社会参与问题受到越来越多的重视。从某种意义上说,之前的工程伦理是一种个人主义的工程师伦理,谨遵社会责任的工程师基于严格的技术分析和风险评估,以专家权威身份决定工程问题,并不主张所有公民或利益相关者参与工程决策。新的参与伦理则强调社会公众对工程实践中的有关伦理问题发表意见,工程师不再是工程的独立决策者,而是在参与式民主治理平台或框架中参与对话和调控的贡献者之一。当然,参与伦理实践还不成熟,尚在发展之中。

② 加强工程伦理研究。总的来说,目前工程伦理研究的主要问题包括:工程伦理的基础理论研究,包括工程伦理的概念、特点、方法,工程伦理学的学科定位和学科归属等问题;工程伦理的发展史与案例研究,包括工程伦理的观念史、实践史,以及典型的工程伦理案例研究;工程师的伦理责任和伦理准则研究,包括在工程设计、施工、运转与维护等各个环节中工程师所面对的伦理义务;大型工程实践的伦理考量研究,包括如何将伦理考量融入工程实践当中,如何让伦理学家参与大型工程实施过程,如何对大型工程进行伦理评价以及不同类型工程的伦理考量等涉及制度建设的问题;工程伦理教育研究,包括工程伦理教育的目标、内容、方法、实施,卓越工程师的培养,以及与工程界在教育方面的合作等问题;工程伦理建设的公众参与与沟通研究,包括公众参与的原则、方法、程序、平台以及控制与限度,以及大

型工程的舆论沟通、伦理传播与误解消除等问题;中国工程伦理问题,包括中国工程伦理的地方性与国际化,中国工程伦理的现状、问题和对策,中外工程伦理理论和实践的比较,中国大型工程的伦理等问题。当然,工程伦理研究内容归根结底要为提升工程和工程师的伦理水平服务,因而会随着工程实践的发展而不断变化。

(3)工程质量责任 "谁建设,谁负责"的原则,实行工程质量责任终身制,对工程建设、项目法人及设计、施工、监理、质量监督、竣工验收等各方主体,分别建立责任人档案,如工程建设期间发生责任人变动,及时进行工序签证,办理责任人变更手续,让工程质量责任档案与责任人相伴终生,从源头上建立了确保建设质量的安全保障体系。建筑工程执行五方责任主体,项目负责人质量终身责任追究暂行办法如下:

第一条,为加强房屋建筑和市政基础设施工程(以下简称建筑工程)质量管理,提高质量责任意识,强化质量责任追究,保证工程建设质量,根据《中华人民共和国建筑法》《建设工程质量管理条例》等法律法规,制定本办法。

第二条,建筑工程五方责任主体项目负责人是指承担建筑工程项目建设的建设单位项目负责人、勘察单位项目负责人、设计单位项目负责人、施工单位项目经理、监理单位总监理工程师。

建筑工程开工建设前,建设、勘察、设计、施工、监理单位法定代表人应当签署授权书,明确本单位项目负责人。

第三条,建筑工程五方责任主体项目负责人质量终身责任,是指参与新建、扩建、改建的建筑工程项目负责人按照国家法律法规和有关规定,在工程设计使用年限内对工程质量承担相应责任。

第四条,国务院住房城乡建设主管部门负责对全国建筑工程项目负责人质量终身责任追究工作进行指导和监督管理。

县级以上地方人民政府住房城乡建设主管部门负责对本行政区域内的建筑工程项目负责人质量终身责任追究工作实施监督管理。

第五条,建设单位项目负责人对工程质量承担全面责任,不得违法发包、肢解发包,不得以任何理由要求勘察、设计、施工、监理单位违反法律法规和工程建设标准,降低工程质量,其违法违规或不当行为造成工程质量事故或质量问题应当承担责任。

勘察、设计单位项目负责人应当保证勘察设计文件符合法律法规和工程建设强制性标准的要求,对因勘察、设计导致的工程质量事故或质量问题承担责任。

施工单位项目经理应当按照经审查合格的施工图设计文件和施工技术标准进行施工,对因施工导致的工程质量事故或质量问题承担责任。

监理单位总监理工程师应当按照法律法规、有关技术标准、设计文件和工程承包合同进行监理,对施工质量承担监理责任。

第六条,符合下列情形之一的,县级以上地方人民政府住房城乡建设主管部门应当依法追究项目负责人的质量终身责任:

发生工程质量事故;

发生投诉、举报、群体性事件、媒体报道并造成恶劣社会影响的严重工程质量问题;

由于勘察、设计或施工原因造成尚在设计使用年限内的建筑工程不能正常使用;

存在其他需追究责任的违法违规行为。

第七条,工程质量终身责任实行书面承诺和竣工后永久性标牌等制度。

第八条,项目负责人应当在办理工程质量监督手续前签署工程质量终身责任承诺书,连同法定代表人授权书,报工程质量监督机构备案。项目负责人如有更换的,应当按规定办理变更程序,重新签署工程质量终身责任承诺书,连同法定代表人授权书,报工程质量监督机构备案。

第九条,建筑工程竣工验收合格后,建设单位应当在建筑物明显部位设置永久性标牌,载明建设、勘察、设计、施工、监理单位名称和项目负责人姓名。

第十条,终身责任信息档案包括下列内容:

建设、勘察、设计、施工、监理单位项目负责人姓名,身份证号码,执业资格,所在单位,变更情况等;

建设、勘察、设计、施工、监理单位项目负责人签署的工程质量终身责任承诺书;

法定代表人授权书。

第十一条,发生本办法第六条所列情形之一的,对建设单位项目负责人按以下方式进行责任追究:

项目负责人为国家公职人员的,将其违法违规行为告知其上级主管部门及纪检监察部门,并建议对项目负责人给予相应的行政、纪律处分;

构成犯罪的,移送司法机关依法追究刑事责任;

处单位罚款数额5%以上10%以下的罚款;

向社会公布曝光。

第十二条,发生本办法第六条所列情形之一的,对勘察单位项目负责人、设计单位项目负责人按以下方式进行责任追究:

项目负责人为注册建筑师、勘察设计注册工程师的,责令停止执业1年;造成重大质量事故的,吊销执业资格证书,5年以内不予注册;情节特别恶劣的,终身不予注册;

构成犯罪的,移送司法机关依法追究刑事责任;

处单位罚款数额5%以上10%以下的罚款;

向社会公布曝光。

第十三条,发生本办法第六条所列情形之一的,对施工单位项目经理按以下方式进行责任追究:

项目经理为相关注册执业人员的,责令停止执业1年;造成重大质量事故的,吊销执业资格证书,5年以内不予注册;情节特别恶劣的,终身不予注册;

构成犯罪的,移送司法机关依法追究刑事责任;

处单位罚款数额5%以上10%以下的罚款;

向社会公布曝光。

第十四条,发生本办法第六条所列情形之一的,对监理单位总监理工程师按以下方式进行责任追究:

责令停止注册监理工程师执业1年;造成重大质量事故的,吊销执业资格证书,5年以内不予注册;情节特别恶劣的,终身不予注册;

构成犯罪的,移送司法机关依法追究刑事责任;

处单位罚款数额5%以上10%以下的罚款;

向社会公布曝光。

第十五条,住房城乡建设主管部门应当及时公布项目负责人质量责任追究情况,将其违法违规等不良行为及处罚结果记入个人信用档案,给予信用惩戒。

鼓励住房城乡建设主管部门向社会公开项目负责人终身质量责任承诺等质量责任信息。

第十六条,发生工程质量事故或严重质量问题的,仍应按本办法第十一条、第十二条、第十三条、第十四条规定依法追究相应责任。

项目负责人已退休的,被发现在工作期间违反国家法律法规、工程建设标准及有关规定,造成所负责项目发生工程质量事故或严重质量问题的,仍应按本办法第十一条、第十二条、第十三条、第十四条规定依法追究相应责任,且不得返聘从事相关技术工作。项目负责人为国家公职人员的,根据其承担责任依法应当给予降级、撤职、开除处分的,按照规定相应降低或取消其享受的待遇。

第十七条,工程质量事故或严重质量问题相关责任单位已被撤销、注销、吊销营业执照或者宣告破产的,仍应按本办法第十一条、第十二条、第十三条、第十四条规定依法追究项目负责人的责任。

第十八条,违反法律法规规定,造成工程质量事故或严重质量问题的,除依照本办法规定追究项目负责人终身责任外,还应依法追究相关责任单位和责任人员的责任。

第十九条,省、自治区、直辖市住房城乡建设主管部门可以根据本办法,制定实施细则。

以上就是关于建筑工程质量终身责任的相关规定。只要是建筑开始施工后确定好了质量监督的责任人就必须在竣工后发生的一切质量问题上负担相应的责任,并且这样的责任将伴随其终生而不会因为人事变动就可以逃避,只有这样才能在施工的时候确保质量。

4. 装配式建筑领域的学习能力与岗位技能要求

（1）相关学习能力 学习能力一般是指人们在正式学习或非正式学习环境下,自我求知、做事、发展的能力,通常指学习的方法与技巧,有了这样的方法与技巧,学习到知识后,就形成专业知识;学习到如何执行的方法与技巧,就形成执行能力。学习能力是所有能力的基础。评价学习能力的指标一般有六个:学习专注力、学习成就感、自信心、思维灵活度、独立性和反思力。学习能力表现可以分为六项"多元才能"和十二种"核心能力"两大方面。

提高学习能力的本质是学会思考。首先,我们来区分两种学习。一类叫"以知识为中心的学习",一类叫"以自我为中心的学习"。以知识为中心的学习也叫学院式学习,是以通过考试或者科学研究为目的,主要强调对知识的理解、记忆、归纳、解题。以自己为中心的学习也叫成人学习,主要强调解决自己的问题、提升自己的能力。"以自我为中心的学习"主要包括三个维度,如图0-61所示。

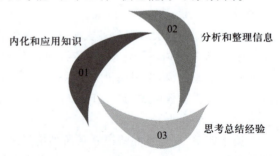

图0-61 "以自我为中心的学习"
主要包括三个维度

装配式建筑的发展为行业带来新气象的同时,建筑行业业态或将面临洗牌和重构。装配式建筑发展至今对人才的需求特别迫切,具体表现如下:

① 装配式项目管理人才缺乏。国务院在《国务院办公厅关于大力发展装配式建筑的指导意见》中指出发展装配式建筑的重要任务是"推广工程总承包"。所以对于企业来说,调整自身组织架构,建立新的管理方式,包括招投标制度,工程分包模式,健全关于装配式建筑工程质量、安全、进度、成本管理体系。增加与相应设计单位、构配件生产企业的交流与合作,强强联合,形成一个产业技术联盟,从而提高未来的业务承接能力和市场竞争力。装配式建筑项目从设计、施工到项目交付运营,都发生了很大的变化,传统的工程项目管理人员缺乏工业化的管理思维,对整个装配式建筑设计、生产、施工流程缺乏系统的认识。综上所述,目前大力发展的装配式建筑对从业管理人员提出了重要的挑战。

② 装配式技术人才缺乏。构件化的装配式设计流程、装配式的施工过程给设计、施工也提出了新的技术挑战,BIM 技术在装配式建筑中发挥了重要的作用,利用 BIM 技术可以实现对设计、构建、施工、运营的全专业管理,并为装配式建筑行业信息化提供了数据支撑。掌握 BIM 技术,了解装配式建筑下的设计、施工工艺技术的人才存在严重不足。

③ 新型技术人才缺乏。除了 BIM 技术,新兴的技术对装配式建筑的发展将起到越来越重要的作用,3D 打印、VR 技术、物联网、建筑机器人等需要目前行业的从业人员对这些技术及其在工程中的价值有一定的认识。

④ 传统工种人才变化。建筑业的行业工种,通常有木工、泥工、水电工、焊工、钢筋工、架子工、抹灰工、腻子工、幕墙工、管道工、混凝土工等岗位。做装配式建筑后,一些墙体、楼梯、阳台等部品构件在工厂中就已经制作好,工人的现场操作就仅是定位、就位、安装及必要的小量的现场填充结构等步骤,所以木工、泥工、混凝土工等岗位需求将大大减少。同时,采用装配式工法施工后,多采用吊车等大型机械代替原来的外墙脚手架,所以架子工也将无用武之地。吊车司机、装配工、灌浆工、打胶工、焊接工及一些高技能岗位愈发具有需求量。

综上所述,装配式建筑给行业的管理人员、技术人员、技能人员能等带来了很大的挑战,提升学习能力、提升自己,做适合行业发展的人才,必将带来巨大的发展空间。装配式建筑不仅是传统建筑业转型升级的必然结果,同时从宏观政策到微观工艺工法都产生了新的变化,知识更新迭代速度之快,要求从业者迅速适应变化,掌握法律法规、行业发展政策导向及技术标准、规范等知识体系,同时需要通过快速学习、科学研究、总结提炼形成配套的专业工艺、工法等。

(2)相关岗位技能要求

① 构件生产制作岗位技能要求如下:

能够识读图纸(构件详图、模具图)并进行提料、配料(如钢筋、混凝土、吊件、套筒及配管、线盒、PVC 管等)及模具领取,在模台上进行划线摆放及固定模具。

模台和模具正确涂刷脱模剂及缓凝剂,放置垫片、绑扎钢筋、安放埋件并保护。

能够观察判断混凝土的最佳状态、用布料机进行布料,能用振捣台或振捣棒振捣混凝土、收面、拉毛、养护(能够监测温湿度)。

能够根据同条件试块确定出库起板时间,会操作码垛机出入库,按照合理顺序拆模,对需要作水洗面的构件进行冲洗。

能够操作立板机、桁车起板、起吊、转运,采取有利措施进行成品保护,能够根据仓储物流要求进行成品的存储和发货。

具备质量检验能力,能够对原材料、构配件、隐蔽工程、成品等进行质量检验。

② 装配式建筑施工岗位技能要求如下:

能够进行施工前安全检查、构件质量检查(灌浆套筒及埋件的通透性等)、测量放线、转换层的复核检测、工作面清理等施工准备工作。

能够设置构件安装的定位标识、复核连接节点的位置、选择吊具、试吊检测、吊装、支设临时支撑、水平位置及构件垂直度检测等。

当采用灌浆连接时能够进行灌浆料拌制及检测,连通腔灌浆的分仓、封仓及灌浆操作;当采用其他方式连接时能够进行构件浆锚搭接连接、螺栓连接、焊接连接。

后浇连接区的钢筋绑扎、隐蔽验收、支设模板、混凝土浇筑、振捣、养护,能确定支撑、模板拆除时间、按照合理顺序拆除模板。

质量验收,能够核验构件质量证明文件,构件外观及尺寸质量检查,核对埋件和预留孔洞等规格型号、数量、位置,检查现场临时固定措施,检查构件水平位置的偏差及垂直度的累积偏差,检查现场发生的第三方检测报告,能完成钢筋套筒灌浆连接、浆锚搭接连接的施工质量检查记录,核验有关检验报告等。

 小结

1. 国内建筑工业化始于20世纪50年代,国务院于2016年9月发布《关于大力发展装配式建筑的指导意见》,自此至今,国家与地方出台了一系列支持装配式建筑产业发展的政策与措施。装配式建筑在政策的推动下,呈现一片欣欣向荣的发展趋势,国家和地方与装配式有关的基地和工程增长较快。

2. 装配式建筑是梁柱、楼板和墙体等构件采用工厂预制化生产后再进行现场装配安装的建筑形式,采用装配率作为装配化程度唯一评价标准,装配式建筑可划分为A级、AA级、AAA级三个等级。随着装配式建筑的推广,我国建筑行业工业化发展进程不断加快。

3. 装配式混凝土预制构件所使用的混凝土、钢筋、连接件、预埋件以及保温等材料的质量应符合国家及行业相关标准的规定,并按规定进行复检,经检验合格后方可使用。预制构件用混凝土与现浇混凝土的区别主要体现在预应力钢筋的张拉、质量控制、养护等方面。预制构件中的预埋件应满足加工允许偏差及裸露部分热镀锌处理等要求。

4. 简单介绍了我国现行的装配式建筑相关规范标准,标准化和模块化是装配式建筑能否成功推广的主要影响因素,未来装配式建筑设计应遵循通用化、模数化、标准化的要求和少规格、多组合的原则,设法在标准化基础上满足多样化的需求。

5. 图纸是工程界的语言,装配式构件的生产、装配式施工、质量验收以及深化设计等任务的操作完成都是以识读装配式建筑构件图纸为基础。介绍了各种常见装配式构件的构件加工图和模具加工图,确定构件编号、模具编号以及尺寸数字等。预制阳台板、空调板和预制女儿墙的图纸识读内容包括构件规格及编号、构件平面布置图和模板图。正确识图的关键在于掌握各类构件的规格及编号规则,同时熟悉各类图例。装配式混凝土结构连接节点主要分为楼盖连接节点、楼梯连接节点和剪力墙连接节点,正确识图须熟悉各类预制构件的构造特点,并掌握钢筋混凝土连接节点的基本构造要求。

6. 装配式混凝土建筑常见连接技术有套筒连接件技术和螺栓连接件技术,要求掌握套筒连接件和螺栓连接件的施工方法。

7. 建筑业从业者应该具备良好的职业道德,以确保建筑工程安全、质量和进度目标的顺利实现。具备良好的职业态度、较强的协同能力、组织管理能力是装配式建筑从业者的基本素质要求。

习题

1. 简述装配式建筑国外发展历程。
2. 简述装配式建筑国内发展历程。
3. 简述装配式建筑在行业发展中的作用和地位。
4. 简述装配率的概念。
5. 根据自身理解,简述 BIM 技术与装配式建筑的关系。
6. 按用途分类,常用预埋件有哪些类别?
7. 预制构件所用混凝土的质量影响因素有哪些?
8. 预制构件用混凝土与现浇混凝土的区别有哪些?
9. 预制构件中的预埋件允许偏差的检验项目包括哪些内容?
10. 装配式结构的设计除应符合现行国家标准《混凝土结构设计规范》GB50010 的基本要求,还应符合哪些规定?
11. 《装配式混凝土建筑技术标准》(GB/T 51231—2016)中对装配式建筑设计原则是如何规定的?
12. 《装配式建筑评价标准》(GB/T 51129—2017)中对装配率计算和装配式建筑等级评价的计算和评价单元是如何规定的?
13. 请解释构件代号 NQM3-3330-1022 的含义。
14. 请解释构件代号 DBS2-67-3620-31 的含义。
15. 请解释构件代号 JT-29-25 的含义。
16. 预制钢筋混凝土阳台板有哪几种类型?编号 YTB-B-1433-04 表示什么?
17. 预制钢筋混凝土女儿墙有哪几种类型?编号 NEQ-J1-3606 表示什么?
18. 混凝土叠合板连接接缝有什么类型?分别用于什么情况?
19. 简述钢筋套筒灌浆连接技术的工作原理。
20. 套筒灌浆料的技术指标包括哪些内容?
21. 灌浆套筒灌浆段最小内径尺寸要求是什么?
22. 全灌浆套筒和半灌浆套筒的区别是什么,分别在什么构件中应用?
23. 施工作业人员职业道德规范主要有哪几项?
24. 施工管理员职业道德规范主要有哪几项?
25. 工程伦理发展的五个阶段是什么?
26. 建筑工程执行五方责任主体是指哪五方?

项目 1 构件深化设计

本项目包括预制构件连接节点设计、预制构件加工图设计两个任务,通过对以上任务的学习,学习者应达到以下目标:

任务	知识目标	能力目标
预制构件连接节点设计	1. 了解节点连接概念及应用。 2. 熟悉节点构造要求、节点的表示法。 3. 掌握连接节点设计要点	1. 能设计水平、竖向预制构件连接节点形式。 2. 能确定钢筋锚固、搭接长度。 3. 能设置构件粗糙面、键槽的数量及位置。 4. 能选择灌浆套筒、螺栓等相关连接构件的类型及型号。 5. 能处理预制梁、预制柱节点处钢筋的碰撞问题
预制构件加工图设计	1. 了解预制构件加工图的概念。 2. 熟悉预制构件构造要求。 3. 熟悉深化设计加工图图纸组成	1. 能设计预制构件平面和立面布置图。 2. 能设计预制构件的模板图和配筋图。 3. 能设置相关专业的预埋件和预留孔洞等。 4. 能进行构件的吊装、运输和施工方案复核。 5. 能运用 BIM 技术进行装配式构件详图深化设计

项目概述

某住宅项目为装配式剪力墙结构,其中竖向构件为实心套筒剪力墙,水平构件为预制叠合板,建筑外立面局部布置预制外挂墙板。预制率 95% 以上,抗震设防烈度为 7 度,结构抗震等级三级。该工程地上 4 层,地下 1 层,预制构件共计 3 788 块,其中水平构件及竖向构件连接均采用灌浆套筒连接方式。

重点:掌握预制构件连接形式、设置构件粗糙面及键槽的数量及位置。

难点:连接节点的设计、节点处碰撞处理。

任务 1.1 预制构件连接节点设计

 任务陈述

某住宅项目为装配式剪力墙结构,其中竖向构件为实心套筒剪力墙,水平构件为预制叠合板,建筑外立面局部布置预制外挂墙板。现已有完整的住宅项目施工图纸,同时将预制构件的生产任务承包给某预制构件厂进行生产,构件生产单位深化设计组员需要根据施工图纸,进行构件优化拆分,同时做好预制构件连接节点的设计工作任务。

知识准备

1. 装配式建筑预制构件节点连接简述

装配式建筑是指由预制构件通过可靠的连接方式建造的建筑。对于装配式结构而言,"可靠的连接方式"是关键,是结构安全的最基本保障。装配式混凝土结构连接方式包括:套筒灌浆连接、浆锚搭接连接、后浇混凝土连接、螺栓连接、焊接连接。

上述几种连接方式的详细介绍可参考本书基础知识与职业素养篇。

2. 预制构件粗糙面与键槽的设置

(1)粗糙面和键槽的作用 预制混凝土构件与后浇混凝土的接触面须做成粗糙面或键槽,以提高预制构件抗剪能力。试验证明,不考虑钢筋作用时平面、粗糙面和键槽混凝土抗剪能力的比例关系是 1∶1.6∶3。即粗糙面抗剪能力是平面的 1.6 倍,键槽是平面的 3 倍。所以,预制构件与后浇混凝土接触面或做成粗糙面,或做成键槽,或两者兼有。

(2)粗糙面与键槽设置的规定 《装配式混凝土结构技术规程》(JGJ 1—2014)规定:预制构件与后浇混凝土、灌浆料、坐浆材料的结合面应设置粗糙面、键槽,并应符合下列规定:

① 预制板与后浇混凝土叠合层之间的结合面应设置粗糙面。

② 预制梁与后浇混凝土叠合层之间的结合面应设置粗糙面;预制梁端面应设置键槽(图 1-1)且宜设置粗糙面。键槽的尺寸和数量应按《装配式混凝土结构技术规程》第 7.2.2 条计算确定;键槽的深度 t 不宜小于 30 mm,宽度 w 不应小于深度的 3 倍且不宜大于深度的 10 倍;键槽可贯通截面,当不贯通时槽口距离边缘不宜小于 50 mm;键槽间距宜等于键槽宽度;键槽端部斜面倾角不宜大于 30°。

预制梁端部采用键槽的方式时,其受剪承载力一般大于粗糙面,且易于控制加工质量及检验。键槽深度太浅时,易发生承压破坏;当不会发生承压破坏时,增加键槽深度对增加抗剪承载力没有明显帮助,键槽深度一般在 30 mm 左右。梁端键槽数量通常较少,一般为 1~3 个。对于预制墙板侧面,键槽数量很多,与粗糙面的工作机理类似,键槽深度及尺寸可减小。

③ 预制剪力墙的顶部和底部与后浇混凝土的结合面应设置粗糙面;侧面与后浇混凝土的结合面应设置粗糙面,也可设置键槽;键槽深度 t 不宜小于 20 mm,宽度 w 不宜小于深度的 3 倍且不宜大于深度的 10 倍,键槽间距宜等于键槽宽度,键槽端部斜面倾角不宜大于 30°。

④ 预制柱底部应设置键槽且宜设置粗糙面,键槽应均匀布置,键槽深度不宜小于 30 mm,键槽端部斜面倾角不宜大于 30°。柱顶应设置粗糙面。

65

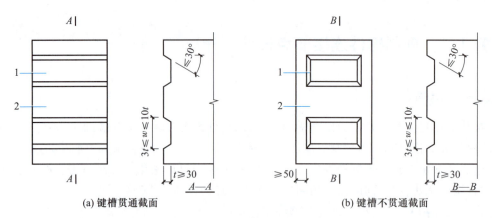

(a) 键槽贯通截面   (b) 键槽不贯通截面

图 1-1 梁端部键槽构造示意图

1—键槽;2—梁端面

⑤ 粗糙面的面积不宜小于结合面的 80%,预制板的粗糙面凹凸深度不应小于 4 mm。预制梁端、预制柱端、预制墙端的粗糙面凹凸深度不应小于 6mm。

（3）粗糙面和键槽的实现办法

① 粗糙面应在压光面（如叠合板、叠合梁表面）混凝土初凝前“拉毛”形成粗糙面,如图 1-2 所示。对于模具面（如梁端、柱端表面）,可在模具上涂刷缓凝剂,拆模后用水冲洗未凝固的水泥浆,露出骨料,形成粗糙面,如图 1-3 所示。

图 1-2 混凝土初凝前拉毛处理

图 1-3 缓凝剂处理的粗糙面

② 键槽是靠模具凸凹成型的,预制叠合梁端部的键槽如图 1-4 所示。

图 1-4 　预制叠合梁端部的键槽

 任务实施

1. 预制装配式框架结构连接设计

（1）框架结构连接节点设计

① 设计一般规定。根据国内外多年的研究成果,在地震区的装配整体式框架结构,当采取了可靠的节点连接方式和合理的构造措施后,其性能可等同于现浇混凝土框架结构,并采用与现浇结构相同的方法进行结构分析和设计。除规程另有规定外,装配整体式框架结构可按现浇混凝土框架结构进行设计。

装配整体式框架结构中,预制柱的纵向钢筋连接宜采用套筒灌浆连接。套筒灌浆连接方式在日本、欧美等国家已经有长期、大量的实践经验,国内也已有充分的试验研究、一定的应用经验、相关的产品标准和技术规程。当结构层数较多时,柱的纵向钢筋采用套筒灌浆连接可保证结构的安全。对于低层框架结构,柱的纵向钢筋连接也可以采用一些相对简单及造价较低的方法。

预制柱的水平接缝处,受剪承载力受柱轴力影响较大。当柱受拉时,水平接缝的抗剪能力较差,易发生接缝的滑移错动。因此,应通过合理的结构布置,避免柱的水平接缝处出现拉力。

② 承载力计算。对一、二、三级抗震等级的装配整体式框架,应进行梁柱节点核心区抗震受剪承载力验算;对四级抗震等级可不进行验算。梁柱节点核心区抗震受剪承载力验算和构造应符合现行国家标准《混凝土结构设计规范》（GB 50010）和《建筑抗震设计规范》（GB 50011）中的有关规定。

叠合梁端竖向接缝的受剪承载力设计值应按下列公式计算:

持久设计状况:

$$V_u = 0.07 f_c A_{cl} + 0.10 f_c A_k + 1.65 A_{sd} \sqrt{f_c f_y} \tag{1-1}$$

抗震设计状况:

$$V_{uE} = 0.04 f_c A_{cl} + 0.06 f_c A_k + 1.65 A_{sd} \sqrt{f_c f_y} \tag{1-2}$$

式中:A_{cl}——叠合梁端截面后浇混凝土叠合层截面面积;

f_c——预制构件混凝土轴心抗压强度设计值；

f_y——垂直穿过结合面钢筋抗拉强度设计值；

A_k——各键槽的根部截面面积（图 1-5）之和，按后浇键槽根部截面和预制键槽根部截面分别计算，并取二者的较小值；

A_{sd}——垂直穿过结合面所有钢筋的面积，包括叠合层内的纵向钢筋。

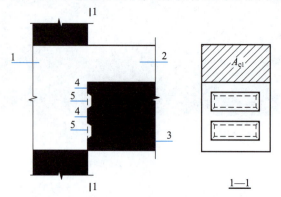

图 1-5　叠合梁端部受剪承载力计算参数示意

1—后浇节点区；2—后浇混凝土叠合层；3—预制梁；4—预制键槽根部截面；5—后浇键槽根部截面

叠合梁端结合面主要包括框架梁与节点区的结合面、梁自身连接的结合面以及次梁与主梁的结合面等几种类型。结合面的受剪承载力的组成主要包括：新旧混凝土结合面的黏结力、键槽的抗剪能力、后浇混凝土叠合层的抗剪能力、梁纵向钢筋的销栓抗剪作用。

在抗震设计状况下，预制柱底水平接缝的受剪承载力设计值应按下列公式计算：

当预制柱受压时：

$$V_{uE} = 0.8N + 1.65A_{sd}\sqrt{f_c f_y} \tag{1-3}$$

当预制柱受拉时：

$$V_{uE} = 1.65A_{sd}\sqrt{f_c f_y \left[1 - \left(\frac{N}{A_{sd}f_y}\right)^2\right]} \tag{1-4}$$

式中：f_c——预制构件混凝土轴心抗压强度设计值；

f_y——垂直穿过结合面钢筋抗拉强度设计值；

N——与剪力设计值 V 相应的垂直于结合面的轴向力设计值，取绝对值进行计算；

A_{sd}——垂直穿过结合面所有钢筋的面积；

V_{uE}——抗震设计状况下接缝受剪承载力设计值。

预制柱底结合面的受剪承载力的组成主要包括：新旧混凝土结合面的黏结力、粗糙面或键槽的抗剪能力、轴压产生的摩擦力、梁纵向钢筋的销栓抗剪作用或摩擦抗剪作用，其中后两者为受剪承载力的主要组成部分。

在非抗震设计时，柱底剪力通常较小，不需要验算。地震往复作用下，混凝土自然黏结及粗糙面的受剪承载力丧失较快，计算中不考虑其作用。

当柱受压时，计算轴压产生的摩擦力时，柱底接缝灌浆层上下表面接触的混凝土均有粗糙面及键槽构造，因此摩擦系数取 0.8。钢筋销栓作用的受剪承载力计算公式与上一条相同。当柱受拉时，没有轴压产生的摩擦力，且由于钢筋受拉，计算钢筋销栓作用时，需要根据钢筋中的拉应力结果对销栓受剪承载力进行折减。

（2）框架结构连接节点构造

① 预制柱的连接节点。预制混凝土结构的抗震性能取决于预制构件之间的连接方式，其连接的关键是受力钢筋的连接，在装配整体式框架结构中，预制柱的纵向钢筋连接应符合下列规定：

框架中间层端节点，柱纵向受力钢筋应贯穿后浇节点区（图 1-6）。

框架顶层中节点，柱纵向受力钢筋宜采用直线锚固；当梁截面尺寸不满足直线锚固要求时，宜采用锚固板锚固（图 1-7）。

对框架顶层端节点，梁下部纵向受力钢筋应锚固在后浇节点区内，且宜采用锚固板的锚固方式；梁、柱其他纵向受力钢筋的锚固应符合下列规定：

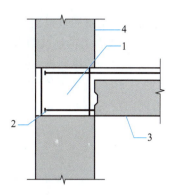

图 1-6　框架中间层端节点

1—后浇节点区；
2—梁纵向受力钢筋锚固；
3—预制梁；4—预制柱

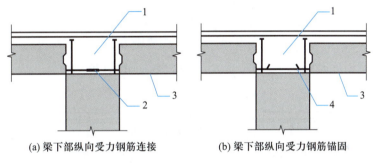

(a) 梁下部纵向受力钢筋连接　　　(b) 梁下部纵向受力钢筋锚固

图 1-7　框架顶层中节点

1—后浇节点区；2—梁下部纵向受力钢筋连接；3—预制梁；4—梁下部纵向受力钢筋锚固

柱宜伸出屋面并将柱纵向受力钢筋锚固在伸出段内（图 1-8），伸出段长度不宜小于 500 mm，伸出段内箍筋间距不应大于 5d（d 为柱纵向受力钢筋直径），且不应大于 100 mm；柱纵向钢筋宜采用锚固板锚固，锚固长度不应小于 40d；梁上部纵向受力钢筋宜采用锚固板锚固；柱外侧纵向受力钢筋也可与梁上部纵向受力钢筋在后浇节点区搭接（图 1-9），其构造要求应符合现行国家标准《混凝土结构设计规范》（GB50010）中的规定；柱内侧纵向受力

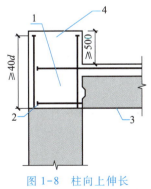

图 1-8　柱向上伸长

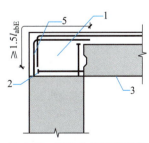

图 1-9　梁柱外侧钢筋搭接

1—后浇区；2—梁下部纵向受力钢筋锚固；3—预制梁；4—柱延伸段；5—梁柱外侧钢筋搭接

钢筋宜采用锚固板锚固。

② 叠合梁的连接节点。叠合梁采用对接连接时,连接处应设置后浇段,后浇段的长度应满足梁下部纵向钢筋连接作业的空间需求;梁下部纵向钢筋在后浇段内宜采用直线搭接(图 1-10)、机械连接(图 1-11)、套筒灌浆连接(图 1-12)或焊接;后浇段内的箍筋应加密,箍筋间距不应大于 $5d$(d 为纵向钢筋直径),且不应大于 100 mm。

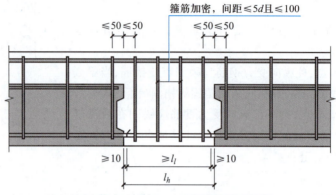

图 1-10　梁下部纵向钢筋直线搭接

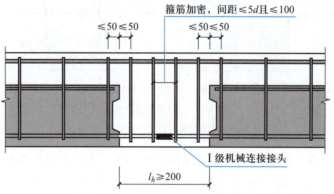

图 1-11　梁下部纵向钢筋机械连接

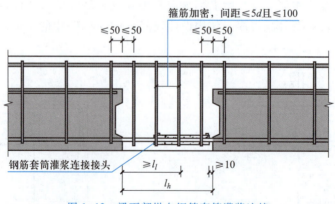

图 1-12　梁下部纵向钢筋套筒灌浆连接

当采用预制叠合次梁时,次梁下部纵向钢筋伸入主梁后浇段内的长度不应小于 $12d$,若主梁宽度不能满足次梁直锚要求时,次梁下部纵向钢筋可采用 135°弯锚形式(图 1-13、图 1-14)。

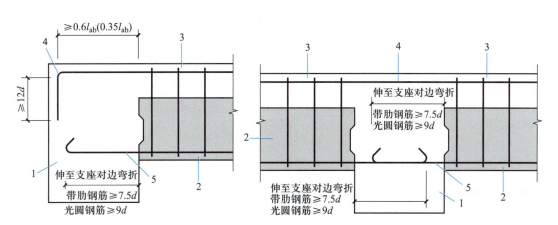

图 1-13　次梁端节点弯锚构造示意　　　图 1-14　次梁中间节点弯锚构造示意

1—主梁后浇段；2—预制次梁；3—后浇混凝土叠合层；4—次梁上部纵向钢筋；5—次梁下部纵向钢筋

当采用连续叠合梁时，梁纵向受力钢筋应伸入后浇节点区内锚固或连接，对框架中间层中节点，节点两侧的梁下部纵向受力钢筋宜锚固在后浇节点区内（图 1-15），也可采用机械连接或焊接的方式直接连接（图 1-16）。若此时支座不够宽，则应注意连续梁间的钢筋碰撞问题，可以根据施工安装顺序进行钢筋的水平避让（图 1-17）或竖向避让（图 1-18）。

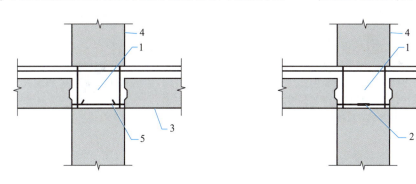

图 1-15　梁下部纵向受力钢筋锚固　　　图 1-16　梁下部纵向受力钢筋连接

1—后浇节点区；2—梁下部纵向受力钢筋连接；3—预制梁；4—预制柱；5—梁下部纵向受力钢筋锚固

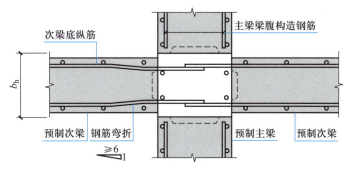

图 1-17　连续次梁的钢筋水平避让

当采用叠合主梁，柱截面尺寸不满足梁纵向受力钢筋的直线锚固要求时，宜采用锚固板

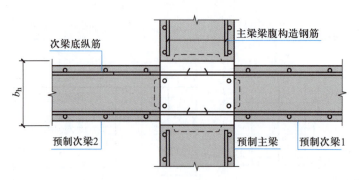

图 1-18　连续次梁的钢筋竖向避让

锚固（图 1-19），也可采用 90°弯折锚固，梁下部纵向受力钢筋也可伸至节点区外的后浇段内连接（图 1-20），连接接头与节点区的距离不应小于 $1.5h_0$（h_0 为梁截面有效高度）。

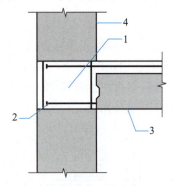

图 1-19　叠合主梁锚固板锚固

1—后浇节点区；2—梁纵向受力钢筋锚固；
3—预制梁；4—预制柱

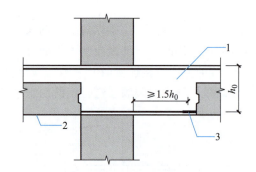

图 1-20　叠合主梁节点区外锚固

1—后浇节点段；2—预制梁；3—纵向受力钢筋连接

当同时采用叠合主梁与叠合次梁时，主次梁连接节点可分为以下三类：

a. 主梁预留后浇槽口（图 1-21）。

b. 次梁端设后浇段，次梁底纵向钢筋可采用机械连接、套筒灌浆连接（图 1-22）。

c. 次梁端设槽口，次梁底纵向钢筋可采用机械连接、间接搭接（图 1-23）。

主梁与次梁采用后浇段连接时，应符合下列规定：在端部节点处，次梁下部纵向钢筋伸入主梁后浇段内的长度不应小于 12d。次梁上部纵向钢筋应在主梁后浇段内锚固。当采用弯折锚固（图 1-24a）或锚固板时，锚固直段长度不应小于 $0.6l_{ab}$；当钢筋应力不大于钢筋强度设计值的 50% 时，锚固直段长度不应小于 $0.35l_{ab}$；弯折锚固的弯折后直段长度不应小于 12d（d 为纵向钢筋直径）。

在中间节点处，两侧次梁的下部纵向钢筋伸入主梁后浇段内长度不应小于 12d（d 为纵向钢筋直径）；次梁上部纵向钢筋应在现浇层内贯通（图 1-24b）。

对于叠合楼盖结构，次梁与主梁的连接可采用后浇混凝土节点，即主梁上预留后浇段，混凝土断开而钢筋连续，以便穿过和锚固次梁钢筋。当主梁截面较高且次梁截面较小时，主梁预制混凝土也可不完全断开，采用预留凹槽的形式供次梁钢筋穿过。

③叠合板的连接节点。

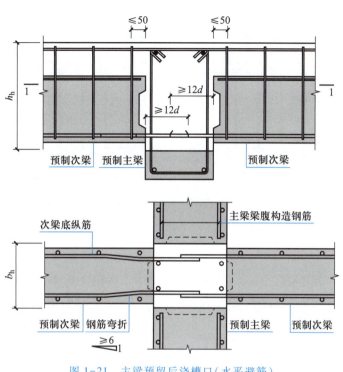

图 1-21 主梁预留后浇槽口(水平避筋)

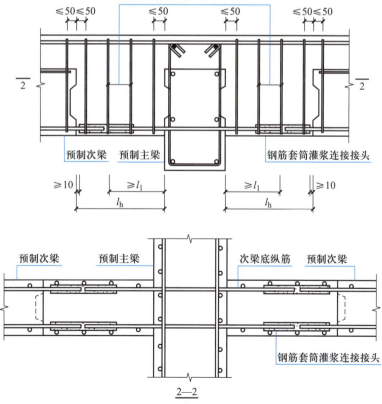

图 1-22 次梁端设后浇段(底筋采用套筒灌浆连接)

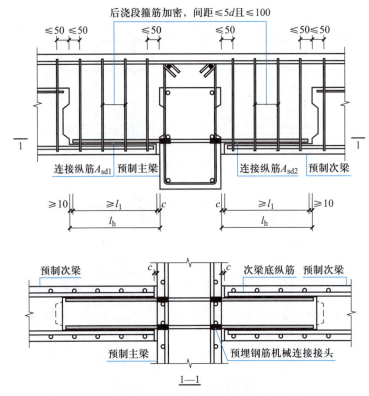

图 1-23　次梁端设槽口(底筋采用机械连接)

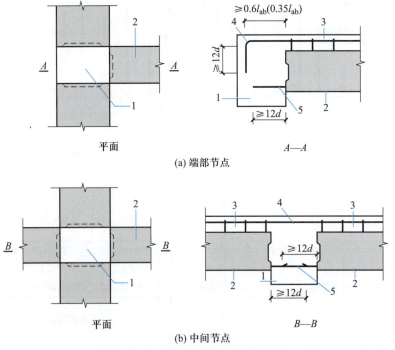

(a) 端部节点

(b) 中间节点

图 1-24　主次梁连接节点构造示意

1—主梁后浇段;2—次梁;3—后浇混凝土叠合层;4—次梁上部纵向钢筋;5—次梁下部纵向钢筋

a. 板端支座构造。单向板和双向板的板端支座的节点是一样的,预制板内下部钢筋从板端伸出并锚入支承梁或墙的后浇混凝土中,锚固长度不应小于 $5d$(d 为纵向受力钢筋直径),且宜伸过支座中心线(图 1-25)。

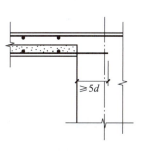

图 1-25　板端支座

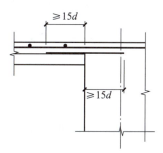

图 1-26　板侧支座

b. 板侧支座构造。四边均出筋的双向板每一边都是板端支座,构造同端支座;单向板不出筋的板侧支座处板面应增设伸入支座的连接钢筋,增设的钢筋截面面积不宜小于预制板内的同向分布钢筋面积,间距不宜大于 600 mm,在板的后浇混凝土叠合层内锚固长度不应小于 $15d$,在支座内锚固长度不应小于 $15d$(d 为附加钢筋直径)且宜伸过支座中心线(图 1-26)。

c. 粗糙面和键槽构造。预制构件与后浇混凝土、灌浆料、坐浆材料的结合面应设置粗糙面、键槽,粗糙面的面积不宜小于结合面的 80%,预制板的粗糙面凹凸深度不应小于 4mm。

d. 双向板整体式接缝构造。双向叠合板板侧的整体式接缝一般采用后浇带形式,一共有四种:板底纵筋直线搭接(图 1-27)、板底纵筋末端带 135°弯钩连接(图 1-28)、板底纵筋末端带 90°弯钩搭接(图 1-29)、板底纵筋弯折锚固(图 1-30)。当后浇混凝土叠合层厚度满足一定要求时,双向板整体式接缝也可采用密拼接缝的形式,其构造要求同单向板密拼缝构造。

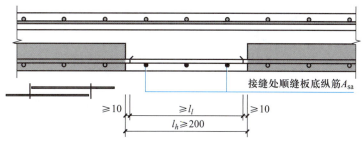

图 1-27　板底纵筋直线搭接

e. 单向板密拼缝构造。接缝处紧邻预制板顶面设置垂直于板缝的附加钢筋,附加钢筋伸入两侧后浇混凝土叠合层的锚固长度不应小于 $15d$(d 为附加钢筋直径);附加钢筋截面面积不宜小于预制板中该方向钢筋面积,钢筋直径不宜小于 6 mm、间距不宜大于 250 mm(图 1-31)。

④ 预制柱与叠合梁底部接缝。采用预制柱及叠合梁的装配整体式框架中,柱底接缝宜设置在楼面标高处(图 1-32),并应符合下列规定:

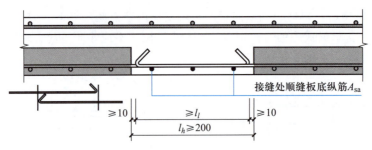

图 1-28   板底纵筋末端带 135°弯钩连接

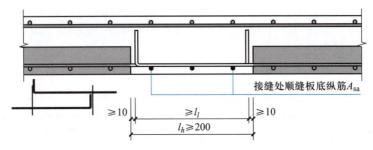

图 1-29   板底纵筋末端带 90°弯钩搭接

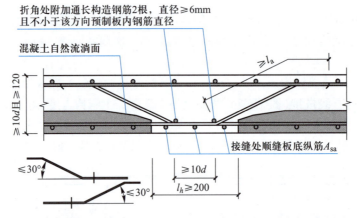

图 1-30   板底纵筋弯折锚固

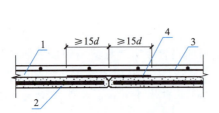

图 1-31   单向板密拼缝构造

1—后浇混凝土叠合层；2—预制板；
3—后浇层内钢筋；4—附加钢筋

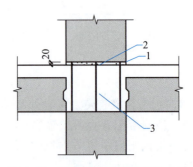

图 1-32   预制柱柱底接缝构造示意

1—后浇节点区混凝土上表面粗糙面；
2—接缝灌浆层；3—后浇节点区

a. 后浇节点区混凝土上表面应设置粗糙面；

b. 柱纵向受力钢筋应贯穿后浇节点区；

c. 柱底接缝厚度宜为 20 mm，并应采用灌浆料填实。

钢筋采用套筒灌浆连接时，柱底接缝灌浆与套筒灌浆可同时进行，采用同样的灌浆料一次完成。预制柱底部应有键槽，且键槽的形式应考虑灌浆填缝时气体排出的问题，应采取可靠且经过实践检验的施工方法，保证柱底接缝灌浆的密实性。后浇节点上表面设置粗糙面，增加与灌浆层的黏结力及摩擦因数。

2. 预制剪力墙结构连接设计

（1）剪力墙连接节点设计

目前，国内关于装配整体式剪力墙结构形成整体性的主要思路是依靠现浇混凝土，即采用灌浆连接方式，上下剪力墙之间也都设置水平现浇带，剪力墙的水平连接也是靠后浇混凝土。

在抗震设计状况下，剪力墙水平接缝的受剪承载力设计值应按下式计算：

$$V_{uE} = 0.6f_y A_{sd} + 0.8N \tag{1-5}$$

式中：f_y——垂直穿过结合面的钢筋抗拉强度设计值；

N——与剪力设计值 V 相应的垂直于结合面的轴向力设计值，压力时取正，拉力时取负；

A_{sd}——垂直穿过结合面的抗剪钢筋面积。

进行预制剪力墙底部水平接缝受剪承载力计算时，计算单元的选取分以下三种情况：

① 不开洞或者开小洞口整体墙，作为一个计算单元；

② 小开口整体墙可作为一个计算单元，各墙肢联合抗剪；

③ 开口较大的双肢及多肢墙，各墙肢作为单独的计算单元。

（2）剪力墙连接节点构造

① 剪力墙连接设计一般规定。抗震设计时，对同一层内既有现浇墙肢也有预制墙肢的装配整体式剪力墙结构，现浇墙肢水平地震作用弯矩、剪力宜乘以不小于 1.1 的增大因数。

预制构件连接节点设计应满足结构承载力和抗震性能要求，宜构造简单，受力明确，方便施工。

楼层内相邻预制剪力墙之间应采用整体式接缝连接，且应符合下列规定：

a. 当接缝位于纵横墙交接处的约束边缘构件区域时，约束边缘构件的阴影区域（图 1-33）宜全部采用后浇混凝土，并应在后浇段内设置封闭箍筋。

b. 当接缝位于纵横墙交接处的构造边缘构件区域时，构造边缘构件宜全部采用后浇混凝土（图 1-34）；当仅在一面墙上设置后浇段时，后浇段的长度不宜小于 300 mm（图 1-35）。

c. 边缘构件内的配筋及构造要求应符合现行国家标准《建筑抗震设计规范》的有关规定；预制剪力墙的水平分布钢筋在后浇段内的锚固、连接应符合现行国家标准《混凝土结构设计规范》的有关规定。

d. 非边缘构件位置，相邻预制剪力墙之间应设置后浇段，后浇段的宽度不应小于墙厚且不宜小于 200 mm；后浇段内应设置不少于 4 根竖向钢筋，钢筋直径不应小于墙体竖向分布筋直径且不应小于 8 mm；两侧墙体的水平分布筋在后浇段内的锚固、连接应符合现行国家标准《混凝土结构设计规范》的有关规定。

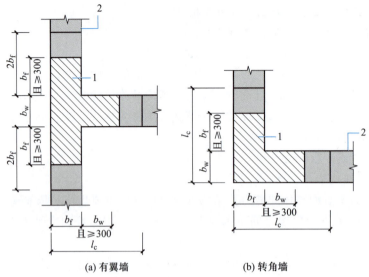

(a) 有翼墙　　　　　(b) 转角墙

图 1-33　约束边缘构件阴影区域全部后浇构造示意图

l_c—约束边缘构件沿墙肢的长度；1—后浇段；2—预制剪力墙

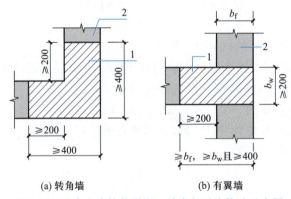

(a) 转角墙　　　　　(b) 有翼墙

图 1-34　约束边缘构件阴影区域全部后浇构造示意图

1—后浇段；2—预制剪力墙；阴影区域为构造边缘构件范围

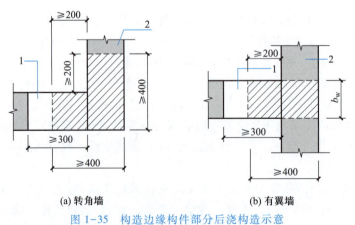

(a) 转角墙　　　　　(b) 有翼墙

图 1-35　构造边缘构件部分后浇构造示意

1—后浇段；2—预制剪力墙；阴影区域为构造边缘构件范围

确定剪力墙竖向接缝位置的主要原则是便于标准化生产、吊装、运输和就位,并尽量避免接缝对结构整体性能产生不良影响。

剪力墙竖向接缝位置的确定首先要尽量避免拼缝对结构整体性能的影响,还要考虑建筑功能和艺术效果,便于生产、运输和安装。当主要采用一字形墙板构件时,拼缝通常位于纵横墙片交接处的边缘构件位置,边缘构件是保证剪力墙抗震性能的重要构件,宜全部或者大部分采用现浇混凝土。如边缘构件的一部分现浇,一部分预制,则应采取可靠连接措施,保证现浇与预制部分共同组成叠合式边缘构件。

对于约束边缘构件,阴影区域宜采用现浇,则竖向钢筋可均配置在现浇拼缝内,且在现浇拼缝内配置封闭箍筋及拉筋,预制墙板中的水平分布筋在现浇拼缝内锚固。如果阴影区域部分预制,则竖向钢筋可部分配置在现浇拼缝内,部分配置在预制段内;预制段内的水平钢筋和现浇拼缝内的水平钢筋需通过搭接、焊接等措施形成封闭的环箍,并满足国家现行相关规范的配箍率要求。

墙肢端部的构造边缘构件通常全部预制;当采用 L 形、T 形或者 U 形墙板时,拐角处的构造边缘构件可全部位于预制剪力墙段内,竖向受力钢筋可采用搭接连接或焊接连接。

② 屋面及收进位置后浇圈梁。屋面以及立面收进的楼层,应在预制剪力墙顶部设置封闭的后浇钢筋混凝土圈梁(图 1-36),并应符合下列规定:

圈梁截面宽度不应小于剪力墙的厚度,截面高度不宜小于楼板厚度及 250 mm 的较大值;圈梁应与现浇或者叠合楼、屋盖浇筑成整体。

圈梁内配置的纵向钢筋不应少于 4 ⌀ 12,且按全截面计算的配筋率不应小于 0.5% 和水平分布筋配筋率的较大值,纵向钢筋竖向间距不应大于 200 mm;箍筋间距不应大于 200 mm,且直径不应小于 8 mm。

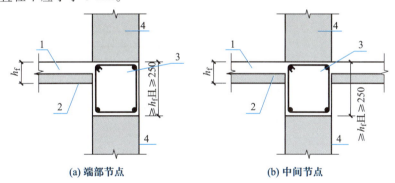

图 1-36　后浇带钢筋混凝土圈梁构造示意
1—后浇混凝土叠合层;2—预制板;3—后浇圈梁;4—预制剪力墙

③ 楼层水平后浇带。各层楼面位置,预制剪力墙顶部无后浇圈梁时,应设置连续的水平后浇带(图 1-37);水平后浇带应符合下列规定:

水平后浇带宽度应取剪力墙的厚度,高度不应小于楼板厚度;水平后浇带应与现浇或者叠合楼、屋盖浇筑成整体。

水平后浇带内应配置不少于 2 根连续纵向钢筋,其直径不宜小于 12 mm。

④ 预制剪力墙底部接缝。预制剪力墙底部接缝宜设置在楼面标高处,并应符合下列规定:

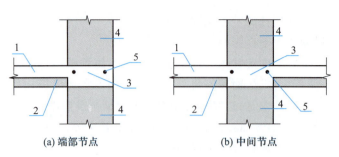

(a) 端部节点　　　　　　　(b) 中间节点

图 1-37　水平后浇带构造示意

1—后浇混凝土叠合层；2—预制板；3—水平后浇带；4—预制墙板；5—纵向钢筋

a. 接缝高度宜为 20 mm；

b. 接缝宜采用灌浆料填实；

c. 接缝处后浇混凝土上表面应设置粗糙面。

上下层预制剪力墙的竖向钢筋，当采用套筒灌浆连接和浆锚搭接连接时，应符合下列规定：

a. 边缘构件竖向钢筋应逐根连接。

b. 预制剪力墙的竖向分布钢筋，当仅部分连接时（图 1-38），被连接的同侧钢筋间距不应大于 600 mm，且在剪力墙构件承载力设计和分布钢筋配筋率计算中不计入不连接的分布钢筋；不连接的竖向分布钢筋直径不应小于 6 mm。

c. 一级抗震等级剪力墙以及二、三级抗震等级底部加强部位，剪力墙的边缘构件竖向钢筋宜采用套筒灌浆连接。

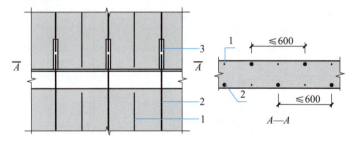

图 1-38　预制剪力墙竖向分布钢筋连接构造示意

1—不连接的竖向分布钢筋；2—连接的竖向分布钢筋；3—连接接头

⑤ 预制剪力墙洞口上方连梁。预制剪力墙洞口上方的预制连梁宜与后浇圈梁或水平后浇带形成叠合连梁（图 1-39），叠合连梁的配筋及构造要求应符合现行国家标准《混凝土结构设计规范》的有关规定。当连梁剪跨比较小需要设置斜向钢筋时，一般采用全现浇连梁。

⑥ 预制梁的连接。楼面梁不宜与预制剪力墙在剪力墙平面外单侧连接；当楼面梁与剪力墙在平面外单侧连接时，宜采用铰接，可采用在剪力墙上设置挑耳的方式。

预制叠合连梁的预制部分宜与剪力墙整体预制，也可在跨中拼接或在端部与预制剪力墙拼接。连梁端部钢筋锚固构造复杂，要尽量避免预制连梁在端部与预制剪力墙连接。

当预制叠合连梁在跨中拼接时，可按《装配式混凝土结构技术规程》（JGJ 1—2014，以下简称《规程》）的规定进行接缝的构造设计。

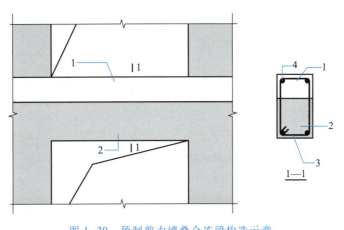

图 1-39　预制剪力墙叠合连梁构造示意

1—后浇圈梁或后浇带;2—预制连梁;3—箍筋;4—纵向钢筋

当预制叠合连梁端部与预制剪力墙在平面内拼接时,接缝构造应符合下列规定:

a. 当墙端边缘构件采用后浇混凝土时,连梁纵向钢筋应在后浇段中可靠锚固(图 1-40a)或连接(图 1-40b);

b. 当预制剪力墙端部上角预留局部后浇节点区时,连梁的纵向钢筋应在局部后浇节点区内可靠锚固(图 1-40c)或连接(图 1-40d)。

下面提供两种常用的"刀把墙"的预制连梁与预制墙板的连接方式。也可采用其他连接方式,但应保证接缝的受弯及受剪承载力不低于连梁的受弯及受剪承载力。

当采用后浇连梁时,宜在预制剪力墙端伸出预留纵向钢筋,并与后浇连梁的纵向钢筋可靠连接(图 1-41)。

当采用后浇连梁时,纵筋可在连梁范围内与预制剪力墙预留的钢筋连接,可采用搭接、机械连接、焊接等方式。

当预制剪力墙洞口下方有墙时,宜将洞口下墙作为单独的连梁进行设计(图 1-42)。

3. 预制外挂墙板连接设计

(1)预制外挂墙板连接节点设计

① 外挂墙板结构设计的目的。设计合理的墙板结构和与主体结构的连接节点,使其在承载能力极限状态和正常使用极限状态下,符合安全、正常使用的要求和规范规定。

② 外挂墙板结构连接设计内容。连接节点布置:外挂墙板的结构设计首先要进行连接节点的布置,因为墙板以连接节点为支座,结构设计计算在连接节点确定之后才能进行。

连接节点结构设计:设计连接节点的类型、连接方式;作用及作用组合计算;进行连接节点结构计算;设计应对主体结构变形的构造;连接节点的其他构造设计。

制作、堆放、运输、施工环节的结构验算与构造设置:PC 墙板在制作、堆放、运输、施工环节的结构验算与构造设置包括脱模、翻转、吊运、安装预理件的设置;制作、施工环节荷载作用下墙板承载能力和裂缝验算等。

③ 外挂墙板设计一般规定。外挂墙板应采用合理的连接节点并与主体结构可靠连接。有抗震设防要求时,外挂墙板及其与主体结构的连接节点,应进行抗震设计。

外挂墙板结构分析可采用线性弹性方法,其计算简图应符合实际受力状态。

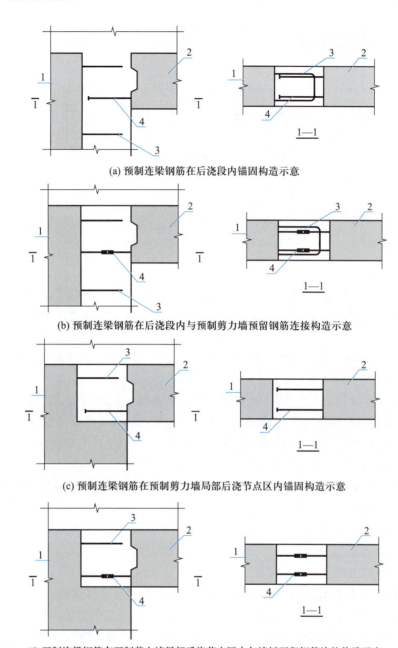

(a) 预制连梁钢筋在后浇段内锚固构造示意

(b) 预制连梁钢筋在后浇段内与预制剪力墙预留钢筋连接构造示意

(c) 预制连梁钢筋在预制剪力墙局部后浇节点区内锚固构造示意

(d) 预制连梁钢筋在预制剪力墙局部后浇节点区内与墙板预留钢筋连接构造示意

图1-40 同一平面内预制连梁与预制剪力墙连接构造示意

1—预制剪力墙;2—预制连梁;3—边缘构件箍筋;4—连梁下部纵向受力钢筋锚固或连接

对外挂墙板和连接节点进行承载力验算时,其结构重要性系数 γ_0 应取不小于1.0,连接节点承载力抗震调整系数 γ_{RE} 应取1.0。

支承外挂墙板的结构构件应具有足够的承载力和刚度。

外挂墙板与主体结构宜采用柔性连接,连接节点应具有足够的承载力和适应主体结构变形的能力,并应采取可靠的防腐、防锈和防火措施。

计算外挂墙板及连接节点的承载力时,荷载组合的效应设计值应符合下列规定:

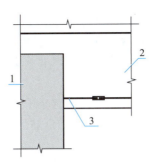

图 1-41　后浇连梁与预制剪力墙连接构造示意

1—预制墙板;2—后浇连梁;3—预制剪力墙伸出纵向受力钢筋

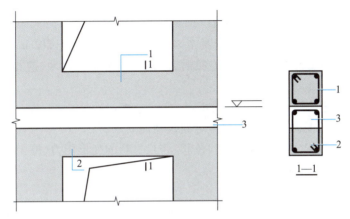

图 1-42　预制剪力墙洞口下墙与叠合连梁的关系示意

1—洞口下墙;2—预制连梁;3—后浇圈梁或水平后浇带

持久设计状况:

当风荷载效应起控制作用时:

$$S = \gamma_G S_{Gk} + \gamma_w S_{wk} \tag{1-6}$$

当永久荷载效应起控制作用时:

$$S = \gamma_G S_{Gk} + \psi_w \gamma_w S_{wk} \tag{1-7}$$

抗震设计状况:

在水平地震作用下:

$$S = \gamma_G S_{Gk} + \gamma_{Eh} S_{Ehk} + \psi_w \gamma_w S_{wk} \tag{1-8}$$

在竖向地震作用下:

$$S = \gamma_G S_{Gk} + \gamma_{Ev} S_{Evk} \tag{1-9}$$

式中:S——基本组合的效应设计值;

S_{Gk}——永久荷载的效应标准值;

S_{wk}——风荷载的效应标准值;

S_{Ehk}——水平地震作用的效应标准值;

S_{Evk}——竖向地震作用的效应标准值;

γ_G——永久荷载分项系数,按《规程》第 10.2.2 条规定取值;

γ_w——风荷载分项系数,取 1.4;

γ_{Eh}——水平地震作用分项系数,取 1.3;

γ_{Ev}——竖向地震作用分项系数,取 1.3;

ψ_w——风荷载组合系数,在持久设计状况下取 0.6,抗震设计状况下取 0.2。

（2）预制外挂墙板连接节点构造

外挂墙板的高度不宜大于一个层高,厚度不宜小于 100 mm。

外挂墙板宜采用双层、双向配筋,竖向和水平钢筋的配筋率均不应小于 0.15%,且钢筋直径不宜小于 5 mm,间距不宜大于 200 mm。

门窗洞口周边、角部应配置加强钢筋。

外挂墙板最外层钢筋混凝土保护层厚度除有专门要求外,应符合下列规定:

① 对石材或面砖饰面,不应小于 15 mm;

② 对清水混凝土,不应小于 20 mm;

③ 对露骨料装饰面,应从最凹处混凝土表面计起,且不应小于 20 mm。

外挂墙板与主体结构采用点支承连接时,连接件的滑动孔尺寸,应根据穿孔螺栓的直径、层间位移值和施工误差等因素确定。

外挂墙板间接缝的构造应符合下列规定:

① 接缝构造应满足防水、防火、隔声等建筑功能要求;

② 接缝宽度应满足主体结构的层间位移、密封材料的变形能力、施工误差、温差引起变形等要求,且不应小于 15 mm。

4. 创建预制构件 BIM 模型

利用 BIM 相关软件进行预制构件模型的创建,包括构件类型创建,构件的配筋绘制,常见的预制构件如图 1-43~图 1-46 所示。

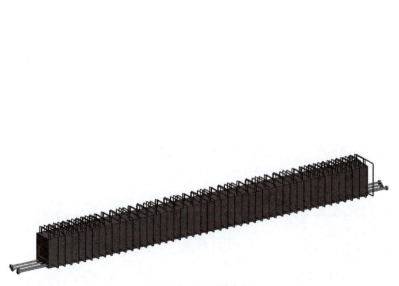

图 1-43　预制叠合梁

图 1-44　预制框架柱

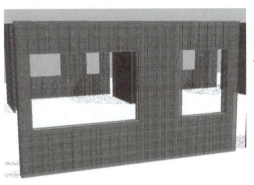

图 1-45　预制剪力墙板

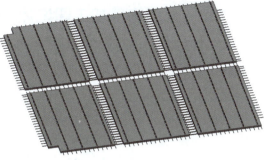

图 1-46　预制叠合楼板

5. 利用创建的 BIM 模型进行钢筋碰撞检测

完成预制构件模型创建以及配筋绘制后(图 1-47),结合相关技术规程要求对模型进行有效配筋碰撞检测,根据碰撞检测的结果进行构件配筋优化设计(图 1-48)。

图 1-47　预制构件模型组织

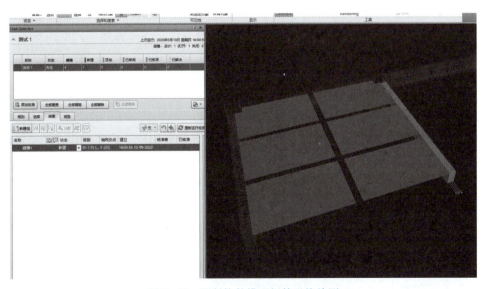

图 1-48　预制构件模型钢筋碰撞检测

任务 1.2　预制构件加工图设计

任务陈述

已知某五层装配整体式混凝土框架结构的教学楼,地下一层,地上五层,未设置厨房,上人平屋面,层高为 4.2 m 和 4.25 m,抗震设防烈度 6 度,结构抗震等级三级。预制构件类型有预制柱、预制叠合梁、预制叠合板、预制楼梯。根据预制构件的特点和规范要求,绘制预制混凝土竖向构件、水平构件的布置图、预埋件平面布置图、立面装配图以及各预制构件加工图。

知识准备

1. 预制构件加工图的设计内容

现浇混凝土结构建筑施工图设计完成后就可以施工,但是装配式混凝土建筑还需要对预制构件进行预制构件加工图的设计。

预制构件加工图是构件厂生产预制构件的依据,预制构件加工图的质量直接影响构件厂的制作效率。预制构件加工图的设计主要包含两个内容:

(1)各专业设计汇集　预制构件设计须汇集建筑、结构、装饰、水电暖、设备等各个专业和制作、堆放、运输、安装各个环节对预制构件的全部要求,在构件制作图上无遗漏地表示出来。

(2)制作、运输、堆放、安装环节的结构与构造设计　与现浇混凝土结构不同,装配式结构预制构件需要对构件制作环节的脱模、翻转、堆放,运输环节的装卸、支承,安装环节的吊装、定位、临时支撑等,进行荷载分析、承载力与变形的验算。还需要设计吊点、支承点位置,进行吊点结构与构造设计。

《装配式混凝土结构技术规程》(JGJ 1—2014)要求:对制作、运输和堆放、安装等短暂设计状况下的预制构件验算,应符合现行国家标准《混凝土结构工程施工规范》(GB 50666)的有关规定。

预制构件加工图一般包括加工图总说明、预制构件平面布置图、构件加工大样图、构件配筋图、设备管线布置图、材料表等。

2. 竖向构件的构造要求

竖向构件包括预制剪力墙和预制柱,本任务中涉及的竖向构件为预制柱。

(1)预制剪力墙的构造要求　预制剪力墙宜采用"一"字形,也可采用 L 形、T 形或 U 形;开洞预制剪力墙洞口宜居中布置,洞口两侧的墙肢宽度不应小于 200 mm,洞口上方连梁高度不宜小于 250 mm。

可结合建筑功能和结构平立面布置的要求,根据构件的生产、运输和安装能力,确定预制构件的形状和大小。

预制剪力墙的连梁不宜开洞;当需开洞时,洞口宜预埋套管,洞口上、下截面的有效高度不宜小于梁高的 1/3,且不宜小于 200 mm;被洞口削弱的连梁截面应进行承载力验算,洞口处应配置补强纵向钢筋和箍筋;补强纵向钢筋的直径不应小于 12 mm。预制墙板的开洞应在工厂完成。

预制剪力墙开有边长小于 800 mm 的洞口且在结构整体计算中不考虑其影响时,应沿洞口周边配置补强钢筋;补强钢筋的直径不应小于 12 mm,截面面积不应小于同方向被洞口截断的钢筋面积;该钢筋自孔洞边角算起伸入墙内的长度,非抗震设计时不应小于 l_a,抗震设计时不应小于 l_{aE}(图 1-49)。

当采用套筒灌浆连接时,自套筒底部至套筒顶部并向上延伸 300 mm 范围内,预制剪力墙的水平分布钢筋应加密(图 1-50),加密区水平分布钢筋的最大间距及最小直径应符合表 1-1 的规定,套筒上端第一道水平分布钢筋距离套筒顶部不应大于 50 mm。

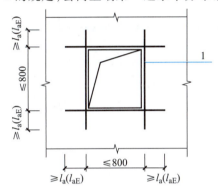

图 1-49 预制剪力墙洞口
补强钢筋配置示意
1—洞口补强钢筋

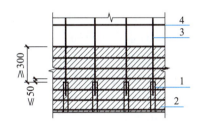

图 1-50 钢筋套筒灌浆连接部位
水平分布钢筋的加密构造示意
1—灌浆套筒;2—水平分布钢筋加密区域(阴影区域);
3—竖向钢筋;4—水平分布钢筋

表 1-1 加密区水平分布钢筋的要求

抗震等级	最大间距/mm	最小直径/mm
一、二级	100	8
三、四级	150	8

端部无边缘构件的预制剪力墙,宜在端部配置 2 根直径不小于 12 mm 的竖向构造钢筋;沿该钢筋竖向应配置拉筋,拉筋直径不宜小于 6 mm、间距不宜大于 250 mm。

当预制外墙采用夹心墙板时,应满足下列要求:

① 外叶墙板厚度不应小于 50 mm,且外叶墙板应与内叶墙板可靠连接;

② 夹心外墙板的夹层厚度不宜大于 120 mm;

③ 当作为承重墙时,内叶墙板应按剪力墙进行设计。

(2)预制柱的构造要求 预制柱纵向受力钢筋直径不宜小于 20 mm,纵向受力钢筋的间距不宜大于 200 mm 且不应大于 400 mm。柱的纵向受力钢筋可集中于四角配置且宜对称布置。柱中可设置纵向辅助钢筋且直径不宜小于 12 mm 和箍筋直径;当正截面承载力计算不计入纵向辅助钢筋时,可不伸入框架节点(图 1-51)。

预制柱柱底接缝宜设置在楼面标高处,柱底接缝厚度宜为 20 mm,并应采用灌浆料填实,柱纵向受力钢筋应贯穿后浇节点区(图 1-52)。

项目 1　构件深化设计

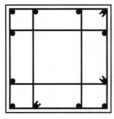

(a) 纵向受力钢筋均匀布置

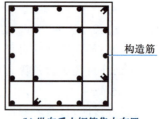

构造筋

(b) 纵向受力钢筋集中布置

图 1-51　预制柱的纵向受力钢筋分布示意

预制柱的底部应设置键槽且宜设置粗糙面,键槽应均匀布置,键槽深度不宜小于 30 mm,键槽端部斜面倾角不宜大于 30°,柱顶应设置粗糙面。

预制柱中钢筋接头处套筒外侧箍筋的混凝土保护层厚度不应小于 20 mm;套筒之间的净距不应小于 25 mm。

3. 水平构件构造要求

水平构件包括预制梁、预制板,任务中涉及的水平预制构件为叠合梁、叠合板。

（1）叠合梁的构造要求

装配整体式框架结构中,当叠合框架梁的后浇混凝土叠合层厚度小于 150 mm、叠合次梁的后浇混凝土叠合层厚度小于 120 mm 时,应采用凹口截面的预制梁,凹口深度不宜小于 50 mm,凹口边厚度不宜小于 60 mm（图 1-53）。

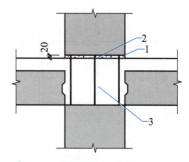

图 1-52　预制柱柱底接缝构造示意

1—后浇节点区混凝土上表面粗糙面;
2—接缝灌浆层;3—后浇节点区

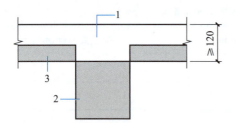

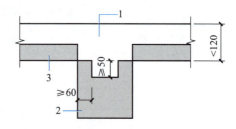

图 1-53　叠合次梁截面示意图

1—后浇混凝土叠合层;2—预制梁;3—预制板

当采用组合封闭箍时,弯钩（图 1-54）端头平直段长度 L_d 在抗震/受扭、非抗震的情况下分别不应小于 $10d$ 和 $5d$,当箍筋帽（图 1-55）采用一端带 135° 弯钩、另一端带 90° 弯钩时,其弯钩应交错布置。

（2）叠合板的构造要求

叠合楼板简称叠合板,分为预应力与非预应力两种,桁架筋预制底板（图 1-56）是目前用的最普遍的一种叠合楼板。

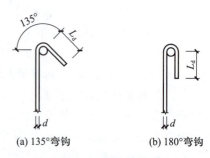

(a) 135°弯钩　　　　(b) 180°弯钩

图 1-54　箍筋弯钩构造

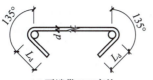

(a) 两端带135°弯钩　　　　(b) 一端带135°弯钩,另一端带90°弯钩

图 1-55　箍筋帽弯钩构造

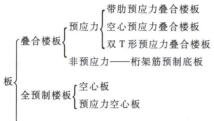

图 1-56　桁架筋预制底板

非预应力叠合板用桁架筋主要起抗剪作用,桁架钢筋沿主要受力方向布置(即成品预制板的较长边),桁架钢筋距板边不应大于 300 mm,间距不宜大于 600 mm(图 1-57),桁架钢筋上弦钢筋直径不宜小于 8 mm,下弦杆钢筋直径不宜小于 6 mm,腹杆钢筋直径不应小于 4 mm,桁架钢筋弦杆混凝土保护层厚度不应小于 15 mm(图 1-58)。

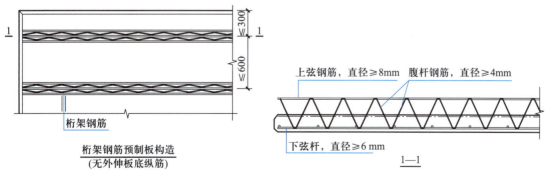

图 1-57　桁架钢筋预制板构造

预制板宽不宜大于 3 m,叠合板的预制板厚度不宜小于 60 mm,后浇混凝土叠合层厚度一般情况取 70 mm;当为厨房或卫生间底板时,叠合层厚度不应小于 80 mm;当为管线较密

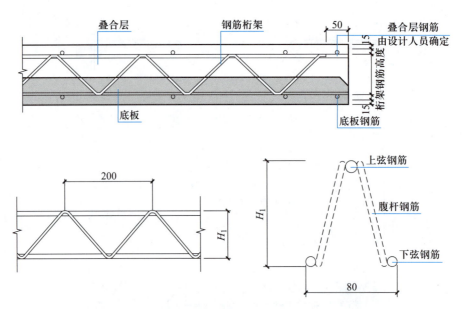

图 1-58 桁架钢筋示意图

集区域时,为便于管线穿过,叠合层厚度适当增加;当跨度大于 6 m 时,宜采用预应力混凝土预制板;板厚大于 180 mm 时,宜采用混凝土空心板,板端空腔应封堵。

板边角构造:叠合板边角做成 45° 倒角。单向板和双向板的上部都做成倒角,一是为了保证连接节点钢筋保护层厚度;二是为了避免后浇段混凝土转角部位应力集中。单向板下部边角做成倒角是为了便于接缝处理,如图 1-59 所示。

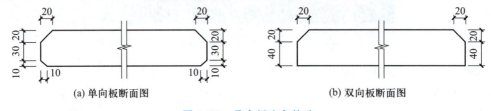

(a) 单向板断面图　　　　　　　　　　　　(b) 双向板断面图

图 1-59 叠合板边角构造

4. 工程制图的基本方法

本书讲的工程制图是指建筑制图,即指按有关规定将建筑设计的意图绘制成图纸,是为建筑设计服务的,在建筑设计的不同阶段,要绘制不同内容的设计图。

预制构件加工图处于建筑设计的深化阶段,根据投影原理,通过线条、符号、文字说明、3D 图形及其他图形元素表示预制构件形状、配筋、结构等特征,所绘制的图纸是工厂生产的依据。

预制构件加工图的绘制应符合现行国家标准《房屋建筑制图统一标准》(GB/T 50001)中的图线、字体、比例、符号、尺寸标注等相关要求。

🛡 **任务实施**

1. 预制构件平面布置图设计

绘制轴线、轴线总尺寸(或外包总尺寸)、轴线间尺寸(柱距、跨距)、预制构件与轴线的

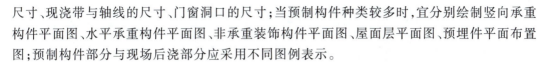

尺寸、现浇带与轴线的尺寸、门窗洞口的尺寸;当预制构件种类较多时,宜分别绘制竖向承重构件平面图、水平承重构件平面图、非承重装饰构件平面图、屋面层平面图、预埋件平面布置图;预制构件部分与现场后浇部分应采用不同图例表示。

(1)绘制竖向承重构件。竖向承重构件平面图应标明预制构件(剪力墙内外墙板、柱、PCF 板)的编号、数量、安装方向、预留洞口位置及尺寸、转换层插筋定位、楼层的层高及标高(图 1-60)。

(2)绘制水平承重构件。水平承重构件平面图应标明预制构件(叠合板、楼梯、阳台、空调板、梁)的编号、数量、安装方向、楼板板底标高、叠合板与现浇层的高度、预留洞口定位及尺寸、机电预留定位(图 1-61)。

(3)绘制非承重装饰构件。非承重装饰构件平面图应标明预制构件(混凝土外挂板、空心条板、装饰板等)的编号、数量、安装方向。

(4)绘制预埋件平面布置图。预埋件平面布置图应标明预埋件编号、数量、预埋件定位、详图索引(图 1-62)。

2. 预制构件立面装配图的设计

(1)绘制预制构件立面布置的位置、编号和层高线(图 1-63)。

(2)绘制图纸名称和比例。

3. 预制构件加工图的设计

预制构件加工图应表达预制构件的混凝土强度等级、尺寸、配筋图、洞口、槽口、企口、键槽、预埋件、粗糙面、光滑面等相关信息。

(1)预制构件各个视图的绘制原则

① 预制构件模板图应包含但不限于以下内容:

预制构件主视图、俯视图、仰视图、侧视图、门窗洞口剖面图,主视图依据生产工艺的不同可绘制构件正面图,也可绘制背面图。

标明预制构件与结构层高线的距离,当主要视图中不便表达时,可通过缩略示意图的方式表达;标注预制构件的外轮廓尺寸、缺口尺寸、预埋件的定位尺寸。

各视图中应标注预制构件表面的工艺要求(如模板面、人工压光面、粗糙面),表面有特殊要求的应标明饰面做法(如清水混凝土、彩色混凝土、喷砂、瓷砖、石材等),有瓷砖或石材饰面的构件应绘制排板图。

预埋件及预留孔应分别用不同的图例表达,并在构件视图中标明预埋件编号;构件信息表应包括构件编号、数量、混凝土体积、构件重量、钢筋保护层厚度、混凝土强度;预埋件信息表应包括预埋件编号、名称、规格、数量;说明中应包括符号说明及注释。

② 预制构件配筋图应包含但不限于以下内容:

钢筋的型号、直径、间距、数量和定位;钢筋驳接长度及位置,外伸钢筋的长度、细部构造等,如需要弯折的钢筋细部构造和补强筋设置等;箍筋形式和细部构造尺寸;钢筋避让方式;钢筋材料表。

(2)预制构件编号的编制原则

预制构件编号是连接深化设计、生产和施工安装的重要纽带,构件编号应是构件的唯一身份,便于后期的维护工作。预制构件编号应遵循"一构件一码"的原则。

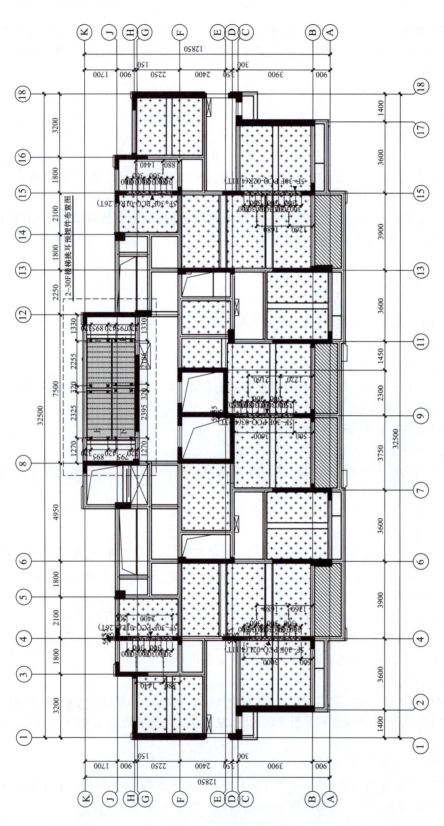

图1-60 预制墙平面布置图

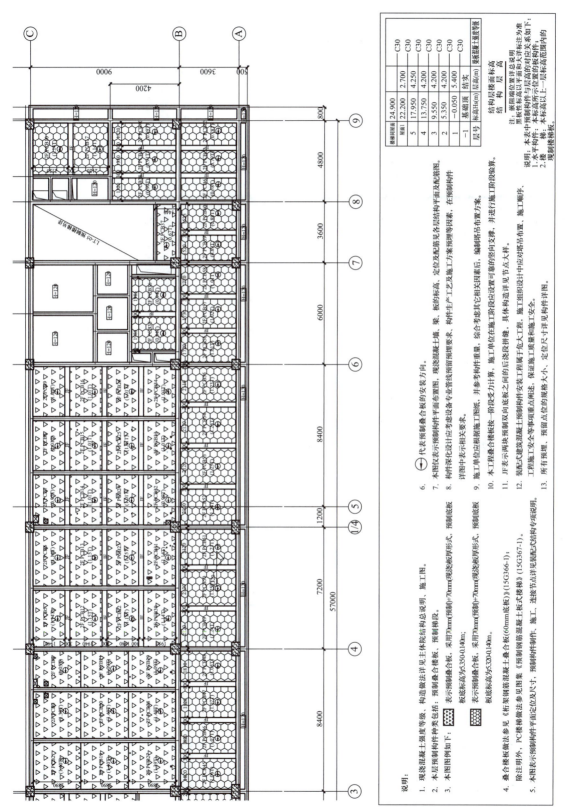

图1-61　水平预制构件平面布置图

说明：
1. 现浇混凝土强度等级、构造做法详见主体院结构总说明、施工图。
2. 本层预制构件种类包括：预制叠合楼板、预制楼梯段。
3. 本图图例如下：

   ▨ 表示预制叠合板，采用70mm(预制)+70mm(现浇)底板形式、预制底板
   　板底标高为5.350-0.140m；

   ▧ 表示预制叠合板，采用70mm(预制)+70mm(现浇)底板形式、预制底板
   　板底标高为5.320-0.140m。

4. 叠合楼板做法参见《桁架钢筋混凝土叠合板(60mm底板)》(15G366-1)，
   除注明外，PC楼梯做法参见图集《预制钢筋混凝土板式楼梯》(15G367-1)。
5. 本图表示预制构件平面定位尺寸及大小，预制构件制作、施工、连接节点详见装配式装配式结构专项说明。

6. ⊕ 代表预制叠合板的安装方向。
7. 本图仅表示预制构件平面布置图。现浇混凝土墙、梁、板的标高、混凝土配筋、定位及配筋见各层结构平面及配筋图。
8. 构件深化设计应考虑设备专业管线预留等因素，构件生产工艺及施工方案预留预埋要求，在预制构件详图中表示相关要求。
9. 施工单位应根据施工图纸，并参考构件重量、综合考虑其它相关因素后，编制吊装方案。
10. 本工程叠合楼板一阶段受力计算，施工单位在施工阶段应设置可靠的竖向支撑，并进行施工阶段验算。
11. 正反表示预制双向底板之间的后浇段节点大样，具体构造详见节点大样。
12. 装配式建筑混凝土、预制构件安装工程属于危大工程，施工组织设计中应对中塔吊布置、施工顺序，工程施工安全等审重点进行阐述，保证施工质量和施工安全。
13. 所有预埋、预留点位的规格尺寸、定位尺寸详见构件详图。

楼梯屋面	24.900		C30
5	22.200	2.700	C30
	17.950	4.250	C30
4	13.750	4.200	C30
	9.550	4.200	C30
3	5.350	4.200	C30
2	-0.050	5.400	C30
1	基础顶	结实	C30
-1			
层号	标高(m)	层高(m)	浇捣混凝土强度等级
	结构层楼面标高		
	结构层高		

注：①层顶端位置详总说明。
黑框表示标高以平面图和大详标注为准。
说明：本表中预制构件与本标高的对应关系如下：
1. 水平构件：楼，本标高所示位置对应构件的板标高；
2. 楼梯：楼，本标高以上一层标高范围内的现浇楼梯板。

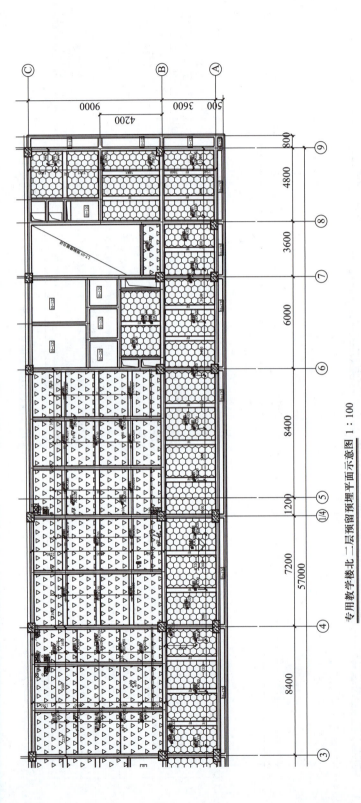

专用教学楼北二层预留预埋平面示意图 1 : 100

图例说明:

XH1预留金属线盒1,接DN20锁母,据电气施工图照明专业点位预留
XH1预留金属线盒1,接DN20锁母,据电气施工图动力专业点位预留
XH2预埋金属线盒2,接DN25锁母,据电气施工图照明专业点位预留
XH3预埋金属线盒3,接DN40锁母,据电气施工图动力专业点位预留
XH4预埋金属线盒4,接DN20锁母,据电气施工图消防专业点位预留
XH5预埋金属线盒5,接DN20锁母,据电气施工图消防专业点位预留
XH6预埋金属线盒6,接DN25锁母,据电气施工图弱电专业点位预留
XH7预埋金属线盒7,接DN20锁母,据电气施工图弱电专业点位预留
XH8预埋金属线盒8,接DN25锁母,据电气施工图弱电专业点位预留
φ16预留φ16电扇吊钩电气下引线管洞
φ30预留φ30电气安装用圆洞
表示立管后封预留洞(洞内钢筋均不断,若现场安装终铺钢筋剪断,切断钢筋补强节点详总说明)
表示永久洞口(洞内断开)

说明:
1. 此图纸仅表达预制板部分点位预留平面图纸,现浇部分点位施工图需结合建筑、结构、水电平面图纸。
2. 所有现浇部分尺寸、配筋及定位均按原结构图纸施工,施工前需仔细结构细节核对,确保各尺寸、定位无误。
3. 注明"现场焊接"的加强钢筋需在现场进行焊接。具体做法详见总说明"后浇带加强钢筋焊接节点"。

图1-62　预留预埋平面示意图

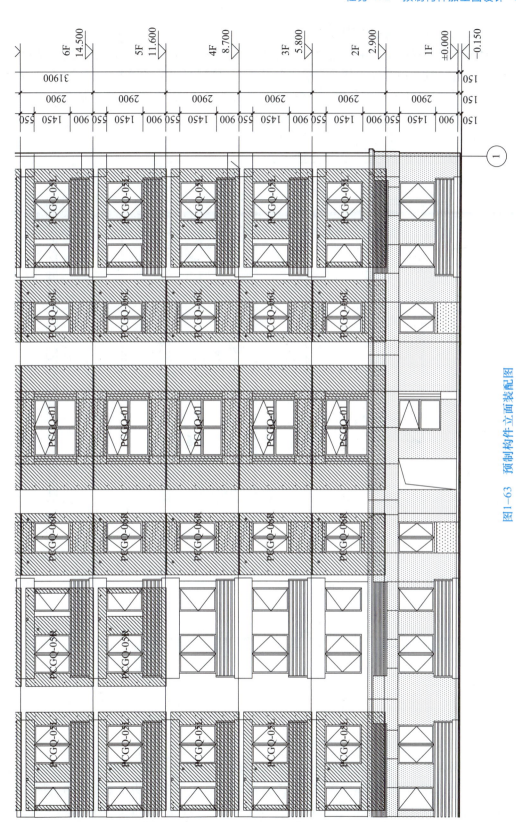

图1-63　预制构件立面装配图

95

（3）预制混凝土楼板加工图设计

预制混凝土楼板加工图中应包含以下信息：表达叠合板的外部轮廓尺寸、缺口尺寸、倒角、洞口等细部构造、用符号表达各粗糙面及模板面；绘制板出筋的直径、定位和长度；表达桁架钢筋的形式、直径和排布定位；绘制吊点和线盒的形式、定位；在板面绘制安装符号；绘制构件信息表、预埋件信息表、配筋表；编制必要的说明。

本项目中二层 PCB2 的构件加工图如图 1-64~图 1-68 所示。

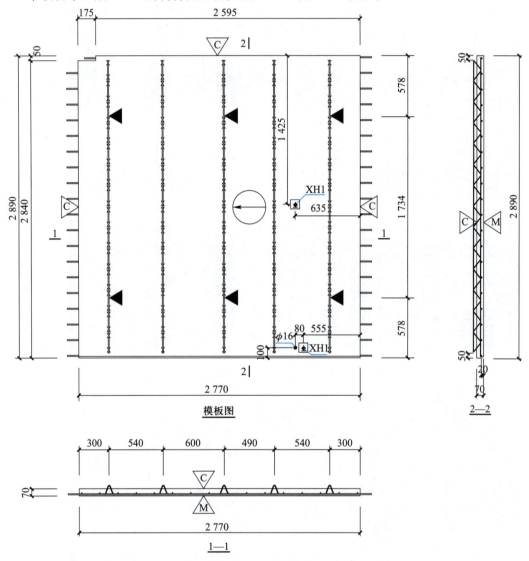

图 1-64　二层 PCB2 模板图

（4）预制混凝土叠合梁加工图的设计

预制混凝土叠合梁加工图应包含以下信息：表达叠合梁的外部轮廓尺寸、凹槽、后浇槽口等详细尺寸；绘制层高线，标明预制梁顶与层高线的距离；用符号表达各粗糙面、键槽面及模板面；绘制梁钢筋（底筋和腰筋）的直径、定位和长度；表达外伸钢筋的锚固形式及避让弯折要求；表达梁端抗剪键槽的详细构造尺寸；选择吊点和预埋线/套管的形式，布置在合理的

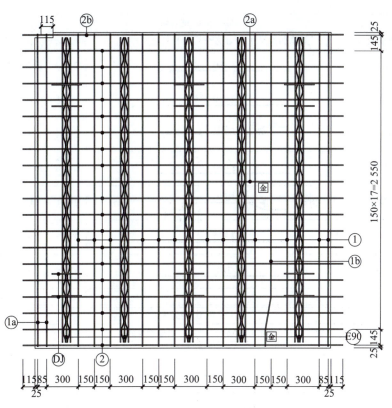

图 1-65　二层 PCB2 配筋图

2F PCB2基础表						
底板编号	底板厚(mm)	叠合层厚(mm)	实际板跨(mm)	实际板宽(mm)	混凝土体积(m³)	底板自重(t)
2F PCB2	70	70	2 770	2 890	0.56	1.4

2F PCB2构件表						
所在楼层	层数(层)	标高段	混凝土强度	件数/层	件数	备注
2F	1	5.350	C30	1	1	备注：该PC构件制作数量，另需仔细核对各层结构平面图、建筑平面图以及预制构件布置平面图无误后才可下料生产。
合计：					1	

图 1-66　二层 PCB2 构件信息表

2F PCB2附件表					
编号	名称	规格	数量	单位	备注
XH1	金属线盒1	H=100	2	个	加高型86线盒，高度100，底盒可拆卸，侧边预留孔可接DN20锁母。

图 1-67　二层 PCB2 板预埋件信息表

位置；绘制安装符号；绘制构件信息表、预埋件信息表、配筋表；编制必要的说明。

本项目中二层 PCL1 的构件加工图如图 1-69~图 1-73 所示。

（5）预制混凝土柱加工图的设计

预制混凝土柱加工图应包含以下信息：表达预制柱的外部轮廓尺寸；绘制层高线，标明

2F PCB2钢筋表						
钢筋编号	钢筋规格	钢筋加工尺寸(设计方交底后方可生产)	单根长(mm)	总长(mm)	总重(kg)	备注
①	12C8	2 860	2 860	34 320	13.55	
①a	2C8	2 810	2 810	5 620	2.22	
①b	1C8	141 318 2 401 / 53	2 864	2 864	1.13	
②	18C8	3 000	3 000	54 000	21.32	
②a	1C8	俯视 120 / −3 −3 / 2 176 14 14 676	3 001	3 001	1.18	
②b	1C8	2 825	2 825	2 825	1.12	
DJ	12C8	280	280	3 360	1.33	
合计:					41.85	

2F PCB2桁架表					
桁架钢筋规格	道数	单道长度(mm)	单根重(kg)	总长(mm)	总重(kg)
E90	5	2 790	5	13 950	22.74
合计:					22.74

图 1-68　二层 PCB2 配筋表

预制柱顶与层高线的距离;用符号表达各粗糙面和键槽面;绘制柱钢筋(纵筋和箍筋)的直径、定位和长度;表达外伸钢筋的长度和定位;表达排气孔道构造、尺寸和定位;表达柱底抗剪键槽的详细构造尺寸;选择吊点和斜撑的形式,布置在合理的位置;绘制安装符号;有防雷接地要求时表达防雷构造做法和布置;绘制构件信息表、预埋件信息表、配筋表;编制必要的说明。

本项目中三层 PCZ1 的构件加工图如图 1-74~图 1-78 所示。

(6)预制混凝土楼梯加工图的设计

预制混凝土楼梯加工图应包含以下信息:表达预制楼梯的踏步高、踏步宽、高低端宽度和高度、梯板厚度;根据结构施工图中的楼梯大样图确定预制楼梯梯板钢筋(纵筋和分布筋)的直径、定位和长度;参考《预制钢筋混凝土板式楼梯》(15G367-1)确定其他钢筋的直径及布置;选择吊点及栏杆预埋件的形式,表达其构造要求,并布置在合理的位置;有滴水槽要求时表达滴水槽构造做法和布置;绘制构件信息表、预埋件信息表、配筋表;编制必要的说明。

本项目中标准层 PCLT8 的构件加工图如图 1-79~图 1-83 所示。

4. 构件运输和安装方案的复核

(1)吊装设备的选型原则

吊装设备主要有塔式起重机和汽车式起重机。

塔式起重机的布置宜用计算机三维软件进行空间模拟设计,也可绘制塔式起重机有效作业范围的平面图、立面图进行分析。塔式起重机布置要确保吊装范围的全覆盖,避免吊装死角。

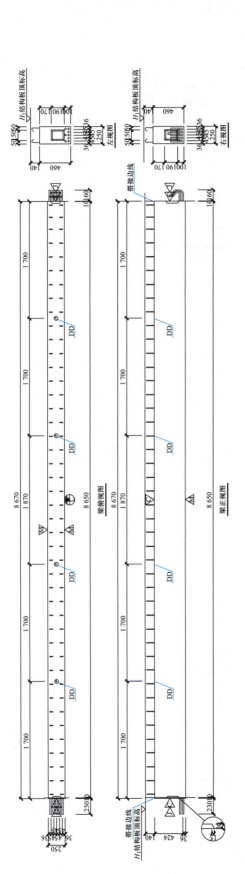

图1-69 二层PCL1模板图

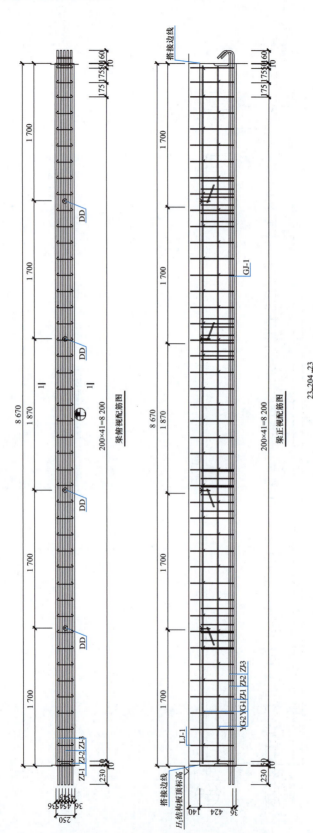

图1-70　二层PCL1配筋图

二层PCL1梁参数表		
梁编号	混凝土体积(m³)	构件重量(t)
2F-PCL1	0.995	2.488

构件数量统计表						
所在楼层	层数(层)	标高	混凝土强度	件数/层	件数	备注
2F	1	5.350	C35	1	1	该PC构件制作数量,另需仔细核对各层结构平面图、建筑平面图以及预制构件布置平面图无误后才可下料生产。
合计					1	

图 1-71　二层 PCL1 构件信息表

二层PCL1梁配筋表					
钢筋编号	钢筋规格	钢筋加工尺寸(设计方交底后方可生产)	单根长(mm)	总长(mm)	总重(kg)
ZJ-1	5⌀20	正视 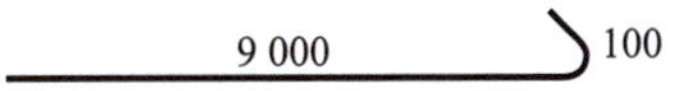　9 000　100	9 218	46 090	113.75
ZJ-2	2⌀20	俯视 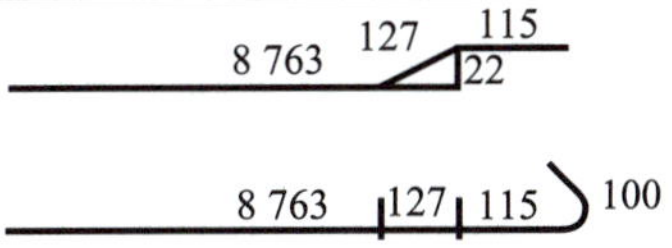　8 763　127　115　22 正视　8 763　127　115　100	9 220	18 440	45.51
ZJ-3	1⌀20	俯视 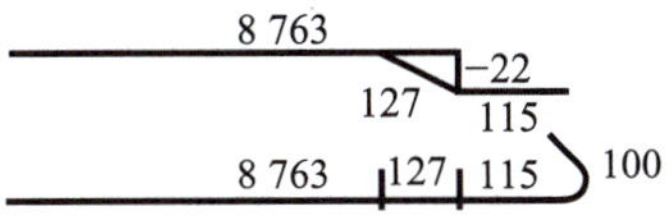　8 763　127　-22　115 正视　8 763　127　115　100	9 220	9 220	22.75
YG-1	2⌀12	正视 　8 610	8 610	17 220	15.3
YG-2	2⌀12	正视 　8 610	8 610	17 220	15.3
LJ-1	44⌀6	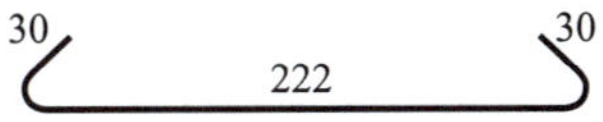 30　222　30	317	13 948	3.1
GJ-1	44⌀6	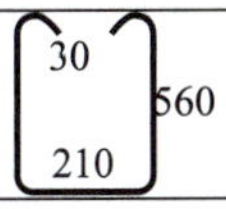 30　560　210	1 400	61 600	13.68
				合计(kg):	229.39

图 1-72　二层 PCL1 梁配筋表

二层PCL1预埋配件明细表			
编号	名称	数量	备注
DD	吊钉埋件	4	吊钉,吊件的厂家资料需由设计确认后才可生产。

图 1-73　二层 PCL1 预埋件信息表

101

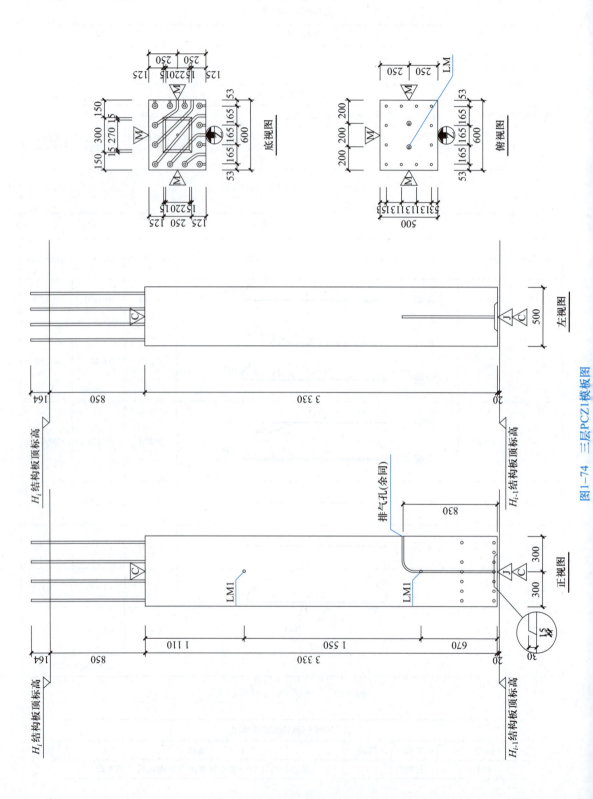

图1-74 三层PCZ1模板图

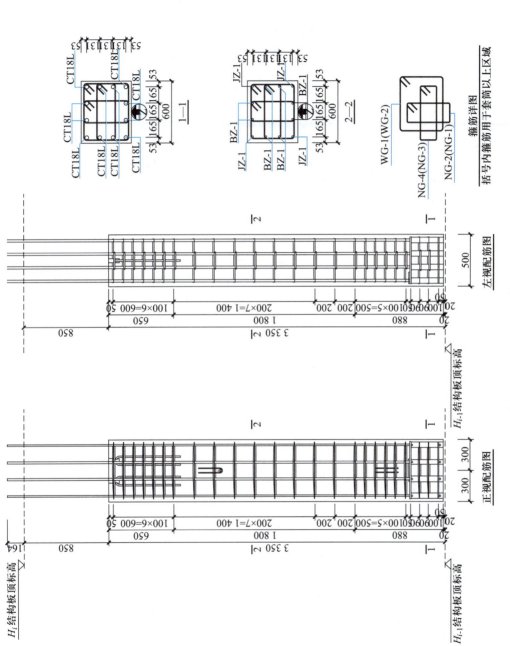

图1-75 三层PCZ1 配筋图

103

三层PCZ1柱参数表		
柱编号	混凝土体积(m³)	构件重量(t)
3F-PCZ1	0.997	2.492

构件数量统计表					
所在楼层	层数(层)	标高	混凝土强度	件数/层	件数	备注
2F~3F	1	5.350~9.550	C40	1	1	该PC构件制作数量，另需仔细核对各层结构平面图、建筑平面图以及预制构件布置平面图无误后才可下料生产。
合计					1	

图 1-76　三层 PCZ1 构件信息表

三层PCZ1预埋配件明细表			
编号	名称	数量	备注
LM	预埋螺母	2	预埋螺母，吊件的厂家资料需由设计确认后才可生产。
CT18L	套筒组件	12	全灌浆套筒 φ50×340
LM1	WWC18x65	4	

图 1-77　三层 PCZ1 预埋件信息表

三层PCZ1柱配筋表					
钢筋编号	钢筋规格	钢筋加工尺寸(设计方交底后方可生产)	单根长(mm)	总长(mm)	总重(kg)
JZ-1	4⊕18	4 161	4 161	16 644	33.27
BZ-1	4⊕18	4 141	4 141	16 564	33.11
HZ-1	4⊕18	4 141	4 141	16 564	33.11
WG-1	4⊕8	80 / 460 / 560	2 209	8 836	3.49
WG-2	21⊕8	80 / 432 / 532	2 085	43 785	17.29
NG-2	21⊕8	80 / 432 / 198	1 416	29 736	11.74
NG-1	3⊕8	80 / 460 / 226	1 541	4 623	1.83
NG-4	21⊕8	80 / 169 / 532	1 560	32 760	12.94
NG-3	3⊕8	80 / 197 / 560	1 684	5 052	1.99
				合计(kg)：148.77	

图 1-78　三层 PCZ1 柱配筋表

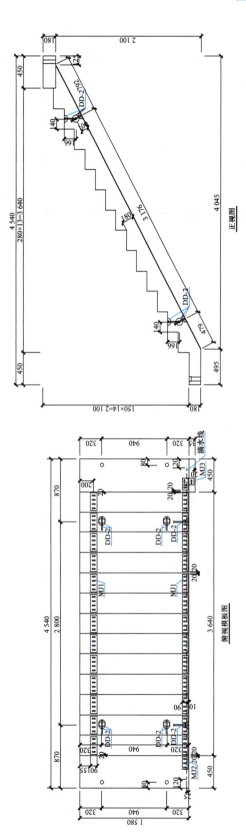

图1-79　PCLT8模板图

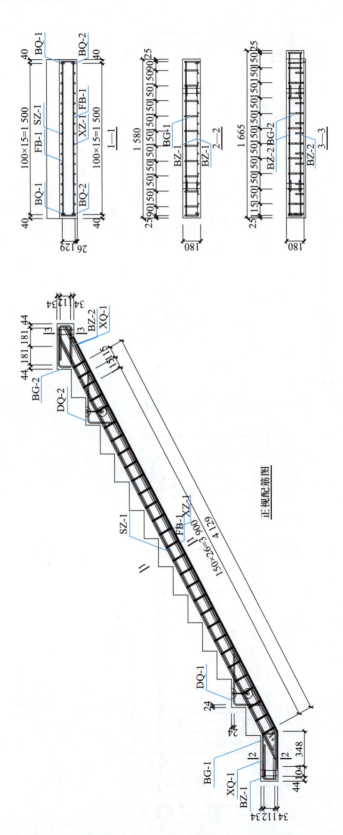

图1-80　PCLT8配筋图

PCLT8楼梯参数表		
楼梯编号	混凝土体积(m³)	构件重量(t)
PCLT8	1.909	4.772
构件数量统计表						
所在楼层	层数(层)	标高	混凝土强度	件数/层	件数	备注
2F~3F	1	5.350~9.550	C30	2	2	该 PC 构件制作数量,另需仔细核对各层结构平面图、建筑平面图以及预制构件布置平面图无误后才可下料生产。
3F~4F	1	9.550~13.750	C30	4	4	
4F~5F	1	13.750~17.950	C30	4	4	
5F~WF	1	17.950~22.150	C30	2	2	
合计					12	

图 1-81　PCLT8 构件信息表

PCLT8预埋配件明细表			
编号	名称	数量	备注
DD-2	吊钉埋件	10	吊钉安全荷载:4.0t, L=210 mm, 吊钉加固措施需按厂家要求
MJ1	栏杆埋件	26	详见埋件大样
MJ2	栏杆埋件	1	详见埋件大样
MJ3	栏杆埋件	1	详见埋件大样

图 1-82　PCLT8 预埋件信息表

（2）吊具的选型原则

预制混凝土构件属于大型构件,在构件起重、安装和运输中应当对使用的吊具进行设计,包括吊点构造、钢丝绳、吊索链、吊装带、吊钩、卡具、吊装架等。吊索与构件的水平夹角不宜小于 60°,且不应小于 45°。对于单边长度大于 4 m 的构件应当设计专用的吊装平面框架或横担。

预制混凝土构件安装吊具根据构件类型设计。一点吊适用于柱子,两点吊、一字形吊具、平面吊具适用于各种构件。

（3）临时支撑的选型原则

临时支撑方案应当在构件加工图设计阶段与设计单位共同设计,图 1-84～图 1-87 给出了常见预制构件临时支撑的实例照片。叠合板支撑采用独立支撑模板体系可最大限度的减少架料及木模板的使用量,一般由钢支柱、三脚稳定架、几字形钢框木梁等组成。竖向构件斜支撑设置应符合下列要求:

① 斜支撑上下各设置一道,下支撑杆与地面夹角不宜大于 15°,上支撑杆与地面夹角宜为 45°~60°。

② 预制混凝土墙板斜支撑间距不应大于 2 000 mm,宽度大于 1 200 mm 的墙体单侧宜设置斜支撑不少于 2 道,墙体洞口两侧宜设置一道斜支撑,连接码应均匀布置。

③ 当柱截面尺寸大于 800 mm 时,单侧斜支撑不应少于 2 道。

107

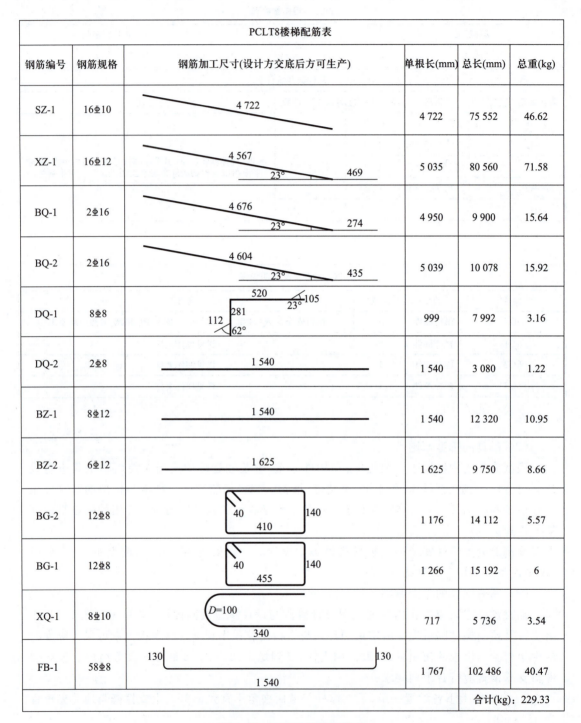

PCLT8楼梯配筋表					
钢筋编号	钢筋规格	钢筋加工尺寸(设计方交底后方可生产)	单根长(mm)	总长(mm)	总重(kg)
SZ-1	16单10	4 722	4 722	75 552	46.62
XZ-1	16单12	4 567　23°　469	5 035	80 560	71.58
BQ-1	2单16	4 676　23°　274	4 950	9 900	15.64
BQ-2	2单16	4 604　23°　435	5 039	10 078	15.92
DQ-1	8单8	520　23°　105　281　112　62°	999	7 992	3.16
DQ-2	2单8	1 540	1 540	3 080	1.22
BZ-1	8单12	1 540	1 540	12 320	10.95
BZ-2	6单12	1 625	1 625	9 750	8.66
BG-2	12单8	40　140　410	1 176	14 112	5.57
BG-1	12单8	40　140　455	1 266	15 192	6
XQ-1	8单10	$D=100$　340	717	5 736	3.54
FB-1	58单8	130　130　1 540	1 767	102 486	40.47
				合计(kg)：229.33	

图 1-83　PCLT8 楼梯配筋表

④ 上支撑杆支撑点距离楼板底部不宜小于部件高度的 2/3，且不应小于部件高度的 1/2。

⑤ 连接码距预制混凝土边或洞口边不应小于 150 mm。

图 1-84　墙板支撑

图 1-85　柱支撑

图 1-86　叠合板支撑

图 1-87　叠合梁支撑

　　水平构件的双向支撑和竖直构件的斜支撑,须在构件连接部位灌浆料或后浇混凝土的强度达到设计要求后才可以拆除。

　　(4) 与预制构件相关的现浇部分模板方案

　　叠合板之间拼缝处底部模板采用 15 mm 厚多层板,次龙骨采用 50 mm×100 mm 方木,主龙骨采用 φ20U 形钢筋环。吊模支撑采用双排 φ14 丝杆吊模,丝杆纵向间距 600 mm。为了防止拼缝浇筑时漏浆,叠合板板边加工时预留 20 mm×20 mm(深×宽)的企口,企口内塞 10 mm 宽防水胶条(图 1-88)。

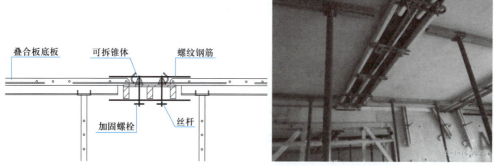

图 1-88　叠合板后浇带模板施工示意图及效果图

（5）构件运输方式、运输安全措施的选择

一般情况梁、柱、楼板水平堆放，板与楼梯叠层堆放（图 1-89），构件间的垫块上下对齐；墙板构件竖直堆放，并采取专用运输货架（图 1-90）。

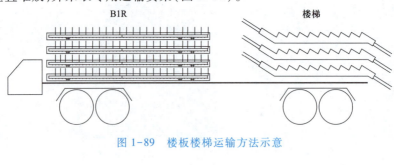

图 1-89 楼板楼梯运输方法示意

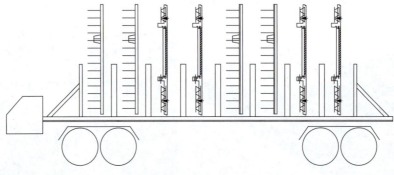

图 1-90 墙板运输方法示意

构件与构件之间留出间隙，构件之间、构件与车体之间、构件与架子之间有隔垫，防止在运输过程中的摩擦及磕碰。构件应有保护措施，特别是棱角应有保护垫。固定构件或封车绳索接触的构件表面有柔性且不能造成污染的隔垫。

墙板运输时用钢丝带加紧固器绑牢，且墙板与车板之间垫木方。墙板存放时，支撑杆与墙接触部位套防护胶套，且构件与地面之间垫木方。

5. 创建预制构件 BIM 模型并绘制加工图

进行预制构件 BIM 模型的创建（含钢筋、预埋件），对构件模型进行编号并出具预制构件加工图，包括预制构件的模板图、配筋图和构件明细表（图 1-91~图 1-98）。

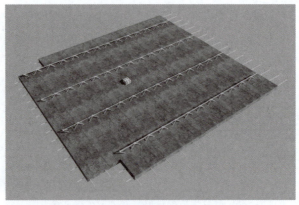

图 1-91 叠合板底板 BIM 模型

DB03：F1 参数表

混凝土体积(m³)	构件重量(t)
0.337	0.843

DB03：F1 配筋表

钢筋编号	钢筋规格	钢筋加工尺寸	单根长(mm)	总长(mm)	总重(kg)
1#	11Φ8	3 140（40）	3 203	35 233	13.90
1a#	4Φ8	2 790（40）	2 853	11 412	4.50
2#	17Φ8	2 400	2 400	40 800	16.10
2a#	2Φ8	1 700	1 700	3 400	1.34
JQJ	8Φ8	280	280	2 240	0.88
				合计(kg)：	36.72

桁架钢筋表

规格	道数	长度(mm)	重量(kg)	总长(mm)	总重(kg)
A90	4	2 610	4.69	10 440	18.76

DB03：F1 预埋件明细表

编号	名称	数量	备注
XH1	预留PVC线盒	1	86线盒，高度100

构件数量统计表

楼层	标高	混凝土强度	件数	对应"构件名称"
2F	6.850	C30	1	PCB09、PCB11
合计			1	

说明：
1. ⟲ 代表预制板的安装方向，构件生产完成后需在构件醒目位置设置标记。
   ● 代表构件起吊点，并设置加强筋。
2. ▲ 代表构件交点处，同时需添加吊点标识。实际生产时设置于距图示位置最近的上弦杆及腹杆交点处，同时需设置加强筋。

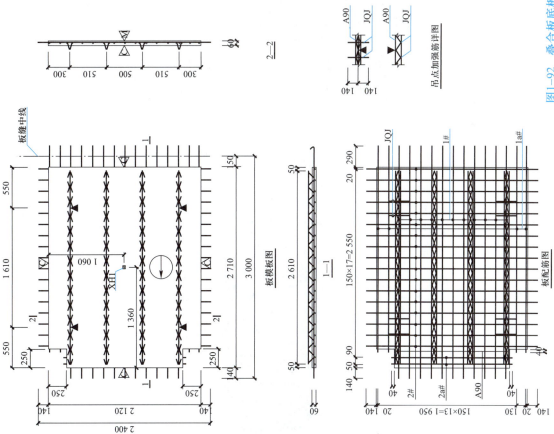

图1-92　叠合板底板加工图

图 1-93　叠合梁 BIM 模型

图 1-94　预制楼梯 BIM 模型

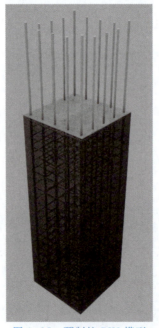

图 1-95　预制柱 BIM 模型

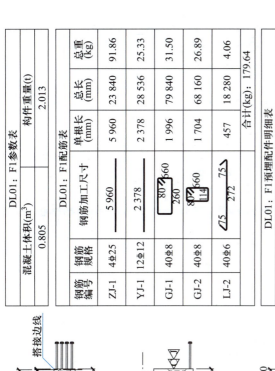

DL01：F1参数表

混凝土体积(m³)	构件重量(t)
0.805	2.013

DL01：F1配筋表

钢筋编号	钢筋规格	钢筋加工尺寸	单根长(mm)	总长(mm)	总重(kg)
ZJ-1	4Φ25	5 960	5 960	23 840	91.86
YJ-1	12Φ12	2 378	2 378	28 536	25.33
GJ-1	40Φ8	260 360 80	1 996	79 840	31.50
GJ-2	40Φ8	114 360 80	1 704	68 160	26.89
LJ-2	40Φ6	272 75 15	457	18 280	4.06
				合计(kg)：179.64	

DL01：F1预埋配件明细表

名称	数量	备注
起吊埋件	4	
拉结埋件	8	附强角钢拉结用

构件数量统计表

编号	件数	对应"构件名称"
LM1	2	PCL01、PCL02
LM2	2	

楼层	标高	混凝土强度		
2F	6.850	C30		
合计				

说明：
1. ⊕代表预制梁的主视(安装)方向，构件生产完成后需在主视方向醒目位置设置标记。
2. 构件背视图及右视图措施详见大样图。后浇梁口设置附强角钢后方可进行构件起吊，构件安装完毕方可拆除附强角钢。
3. 后浇梁口加强措施详见大样图，构件安装完毕后主梁箍筋、详见主次节点大样。
4. 现场施工应在后浇梁口中补充主梁箍筋，若为受扭梁腰筋，则应通长设置。
5. 所示构件梁腰筋为构造腰筋，且伸出梁柱节点锚固。

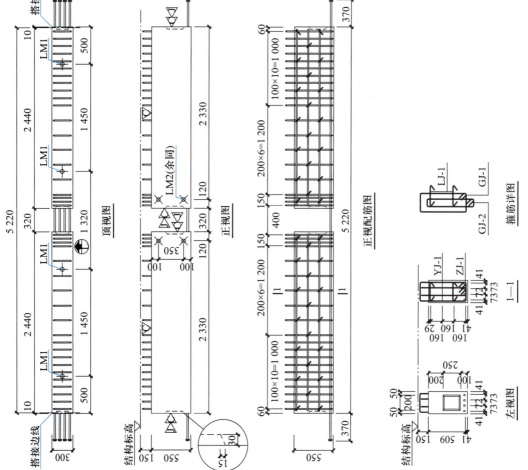

图1-96 叠合梁加工图

113

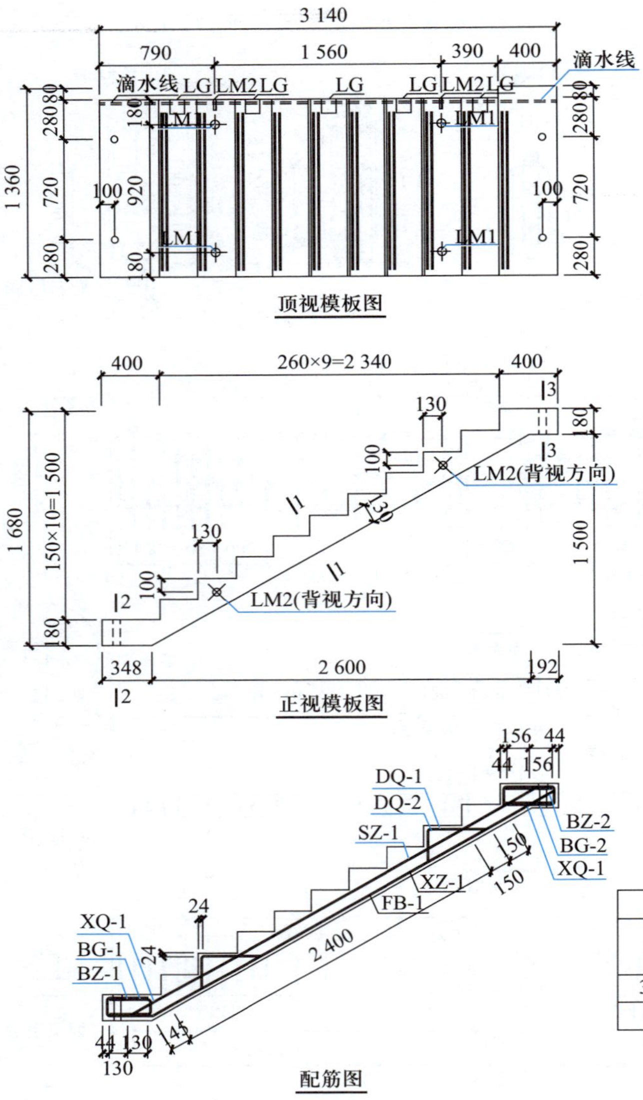

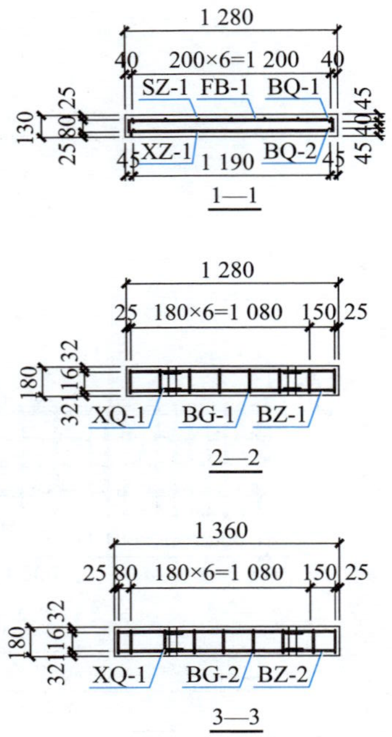

YLT01参数表

混凝土体积(m³)	构件重量(t)
0.870	2.175

YLT01配筋表

钢筋编号	钢筋规格	钢筋加工尺寸	单根长(mm)	总长(mm)	总重(kg)
SZ-1	7Φ10	3262	3262	22834	14.09
XZ-1	7Φ10	3203/322 30°	3524	24668	15.22
BQ-1	2Φ14	3226/229 30°	3455	6910	8.36
BQ-2	2Φ14	3235/291 30°	3526	7052	8.53
DQ-1	8Φ8	390 105 227 112 60°30°	815	6520	2.57
DQ-2	2Φ8	1240	1240	2480	0.98
BZ-1	6Φ12	1240	1240	7440	6.61
BZ-2	6Φ12	1320	1320	7920	7.03
BG-1	8Φ8	40 140 308	972	7776	3.07
BG-2	9Φ8	40 140 360	1076	9684	3.82
XQ-1	8Φ10	D=100 330	697	5576	3.44
FB-1	30Φ8	80 1240 80	1367	41010	16.19
				合计(kg):	89.91

YLT01预埋配件明细表

编号	名称	数量	备注
LM1	起吊埋件	4	
LM2	脱模埋件	2	
LG	栏杆埋件	5	

构件数量统计表

楼层	标高	混凝土强度	件数
3F-5F	6.900~15.900	C30	12
合计			12

图1-97 预制楼梯加工图

1—1

2—2

3—3

顶视模板图

正视模板图

配筋图

YZ01：F1参数表

混凝土体积(m³)	构件重量(t)
1.455	3.638

YZ01：F1配筋表

钢筋编号	钢筋规格	钢筋加工尺寸	单根长(mm)	总长(mm)	总重(kg)
ZJ-1	16Φ25	2 962	2 962	47 392	182.62
WG-1	5Φ10	758	3 240	16 200	9.99
WG-2	17Φ10	729	3 113	52 921	32.63
NG-1	4Φ10	758	2 220	8 880	5.47
NG-2	17Φ10	729	2 093	35 581	21.94
NG-3	4Φ10	248	2 220	8 880	5.47
NG-4	17Φ10	219	2 093	35 581	21.94
LJ-1	8Φ10	740	1 040	8 320	5.13
LJ-2	34Φ10	725	983	33 422	20.61
				合计(kg):	305.80

YZ01：F1预埋配件明细表

编号	名称	数量	备注
LM1	起吊埋件	6	
LM2	斜撑埋件	1	可兼用斜撑设置
CT25L	钢筋灌浆套筒	16	

构件数量统计表

楼层	标高	混凝土强度	件数	对应"构件名称"
2F	3.850-6.850	C30	1	PCZ01
合计			1	

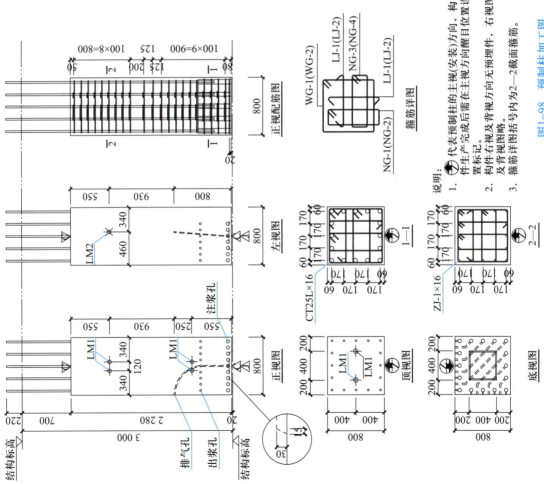

图1-98　预制柱加工图

说明：
1. ⊕代表生产预制柱的主视(安装方向)，构件生产完成后需在主视方向醒目位置设置标记。
2. 构件右视及背视方向无预埋件，右视图及背视图略。
3. 箍筋详图括号内为2—2截面箍筋。

115

小结 ━━━

　　本项目介绍了装配式构件连接节点设计、预制构件加工图设计的内容,预制构件加工图纸的绘制方法,详细介绍了预制竖向构件和预制水平构件的连接节点和构造要求,包括预制板、预制梁、预制柱、预制楼梯等,同时从预制构件的吊装设备、吊具、临时支撑的选择、预制构件的运输方式、堆放方式、安全和成品防护等方面阐述了预制构件的运输和安装原则。结合工程实例,对工程的预制构件平面布置图、立面装配图、指定预制构件加工图纸进行设计,让读者在了解预制构件加工图设计相关知识的基础上,能够快速、准确地绘制合格的预制构件加工图纸,并能策划出预制构件运输和安装方案。

 习题 ━━━

　　1. 选择题

　　(1) 预制柱中的(　　)可不外伸于梁柱接头内。

　　A. 纵向受力钢筋　　　　　B. 构造钢筋　　　　　C. 箍筋　　　　　D. 以上选项都不是

　　(2) 预制柱的纵向钢筋采用套筒灌浆连接时,套筒上端第一道箍筋距离套筒顶部不应大于(　　)。

　　A. 50 mm　　　　　B. 100 mm　　　　　C. 150 mm　　　　　D. 500 mm

　　(3) 预制柱柱底的接缝厚度一般为(　　)mm。

　　A. 20　　　　　B. 30　　　　　C. 50　　　　　D. 100

　　(4) 在装配整体式框架结构中,当采用叠合梁时,框架梁的后浇混凝土叠合层厚度不宜小于(　　)mm,非框架梁的后浇混凝土叠合层厚度不宜小于(　　)mm。

　　A. 150　120　　　　　B. 120　130　　　　　C. 150　130　　　　　D. 130　120

　　(5) 采用桁架钢筋混凝土叠合板时,桁架钢筋距板边不应大于(　　)mm,间距不宜大于(　　)mm。

　　A. 300　600　　　　　B. 300　500　　　　　C. 250　600　　　　　D. 250　500

　　(6) 当预制底板的使用功能为厨房或卫生间时,预制板的厚度不应小于(　　)mm。

　　A. 60　　　　　B. 70　　　　　C. 80　　　　　D. 100

　　(7) 预制板的粗糙面的面积不宜小于结合面的(　　),预制板的粗糙面凹凸深度不应小于(　　)mm。

　　A. 60%　4　　　　　B. 80%　4　　　　　C. 80%　6　　　　　D. 60%　6

　　(8) 当采用凹口截面预制梁时,凹口深度不宜小于(　　)mm,凹口边厚度不宜小于(　　)mm。

　　A. 50　50　　　　　B. 40　50　　　　　C. 50　60　　　　　D. 70　100

　　(9) 主梁与次梁采用后浇段连接时,在中间节点处,两侧次梁的下部纵向钢筋伸入主梁后浇段内长度不应小于(　　)。

　　A. $5d$　　　　　B. $10d$　　　　　C. $12d$　　　　　D. $20d$

　　(10) 预制构件模板图表达的内容不包括(　　)。

A. 预制构件的外形、尺寸　　　　　　　　B. 钢筋的形状

C. 粗糙面及模板面的部位与要求、键槽的部位与详图　　D. 预埋件位置、尺寸

（11）预制构件配筋图表达的内容不包括（　　）。

A. 钢筋的型号、直径、间距、数量和定位

B. 外伸钢筋的锚固形式及避让弯折要求

C. 构件安装符号

D. 套筒位置、详图、箍筋加密详图、套筒部位箍筋加工详图

（12）吊索与构件的水平夹角不宜小于（　　），且不应小于（　　）。

A. 60°　45°　　　　　B. 45°　60°　　　　　C. 60°　30°　　　　　D. 30°　60°

（13）对于单边长度大于（　　）m的构件应当设计专用的吊装平面框架或横担。

A. 3　　　　　　　B. 4　　　　　　　C. 6　　　　　　　D. 8

（14）关于竖向构件斜支撑设置，下列说法错误的是（　　）。

A. 斜支撑上下各设置一道，下支撑杆与地面夹角不宜大于15°，上支撑杆与地面夹角宜为45°~60°

B. 当柱截面尺寸大于800 mm时，单侧支撑不应少于2道

C. 上支撑杆支撑点距离楼板底部不宜小于部件高度的2/3，且不应小于部件高度的1/2

D. 连接码距预制混凝土边或洞口边不应小于100 mm

（15）以下关于预制构件运输时的防护措施错误的是（　　）。

A. 预制构件与预制构件之间应留出间隙

B. 预制构件之间、预制构件与车体之间、预制构件与架子之间应有隔垫

C. 预制构件棱角处应有保护垫

D. 固定构件或封车绳索接触的构件表面不需要作特殊处理

2. 简答题

（1）装配式混凝土建筑连接常用的连接方式有哪些？

（2）简述套筒灌浆连接设置的要求。

（3）简述预制构件连接节点粗糙面设置的规定。

（4）框架结构连接节点构造设置时，对于主次梁采用后浇段连接时应满足的要求有哪些？

（5）剪力墙套筒灌浆连接时，钢筋套筒处水平钢筋的加密构造有什么要求？

（6）外挂墙板间接缝的构造有什么要求？

（7）简述竖向预制构件平面布置图的设计内容。

（8）简述水平预制构件平面布置图的设计内容。

（9）简述埋件平面布置图的设计内容。

（10）简述预制混凝土叠合板、叠合梁、预制柱、预制楼梯的加工图图纸的设计内容。

（11）简述预制构件编号的原则和重要性。

（12）简述预制构件吊装设备的选型原则。

（13）简述预制构件运输过程中的安全和成品防护措施。

项目 2　构件制作

本项目包括模具准备、钢筋绑扎与预埋件预埋、构件浇筑、构件养护与脱模、构件存放与防护、构件生产质量检验六个任务,通过六个任务的学习,学习者应达到以下目标:

任务	知识目标	能力目标
模具准备	1. 熟悉劳保用品准备及工具领取内容。 2. 熟悉生产线卫生、设备检查及生产注意事项。 3. 熟悉模具的清污、除锈、维护保养要求。 4. 掌握模具清理及脱模剂涂刷要求。 5. 掌握模台划线、模具组装与校准的步骤和要求	1. 能够识读图纸并进行模具领取,在模台上进行划线。 2. 能够依据模台划线位置进行模具摆放、校正及固定。 3. 能够对模台和模具涂刷脱模剂及缓凝剂。 4. 能够进行模具选型检验、固定检验和摆放尺寸检验。 5. 能够进行工完料清操作
钢筋绑扎与预埋件预埋	1. 熟悉预埋件固定及预留孔洞临时封堵要求。 2. 掌握图纸的阅读内容。 3. 掌握钢筋下料的计算要求。 4. 掌握钢筋间距设置、马凳筋设置、钢筋绑扎、垫块设置的基本要求	1. 能够识读图纸并进行钢筋下料、预埋件选型与下料。 2. 能够进行水平钢筋、竖向钢筋和附加钢筋摆放、绑扎及固定;预埋件摆放与固定、预留孔洞临时封堵。 3. 能够进行钢筋与预埋件检验。 4. 能够进行工完料清操作
构件浇筑	1. 熟悉混凝土振捣的基本要求。 2. 熟悉混凝土粗糙面、收光面处理要求。 3. 熟悉内叶模具吊运、固定与钢筋骨架摆放要求。 4. 掌握布料机布料操作的基本内容。 5. 掌握夹心外墙板的保温材料布置和拉结件安装要求	1. 能够识读图纸并计算混凝土用量。 2. 能够利用布料机进行布料。 3. 能够振捣混凝土。 4. 能够操作拉毛机进行拉毛操作。 5. 能够操作赶平机进行赶平操作、操作收光机进行收光操作。 6. 能够进行工完料清操作

续表

任务	知识目标	能力目标
构件养护与脱模	1. 熟悉养护条件和状态监测要求。 2. 熟悉养护设备保养及维修要求。 3. 掌握养护窑构件出入库操作的基本要求。 4. 掌握构件脱模操作的基本要求	1. 能够进行构件养护温度、湿度控制及养护监控。 2. 能够进行构件出入库操作。 3. 能够进行构件拆模。 4. 能够对涂刷缓凝剂的表面脱模后进行粗糙面冲洗处理。 5. 能够进行工完料清操作
构件存放与防护	1. 熟悉安装构件信息标识的基本内容。 2. 熟悉设置多层叠放构件间垫块要求。 3. 掌握构件起板的吊具选择与连接要求。 4. 掌握外露金属件防腐、防锈操作要求	1. 能够模拟操作行车及翻板机进行构件起板操作。 2. 能够模拟操作行车吊运构件入库码放。 3. 能够进行工完料清操作
构件生产质量检验	1. 掌握模具和构件生产质量检验标准。 2. 掌握构件生产过程质量检验的步骤和要求。 3. 掌握生产成品质量检验的步骤和要求。 4. 掌握构件存放及防护检验的步骤和要求	1. 能进行模具质量检验。 2. 能进行构件隐蔽质量检验。 3. 能进行构件成品质量检验。 4. 能进行构件存放及防护检验

项目概述

　　某教学楼项目为装配式混凝土结构,该楼采用全装配式钢筋混凝土剪力墙-梁柱结构体系,预制率95%以上,抗震设防烈度为7度,结构抗震等级为三级。该工程地上4层,地下1层,预制构件共计3 788块,其中竖向构件墙和柱采用预制钢筋混凝土剪力墙和预制混凝土柱,水平构件板、梁、楼梯采用预制钢筋混凝土叠合板、预制混凝土梁和预制混凝土板式楼梯,全部预制构件需要在预制构件加工厂制作。

　　重点:模台划线、模具组装、涂刷脱模剂,钢筋下料、绑扎、预埋件固定,混凝土布料、振捣、拉毛、收光,构件养护、出库、拆模,构件起板、入库码放。

　　难点:模具检验,钢筋与预埋件检验,夹心保温剪力墙外墙板二次布料,构件养护状态监控,模拟操作行车及翻板机。

任务 2.1　模具准备

任务陈述

　　某教学楼项目预制钢筋混凝土剪力墙预制厚度为 200 mm,模具共有 60 付。现有墨斗、角尺、钢卷尺、电动扳手、手电钻、活动接线盘、焊机等工具。由于模具准备与安装的主要内容是完成模台准备、模具选择、划线、模具组装与校准、脱模剂涂刷等工序(图 2-1),因此,该项目模具工现需要在准备好的模台上完成模具选择、划线、组装、校准以及脱模剂涂刷等任务。

图 2-1　剪力墙模具组装示意图

知识准备

1. 模具的清污、除锈、维护保养要求

　　模具清理,重点部位为模具内侧面,模具表面应无混凝土残渣、混凝土预留物,边模拼接处、边模与台车底模接缝处不可遗漏。台车底模上预埋定位边线必须清理干净。清理挡边模具时要防止对模具和台模造成损坏。钢台车、钢模具初次使用前应将表面打磨一遍,去除表面锈斑、污垢,并将浮灰擦拭干净后均匀地涂刷一遍脱模剂。

　　(1)钢模具在项目生产过程中要及时维护保养,注意事项如下:

　　① 模具使用前需在模具内外表面涂刷脱模剂,以便脱模和防止混凝土黏结。

　　② 要求操作工人在拆模时禁止使用铁锤等工具大力敲打模具,避免暴力拆模损坏模具。拆卸的工具宜为皮锤、羊角锤、小撬棍等工具。

　　③ 生产结束要及时清理模具表面积水等污染物,确保模具清洁,避免模具生锈影响寿命。

　　④ 生产过程中要定期检查模具;一般每套模具累计生产 30 次要进行一次检查,当生产的构件出现异常情况时也要对模具进行检查。检查或发现模具出现变形等问题,要及时进行整形修正。

　　(2)模具运输存储过程,需要注意如下几点:

　　① 模具避免阳光直晒,防止雨淋雪浸,保持清洁,防止变形,且不能与其他有害物质相

接触。

②　不得露天堆放,存放场所应干燥通风,产品应远离热源,摆放整齐,存放台/架紧固稳定,且高出地面 200 mm 以上,存放场地应有相应的防水排水设施,并应保证模具存放期间不致因支点沉陷而受到损坏。

③　模具存放时,其支点应符合设计规定的位置,支点处应采用垫木和其他适宜的材料支承,多层模具叠放时,层与层之间应以垫木隔开,各层垫木的位置应设在设计规定的支点处,上下层垫木应在同一条竖直线上,叠放高度宜按模具强度、支架地基承载力、垫木强度及堆垛的稳定性等经计算确定。大型模具宜为 2 层,不超过 3 层。

2. 模具清理及脱模剂涂刷要求

脱模剂是一种刷涂于模具工作面,起隔离作用,在拆模时使混凝土与模具能顺利脱离,保持预制构件形状完整及模具无损的材料。

(1)为了规范预制构件脱模剂的使用,现做以下规定:

①　为不影响总装后浇带和装饰施工与预制构件表面的黏结性,预制构件生产统一使用水溶性脱模剂。

②　脱模剂使用过程中,稀释比例应该严格按照产品说明书执行,不得私自更改。

③　钢台模长时间停用时使用水溶性脱模剂原液保养。

④　钢台模、钢模具初次使用时使用水溶性脱模剂原液。

⑤　水溶性脱模剂涂刷要求如下:

a. 钢台车、钢模具初次使用应将表面打磨一遍,去除表面锈斑、污垢,并将浮灰擦拭干净后均匀地涂刷一遍脱模剂。

b. 正常生产时,预制构件脱模后应用钢铲、扫帚或拖布将钢台车、模具上的混凝土块、浮灰清理干净后,将脱模剂用喷壶均匀喷洒在钢台车和模具表面,再用高密度海绵均匀地涂刷在模具上。

c. 预留预埋件安装前应在和混凝土接触部位涂刷脱模剂;预留孔洞模具(PVC 管、铁盒等)脱模后应立即清洗干净。

d. 边模安装后影响脱模剂涂刷时,应先涂刷脱模剂后安装。

e. 与预制构件接触的模具面每生产一次应涂刷一次脱模剂。

⑥　油性脱模剂的使用:

a. 与产品不接触的钢台车及模具面使用油性脱模剂。

b. 油性脱模剂按照厂家提供的配比配置。

c. 使用频次:5 天/次。

(2)注意事项。

①　水性脱模剂:水性脱模剂防止与预制构件中钢筋接触,影响钢筋吸附力;水性脱模剂涂抹需全面,不可遗漏死角,且要均匀不能积液,以免影响脱模及表面存在色差。

②　油性涂膜剂:油性涂膜剂禁止与后浇带和装饰面接触,以免影响后续现浇和装修面的吸附力。

3. 模台划线操作步骤和要求

(1)根据构件布模图在钢台车上确定基准点 O 点。一般为布模图上钢台车端部构件下角起点位置。

（2）使用激光投线仪经 O 点沿钢台车长方向投射一条平行于台车底边的通长线 OA（相对于大模具及几个模具合装在一个台车上,对于小模具只需在模具内空尺寸两端各加30 cm）。要求平行线 OA 平行、平直、清晰可见。

（3）使用激光投线仪经 O 点沿钢台车短边方向弹一条垂直于 OA 的通长线 OB。要求与 OA 垂直,清晰可见。

（4）以两条垂线为基准,根据构件图或布模图弹出模具长度和宽度线,确定外框尺寸,并校验对角线。

（5）校验对角线误差在允许范围内之后,再以模具的外边线为基准,引出门窗洞口、消防洞口以及其他预留洞口的轮廓线。要求划线精度高,清晰可见。

4. 模具组装与校准的步骤和要求

（1）模具组装前的检查

根据生产计划合理加工和选取模具,所有模具必须清理干净,不得存有铁锈、油污及混凝土残渣。变形量超过规定要求的模具一律不得使用,使用中的模具应当定期检查,并做好检查记录。模具尺寸允许偏差及检验方法见表2-1。

表 2-1　预制构件模具尺寸允许偏差及检验方法

检验项目、内容		允许偏差/mm	检验方法
长度	<6 m	1,-2	用尺量平行构件高度方向,取其中偏差绝对值较大处
	>6 m 且 ≤12 m	2,-4	
	>12 m	3,-5	
宽度、高（厚）度	墙板	1,-2	用尺测量两端或中部,取其中偏差绝对值较大处
	其他构件	2,-4	
底模表面平整度		2	用 2 m 靠尺和塞尺量
对角线差		3	用尺量对角线
侧向弯曲		$L/1\,500$ 且 ≤5	拉线,用钢尺量测侧向弯曲最大处
翘曲		$L/1\,500$ 且 ≤3 mm	对角拉线测量交点间距离值的两倍
组装缝隙		1	用塞片或塞尺测量,取最大值
端模与侧模高低差		1	用钢尺量

注:L 为模具与混凝土接触面中最长边的尺寸。

（2）模具初装

① 按布模图纸上的模具清单选取对应挡边放在台车上。

② 将四个挡边有序组合,根据台车面已画定位线快速将模具放入指定位置。

③ 安装压铁固定墙板挡边模具,压铁布置间距 1~1.5 m,压铁应能顶住和压住模具挡边,初步拧紧,完成初步固定。

（3）模具校核

组装模具前,应在模具拼接处,粘贴双面胶,或者在组装后打密封胶,防止混凝土浇筑振捣过程中漏浆。侧模与底模、顶模与侧模组装后必须在同一平面内,不得出现错台。

组装后校核模具内的几何尺寸,并拉对角校核,然后使用压铁进行紧固。使用磁性压铁固定模具时,一定要将磁性压铁底部杂物清理干净,且必须将螺栓有效地压到模具上。

（4）模具检验方法

① 长、宽测量方法,用尺量两端及中间部位,取其中偏差绝对值较大者(图 2-2)。

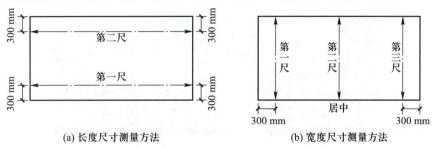

(a) 长度尺寸测量方法　　　　　　(b) 宽度尺寸测量方法

图 2-2　尺寸测量方法

② 厚度测量方法,用尺量板四角和宽度居中位置、长度 1/4 位置共 12 处,取其中偏差绝对值较大者(图 2-3)。

③ 对角线测量方法,在构件表面,用尺量侧两对角线的长度,取其绝对值的差值(图 2-4)。

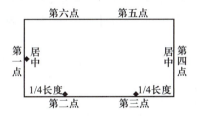

图 2-3　厚度测量方法图

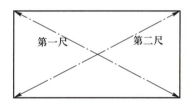

图 2-4　对角线测量方法

任务实施

模具安装是构件生产的最基础、最重要的环节,它分为以下几个工序:生产前准备、模具定位划线、模具选择与组装、模具校准与固定、模具脱模剂涂刷、工完料清。具体实施步骤如下:

1. 生产前准备

工作开始前首先进行模具安装准备工作:

（1）正确佩戴安全帽,正确穿戴劳保工装、劳保手套和护目镜等。

（2）检查工具是否齐全、是否都能够正常使用,如电动扳手、焊机等。

（3）对装模工作场地进行清扫、清洁及整理整顿。

（4）对装模所用台模表面进行打磨、清扫及清洁,并检验平整度。

（5）准备模具材料,清点模具数量是否缺少,检验模具挡边是否合格。

（6）准备模具辅料,清点所需的辅料是否齐全、数量准确,如螺栓、螺母等。

2. 模具定位划线

操作步骤和要求见"知识准备"中"3. 模台划线操作和要求"中相关内容。

3. 模具选择与组装

（1）模具选择

① 确定模具材料,根据构件图纸中的厚度尺寸确定模具材料类型,如剪力内墙厚度为 200 mm,在现有的模具材料中找对应为 200 mm 高的模具材料,常用的为 20 号槽铝、20 号槽钢、200 mm 高的钢板拼焊件(图 2-5)。

(a) 槽铝　　　　　　　　　(b) 钢板拼焊件

图 2-5　常用 200 mm 高模具材料

② 确定模具挡边长度,根据构件图纸(图 2-6)中的长宽尺寸,再结合布模图(图 2-7)中模具组合形式,确定所需模具长度。如:图纸中长度尺寸 1 750 mm,高度尺寸 2 580 mm,布模图中模具组合形式为上下包左右(上下 2 边长,左右 2 边按照实际长度),上下 2 边比实际长度长 200 mm,从而可知道上下挡边长度为 1 950 mm,左右挡边长度为 2 580 mm。

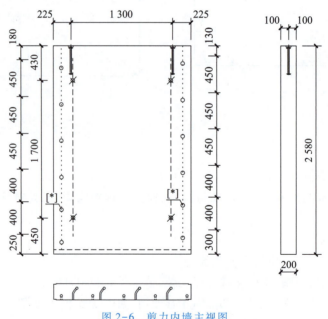

图 2-6　剪力内墙主视图

③ 确定模具挡边,根据构件图纸的配筋图(图 2-8、图 2-9),可以确定构件每边出筋形式、出筋孔位间距,根据工艺开槽规则(不同工厂有区别)可以确定模具挡边的开槽形式、尺寸和间距。如:左右 2 边伸出钢筋为封闭箍筋,底部第一箍筋宽度为 155 mm,其余宽度 130 mm(测量外皮宽度),间距从底部开始为 50 mm、140 mm、200 mm(11 个);通过此数据找到满足以上条件的长度为 2 580 mm,高度为 200 mm 的模具挡边,并区分左右挡边。上下挡边也按照此方法找到对应模具挡边。

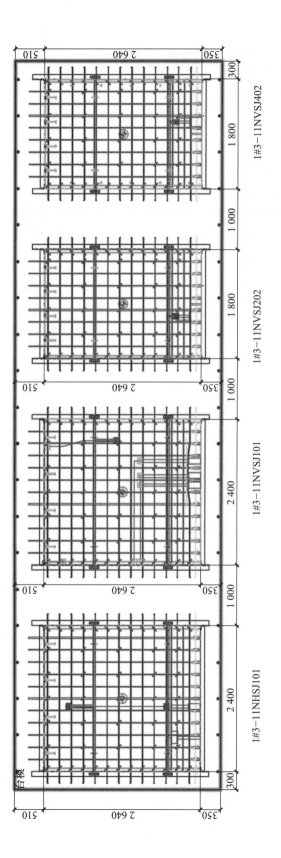

图2-7　剪力内墙布模图

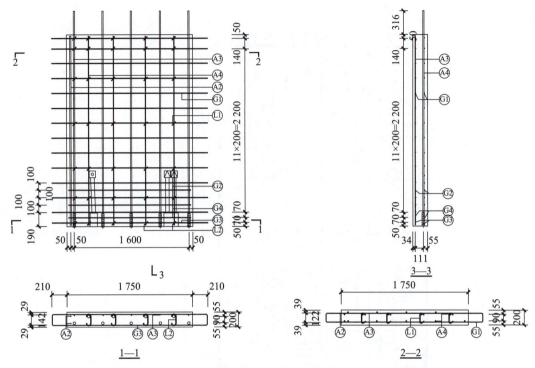

图 2-8   剪力内墙配筋图

内叶墙板钢筋明细表					
编号	数量	规格	钢筋加工尺寸(mm)	钢筋长度(mm)	备注
A2	2	⏀10	2 540	2 540	竖向分布筋
A3	9	⏀8	2 540	2 540	竖向分布筋
A4	9	⏀12	20 ⎸ 2 440 ⎸ 316	2 776	竖向分布筋 (用于3F~9F)
	9	⏀12	20 ⎸ 2 440 ⎸ 260	2 720	竖向分布筋 (用于10F)
G1	13	⏀8	130 ⎸ 210 ⎸ 1 750 ⎸ 210	5 800	边缘构件箍筋
G2	2	⏀8	130 ⎸ 80 ⎸ 1 690	5 000	边缘构件箍筋
G3	1	⏀8	155 ⎸ 210 ⎸ 1 750 ⎸ 210	5 850	边缘构件箍筋
G4	1	⏀8	155 ⎸ 80 ⎸ 1 710	5 090	边缘构件箍筋
L1	35	⏀6	150 ⎸ 30	210	拉筋1
L2	6	⏀8	175 ⎸ 80	335	拉筋2

图 2-9   剪力内墙钢筋明细表

（2）模具组装

① 将对应的模具挡边按照对应位置摆放在台模上（台模上已经划好线）。

② 用连接筋或者螺栓将 4 个挡边连接在一起，注意此处仅预拧紧，后期需要根据检验情况做对应的调整（图 2-10）。

③ 安装压铁，将剪力内墙挡边模具固定，压铁布置间距 1~1.5 m，压铁需要顶住模具挡边里面并能压住模具挡边，此处为预固定（图 2-11）。

图 2-10　剪力内墙模具组装　　　　图 2-11　剪力内墙模具预固定

4. 模具校准与固定

（1）基准边检验及固定

将下挡边设为基准边，检验下挡边的直线度、翘曲、垂直度合格后将下挡边压铁拧紧，固定下挡边。

（2）长度方向校准

① 按照长、宽测量方法，测量模具长度和宽度尺寸，如果超过允许偏差，找到产生偏差的位置（尺寸偏差最大的位置）。

② 根据偏差尺寸正负值（偏大或偏小），确定需要调整的方向，用小铁锤敲击压铁或模具，将长宽尺寸校准到正确位置（敲打压铁或者模具时，需要用木方枕垫，铁锤不能直接敲击在压铁或者模具挡边上）。

（3）对角线校准

① 用钢卷尺测量模具对角线差，检查是否合格。

② 如果不合格，根据现场实际情况，调整左右挡边，使对角线差在允许范围内。

（4）模具固定

① 尺寸合格后，将模具连接螺栓、压铁螺栓拧紧，完成模具固定。

② 模具固定完成后，进行定位点焊接，其中包括构件内侧每个挡边 2 个定位点，上下挡边端部 1 个定位点（仅一端焊接）。

5. 模具脱模剂涂刷

模具安装完成进行脱模剂涂刷（图 2-12）。

（1）涂刷模具内台模表面，先用喷壶喷洒一层水性脱模剂，再用海绵拖把涂抹均匀。

（2）涂刷模具立面朝构件面，工具采用棕毛刷或海绵涂刷，脱模剂采用水性脱模剂。

（3）清理模具内脱模剂积液，主要出现在阴角处，用海绵涂抹均匀。

（4）模具挡边其他面脱模剂涂刷，工具采用海绵或者棕毛刷，采用水性脱模剂，涂抹均匀。

（5）台车表面非模具范围内脱模剂涂刷，先用喷壶喷洒一层水性脱模剂原液，再用专用拖把涂抹均匀。

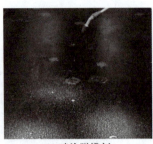

(a) 喷涂脱模剂　　　　　　(b) 涂抹脱模剂

图 2-12　脱模剂涂刷

6. 工完料清

模具安装完成后清理装模工作场地，具体要求如下：

（1）清扫及清洁台模表面。

（2）整理工具及设备，摆放至指定位置或工具箱内。

（3）多余模具辅料收集至专用存放箱中，分类存放。

（4）清扫及清洁装模场地。

任务 2.2　钢筋绑扎与预埋件预埋

 任务陈述

某教学楼项目预制钢筋混凝土保温夹心外墙板选用标准图集 15G365-1《预制混凝土剪力墙外墙板》中编号为 WQCA-3028-1516 的内叶板。钢筋工接到该外墙生产任务，需结合 WQCA-3028-1516 的配筋图（图 2-13），进行钢筋及预埋件施工。

知识准备

1. 预埋件固定及洞口预留

（1）预埋件固定

预制构件常用的预埋件主要包括灌浆套筒、外墙保温用锚栓、吊钉、预埋管线及线盒等。

预埋件固定应满足以下要求：预埋件必须经专检人员验收合格后，方可使用；固定前，认真核对预埋件质量、规格、数量；应设计定位销、模板架等工艺装置，保证预埋件按预制构件设计制作图准确定位，并保证浇筑混凝土时不位移；线盒、线管、吊点、预埋铁件等预埋件中心线位置、埋设高度等不能超过规范允许偏差值。

① 灌浆套筒。灌浆套筒是通过水泥基灌浆料的传力作用将钢筋对接连接所用的金属套筒。钢筋连接灌浆套筒按照结构形式，分为半灌浆套筒和全灌浆套筒（图 2-14）。前者一

WQCA-3028-1516钢筋表

钢筋类型		钢筋符号	一级	二级	三级	四级非抗震	钢筋加工尺寸	备注
连梁	纵筋	①a	2Φ16	2Φ16	2Φ16	2Φ16	200|2 400|200	外露长度200
	纵筋	①b	2Φ10	2Φ10	2Φ10	2Φ10	160|2 400|160	
	箍筋	①G	16Φ10	15Φ8	15Φ8	15Φ6	10d|750|170	d为封闭箍筋直径
	拉筋	①L	16Φ8	15Φ8	15Φ8	15Φ6	10d|750|170	一端车丝长度23
边缘构件	纵筋	②a	12Φ16	12Φ16	12Φ16	—	23|2 466|290	一端车丝长度21
			—	—	12Φ16	12Φ12	21|2 484|275	一端车丝长度18
	箍筋	②b	20Φ8	22Φ8	22Φ6	4Φ10	18|2 500|260	
		②G	22Φ8	22Φ8	22Φ6	22Φ6	2 610	
		②G	2Φ8	2Φ8	2Φ6	2Φ6	330|120	焊接封闭箍筋
		②G	8Φ8	8Φ8	8Φ6	8Φ6	200|415|120	焊接封闭箍筋
		②G	80Φ8	60Φ8	60Φ6	60Φ6	200|425|140	焊接封闭箍筋
		②L	22Φ6	22Φ6	22Φ6	22Φ6	400|120	
		③a	4Φ8	4Φ8	4Φ6	4Φ6	10d|130|30	d为拉筋直径
		③a	2Φ10	2Φ10	2Φ10	4Φ10	30|130|30	
		③b	8Φ8	8Φ8	8Φ8	8Φ8	10d|150|400	d为封闭箍筋直径
水平筋		③c	8Φ8	8Φ8	8Φ8	8Φ8	150|1 500|150	
水平筋		③L	14Φ8	14Φ8	14Φ8	14Φ8	700	
窗下墙 竖向筋		②a	Φ6@400	Φ6@400	Φ6@400	Φ6@400	80|750|180	
拉筋		③L	—	—	—	—	30|160|30	

注：①L为（本剖面仅一级设置2Ga、2La）

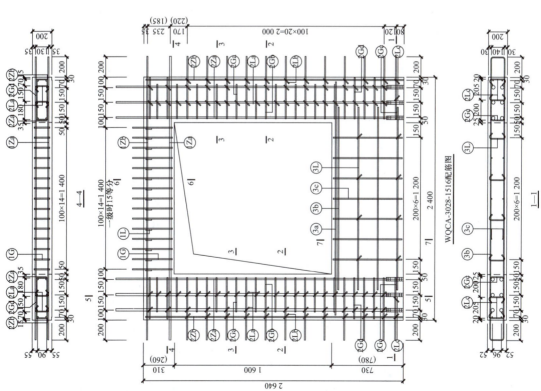

注：1.图中尺寸用于建筑面层为50 mm的墙板，括号内尺寸用于建筑面层为100 mm的墙板。
　　2.图中5～5剖面配筋图详见图集第59页。

图2-13　预制混凝土剪力墙配筋图

WQCA-3028-1516配筋图

129

端采用灌浆方式与钢筋连接,另一端采用非灌浆方式与钢筋连接(通常采用螺纹连接);后者两端均采用灌浆方式与钢筋连接。本书以半灌浆套筒为例,介绍固定步骤。

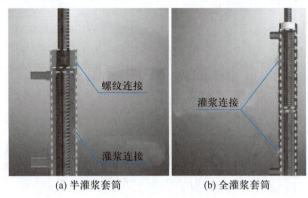

(a) 半灌浆套筒　　　　　　　　(b) 全灌浆套筒

图 2-14　灌浆套筒分类

半灌浆套筒固定步骤包括直螺纹丝头加工、丝头与套筒连接、套筒固定、灌浆管及出浆管安装等步骤。

a. 直螺纹丝头加工。丝头参数应满足厂家提供的作业指导书规定要求。使用螺纹环规检查钢筋丝头螺纹直径;环规通端丝头应能顺利旋入,止端丝头旋入量不能超过 $3P$(P 为丝头螺距)。使用直尺检查丝头长度。目测丝头牙型,不完整牙累计不得超过 2 圈。操作者100%自检,合格的报验,不合格的切掉重新加工。

b. 丝头与套筒连接。将钢筋丝头与套筒螺纹用管钳或扳手拧紧连接。拧紧后钢筋在套筒外露的丝扣长度应大于 0 扣,且不超过 1 扣。质检抽检比例10%。连接好的钢筋分类应整齐码放。

c. 套筒固定。将连接钢筋按构件设计布筋要求进行布置,绑扎成钢筋笼,灌浆套筒安装或连接在钢筋上。钢筋笼吊放在预制构件平台上的模板内,将套筒外侧一端靠紧预制构件模板,用套筒专用弹性橡胶垫密封固定件进行固定。橡胶垫应小于灌浆套筒内径,且能承受蒸养和混凝土发热后的高温,反复压缩使用后能恢复原外径尺寸。套筒固定后,检查套筒端面与模板之间有无缝隙,保证套筒与模板端面垂直。

d. 灌浆管、出浆管安装(图 2-15)。将灌浆管、出浆管插在套筒灌排浆接头上,并插入要求的深度。灌浆管、出浆管的另一端引到预制构件混凝土表面。可用专用密封(橡胶)堵头或胶带封堵好端口,以防浇筑构件时管内进浆。连接管要绑扎固定,防止浇筑混凝土时移位或脱落。

② 外墙保温用锚栓。外墙保温用锚栓由膨胀件和膨胀套管,或仅由膨胀套管构成,依靠膨胀产生的摩擦力或机械锁定作用连接保温系统与基层墙体的机械固定件,简称锚栓(图 2-16)。

外墙保温用锚栓固定步骤:待保温板固定好后,对锚栓进行定位→按照定位点在保温板上钻孔,深度至少应比锚固深度大 10 mm→将锚栓套管插入之前钻好的孔里,使圆盘完全和保温板贴合→将配套镀锌钢螺钉插进锚栓套管固定。

③ 吊钉。吊钉安装前应先根据图纸上吊钉的位置,在模具上预留固定孔。当吊钉在构件上表面时,可以设置一些悬挑板来固定。然后将吊钉和配套的成型器连接后固定在模具

图 2-15　各种构件灌浆管、出浆管的安装与密封措施

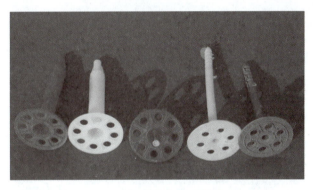

图 2-16　外墙保温用锚栓

上,可以采用螺栓固定,也可以直接用带磁铁的成型器直接固定在模具面上;最后根据起吊方案,围绕吊钉布置额外的加强钢筋。常用吊钉系统主要有圆头吊钉系统、螺纹吊钉系统、平板吊钉系统等(图 2-17)。

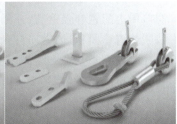

(a) 圆头吊钉系统　　　　　(b) 螺纹吊钉系统　　　　　(c) 平板吊钉系统

图 2-17　常用吊钉系统

　　混凝土浇筑之前,应对吊钉系统最终检查确认,包括型号是否准确、是否固定牢固、表面是否涂刷脱模剂、附加钢筋是否按图施工等细节(图 2-18)。

　　④ 预埋管线及线盒。预埋管线及线盒(图 2-19)应严格按照图纸设计进行固定,不应

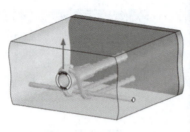

图 2-18　吊钉附加钢筋安装固定

随意更改管线走向及末端插座盒和过渡插座盒的位置,并在墙体根部预留管路连接孔洞。为了防止位置偏移,预埋线盒增加穿筋盒支撑,用 4 根附加钢筋做成"井"字形钢筋架将接线盒卡好后与钢筋绑扎固定,并仔细核对标高。为了防止线盒进混凝土,线盒要填充密实,并用胶带封闭。

图 2-19　预埋管线及线盒

（2）洞口预留

预制剪力墙开有边长小于 800 mm 的洞口且在结构整体计算中不考虑其影响时,应沿洞口周边配置补强钢筋;补强钢筋的直径不应小于 12 mm,截面面积不应小于同方向被洞口截断的钢筋面积;该钢筋自孔洞边角算起伸入墙内的长度,非抗震设计时不应小于 l_a,抗震设计时不应小于 l_{aE}（图 2-20）。

管道洞口预留（图 2-21）应按设计图纸并结合工厂的工艺图纸进行。首先要熟悉图纸,其次对管道进行合理的排布使其美观整齐。划线定位固定套管,确保按照图纸要求的位置准确无误,套管管底平齐、垂直无倾斜,复核标高,待标高跟设计吻合时固定并加固牢靠后封堵洞口。

混凝土浇筑前,生产人员及质检人员共同对预留孔洞规格尺寸、位置、数量及安装质量进行仔细检查,验收合格后,方可进行下道工序。检查验收发现位置误差超出要求、数量不符合图纸要求等问题,必须重新施作。

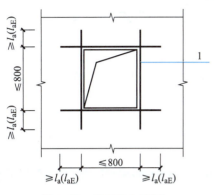

图 2-20　预制剪力墙洞口
补强钢筋配置示意图
1—洞口补强钢筋

图 2-21　给排水洞口预留

预留孔洞安装时,应采取妥善、可靠的固定保护措施,确保其不移位、不变形,防止振捣时位移及脱落。如发现预埋孔洞模具在混凝土浇筑中位移,应停止浇筑,查明原因,妥善处理,并注意一定要在混凝土凝结之前重新固定好预留孔洞。

如果遇到预留孔洞与其他线管、钢筋或预埋件发生冲突时,要及时上报,严禁自行进行移位处理或其他改变设计的行为。同时,浇筑混凝土前,应对预留孔洞进行封闭或填充处理,避免出现被混凝土填充等现象,如浇筑时出现混凝土进入预留孔洞模板内,应立即对其进行清理,以免影响结构物的使用。

2. 钢筋下料的计算要求

钢筋下料是根据构件配筋图,先绘出各种形状和规格的单根钢筋简图并加以编号,然后分别计算钢筋下料长度和根数,填写配料单,申请加工。钢筋下料是确定钢筋材料计划,进行钢筋加工和结算的依据。

（1）与钢筋下料长度计算相关的概念

① 施工图尺寸和钢筋下料长度的区别。施工图尺寸是结构施工图中所示钢筋尺寸,是直筋、箍筋等形状钢筋的外包尺寸。

若在配料中直接根据图纸中所示外包尺寸配料,钢筋经过弯曲或增加弯钩等加工过程,成型后的钢筋的长度和高度就会大于施工图尺寸。因此,配料时必须将加工过程中导致钢筋外包尺寸加长的因素考虑进去,按调直后钢筋中心轴线尺寸计算,这个尺寸就是钢筋下料长度。

② 量度差值。由于钢筋弯曲或增加弯钩等加工过程,导致施工图尺寸和钢筋下料尺寸存在差值,称为量度差值。

量度差值由两方面造成:一是由于钢筋在加工过程中长度会发生变化,外包尺寸伸长、内包尺寸缩短、中轴线不变。二是由于量度的不同,施工图尺寸按外包尺寸,钢筋下料尺寸按中心轴线尺寸。

量度差值（表 2-2）的大小与转角大小、钢筋直径及弯转直径有关。计算下料长度时,必须扣除该差值。

表 2-2　钢筋量度差值

钢筋弯曲角度	30°	45°	60°	90°	135°
钢筋量度差值	0.35d	0.5d	1d	2d	2.5d

③ 混凝土保护层厚度。指从混凝土表面到最外层钢筋（包括箍筋、构造筋、分布筋等）公称直径外边缘之间的最小距离,其作用是保护钢筋在混凝土结构中不受锈蚀。根据《混凝土结构设计规范》(GB 50010—2010)的规定,设计使用年限 50 年的混凝土结构,混凝土保护层最小厚度见表 2-3。

表 2-3　混凝土保护层最小厚度　　　　　　　　　　　单位:mm

环境等级	板、墙、壳	梁、柱
一	15	20
二 a	20	25
二 b	25	35
三 a	30	40
三 b	40	50

注:1. 混凝土强度等级不大于 C25 时,表中保护层厚度数值应增加 5 mm;
　　2. 钢筋混凝土基础宜设置混凝土垫层,基础中钢筋的混凝土保护层厚度应从垫层顶面算起,且不应小于 40 mm。

④ 钢筋弯钩增加值:常见的钢筋弯钩形式有三种:半圆弯钩(180°)、直弯钩(90°)及斜弯钩(135°),常见钢筋弯钩增加值见表 2-4。

表 2-4　常见钢筋弯钩增加值

弯钩角度	90°	135°	180°
弯钩增加值	4.9d	3.5d	6.25d

⑤ 箍筋长度调整值。为了箍筋计算方便,一般将箍筋弯钩增长值和量度差值两项合并成一项,称为箍筋长度调整值(表 2-5)。

表 2-5　箍筋长度调整值

箍筋量度方法	箍筋直径/mm			
	4~5	6	8	10~12
外包尺寸	40	50	60	70

（2）钢筋下料长度计算

钢筋下料长度计算方法如下:

直钢筋下料长度=构件长度-混凝土保护层厚度+弯钩增加长度

弯起钢筋下料长度=直段长度+斜段长度-量度差值+弯钩增加长度

箍筋下料长度=箍筋周长+箍筋长度调整值

3. 钢筋绑扎

（1）准备工作

① 核对成品钢筋的钢号、直径、形状、尺寸和数量等是否与料单、料牌相符。如有错漏,应纠正增补。

② 准备绑扎用的铁丝、绑扎工具,绑扎架等。钢筋绑扎用的铁丝,可采用 20~22 号铁丝,其中 22 号铁丝只用于绑扎直径 12mm 以下的钢筋。

③ 准备控制混凝土保护层用的垫块。

④ 划出钢筋位置线。钢筋接头的位置,应根据来料规格,结合有关接头位置、数量的规定,使其错开,在模板上划线。

⑤ 绑扎形式复杂的结构部位时,应先研究逐根钢筋穿插就位的顺序,并与模板工联系讨论支模和绑扎钢筋的先后次序,以减少绑扎困难。

（2）钢筋绑扎要点

① 钢筋定位(图 2-22)。首件钢筋制作,必须通知技术、质检及相关部门检查验收,制作过程中应当定期、定量检查,对于不符合设计要求及超过允许偏差的一律不得绑扎,按废料处理,纵向钢筋(带灌浆套筒)及需要套丝的钢筋,不得使用切断机下料,必须保证钢筋两端平整,套丝长度、丝距及角度必需严格按照图纸设计要求,套丝机应当指定专人且有经验的工人操作,质检人员不定期进行抽检。

位于混凝土内的连接钢筋应埋设准确,锚固方式、构件交接处的钢筋位置应符合设计要求。当设计无具体要求时,剪力墙中水平分布钢筋宜放在外侧,并宜在墙端弯折锚固。位于混凝土内的钢筋套筒灌浆连接接头的预留钢筋应采用专用定位模具对其中心位置进行控制,应采用可靠的绑扎固定措施对连接钢筋的外露长度进行控制。定位钢筋中心位置存在细微偏差时,采用套管方式进行细微调整;影响预制构件安装时,应会同设计单位制定专项处理方案,严禁切割、强行调整定位钢筋。

图 2-22 钢筋定位

② 钢筋交叉点绑扎。钢筋的交叉点应用铁丝扎牢;柱、梁的箍筋,除设计有特殊要求外,应与受力钢筋垂直;箍筋弯钩叠合处,应沿受力钢筋方向错开设置;柱中竖向钢筋搭接时,角部钢筋的弯钩平面与模板面的夹角,矩形柱应为 45°,多边形柱应为模板内角的平分角。

③ 钢筋绑扎要求。

a. 钢筋的绑扎搭接接头应在接头中心和两端用铁丝扎牢;

b. 墙、柱、梁钢筋骨架中各竖向面钢筋网交叉点应全数绑扎;

c. 板上部钢筋网的交叉点应全数绑扎,底部钢筋网除边缘部分外可间隔交错绑扎;

d. 梁、柱的箍筋弯钩及焊接封闭箍筋的焊点应沿纵向受力钢筋方向错开设置;

e. 梁及柱中箍筋、墙中水平分布钢筋、板中钢筋距构件边缘的起始距离宜为 50 mm;

f. 同一构件内的接头宜分批错开。各接头的横向净间距不应小于钢筋直径,且不应小于 25 mm;

g. 接头连接区段的长度为 1.3 倍搭接长度,凡接头中点位于该连接区段长度内的接头均应属于同一连接区段;搭接长度可取相互连接两根钢筋中较小直径计算。

④ 剪力墙构件连接节点区域钢筋安装(图 2-23)。剪力墙构件连接节点区域的钢筋安装应制订合理的工艺顺序,保证水平连接钢筋、箍筋、竖向钢筋位置准确;剪力墙构件连接节点区域宜先校正水平连接钢筋,后将箍筋套入,待墙体竖向钢筋连接完成后绑扎箍筋;剪力墙构件连接节点加密区宜采用封闭箍筋。对于带保温层的构件,箍筋不得采用焊接连接。

预制构件外露钢筋影响现浇混凝土中钢筋绑扎时,应在预制构件上预留钢筋接驳器,待现浇混凝土结构钢筋绑扎完成后,将锚筋旋入接驳器,形成锚筋与预制构件外露钢筋之间的连接。

图 2-23 钢筋安装

⑤ 保护层垫块设置。水泥砂浆垫块的厚度,应等于保护层厚度。当在垂直方向使用垫块时,可在垫块中埋入 20 号铁丝。

塑料卡的形状有两种:塑料垫块和塑料环圈(图 2-24)。塑料垫块用于水平构件(如梁、板),在两个方向均有凹槽,以便适应两种保护层厚度。塑料环圈用于垂直构件(如柱、墙),使用时钢筋从卡嘴进入卡腔;由于塑料环圈有弹性,可使卡腔的大小能适应钢筋直径的变化。

(a) 塑料垫块　　(b) 塑料环圈

图 2-24 控制混凝土保护层用的塑料卡

预制构件保护层厚度应满足设计要求。保护层垫块宜与钢筋骨架或网片绑扎牢固,按梅花状布置,间距满足钢筋限位及控制变形要求,钢筋绑扎丝甩扣应弯向构件内侧。

4. 钢筋质量检验的基本要求

(1) 钢筋加工

钢筋加工必需严格按照设计及下料单要求制作,首件钢筋制作,必需通知技术、质检及相关部门检查验收。带灌浆套筒需要套丝的钢筋,不得使用切断机下料,必需保证钢筋两端平整,套丝长度、丝距及角度必需符合《钢筋机械连接技术规程》(JGJ 107—2010)要求,套丝机应当指定专人且有经验的工人操作。

① 检查数量:制作过程中应当定期、定量检查。

② 检查项目:钢筋的外形尺寸(长度、弯钩方向及长度等);箍筋是否方正;成型钢筋是否顺直;钢筋套丝的长度、丝距及角度,套筒与钢筋的连接是否满足设计的力矩要求,钢筋与套筒连接后,外漏螺纹不能超过 2 丝。

③ 检验方法:每种型号的钢筋抽取不少于 3 组,用钢尺测量钢筋的外形尺寸、弯钩长度及方向;用专用直螺纹量规测量套丝的长度、丝距及角度,用扭矩扳手检查接头的力矩值,抽检数量不少于 10%,应保证每一个接头都必须合格。

（2）钢筋骨架、钢筋网片

钢筋骨架、钢筋网片应满足预制构件设计图要求,宜采用专用钢筋定位件,入模应符合下列要求:

① 钢筋骨架入模时应平直、无损伤,表面不得有油污或者锈蚀。

② 钢筋骨架尺寸应准确,骨架吊装时应采用多吊点的专用吊架,防止骨架产生变形。

③ 保护层垫块宜采用塑料类垫块,且应与钢筋骨架或网片绑扎牢固,垫块按梅花状布置,间距满足钢筋限位及控制变形要求。

④ 应按预制构件设计制作图安装钢筋连接套筒、拉结件、预埋件。

钢筋骨架或网片装入模具后,应按设计图纸要求对钢筋位置、规格、间距、保护层厚度等进行检查。

（3）灌浆套筒、预埋件、拉结件、预留孔洞

预制结构构件采用钢筋套筒灌浆连接时,应在构件生产前进行钢筋套筒灌浆连接接头的抗拉强度试验,每种规格的连接接头试件数量不应少于 3 个。

灌浆套筒、预埋件、拉结件、预留孔洞应按预制构件设计制作图进行配置,满足吊装、施工的安全性、耐久性和稳定性要求。

① 检查数量:同一原材料、同一炉(批)号、同一类型、同一规格的灌浆套筒,检验批量不应大于 1000 个,每批随机抽取 3 个灌浆套筒制作接头,并应制作至少 1 组灌浆料强度试件。

② 检查项目:灌浆套筒进厂后,抽取套筒采用与之匹配的灌浆料制作对中连接接头,进行抗拉强度检验。

③ 检查方法:按照《钢筋机械连接技术规程》的规定方法进行检验。

（4）浇筑前自检与交接检验收

生产过程检验按照规范要求,一件一表严格自检和交接检,逐项验收签证,见表 2-6。

表 2-6　混凝土浇筑前钢筋检查表

构件生产企业:　　　　　　　　　　　　　　　　　　构件类型:

构件编号:　　　　　　　　　　　　　　　　　　　　检查日期:

检查项目		允许偏差/mm	实测值	判定
绑扎钢筋网	长、宽	±10		
	网眼尺寸	±20		
绑扎钢筋骨架	长	±10		
	宽、高	±5		
	钢筋间距	±10		

续表

检查项目		允许偏差/mm	实测值	判定
受力钢筋	位置	±5		
	排距	±5		
	保护层	满足设计要求		
绑扎钢筋、横向钢筋间距		±20		
箍筋间距		±20		
钢筋弯起点位置		±20		

检查结果：

质检员：

年　月　日

任务实施

钢筋操作模块是混凝土构件生产仿真实训系统的模块之一,主要完成生产前准备、钢筋下料、钢筋制作、钢筋摆放与绑扎、垫块设置、预埋件摆放与固定等工序,既可以根据标准图集结合课程教学进行技能点训练,也是工程案例的重要工艺环节。

下面以标准图集《预制混凝土剪力墙外墙板》(15G365-1)中编号为 WQCA-3028-1516 的夹心墙板为实例通过仿真实训软件进行仿真操作。

1. 练习或考核计划下达

计划下达分两种情况,第一种:练习模式下学生根据学习需求自定义下达计划(图 2-25)。第二种:考核模式下教师根据教育计划及检查学生掌握情况下达计划并分配给指定学生进行训练或考核(图 2-26)。

2. 登录系统查询操作任务

输入用户名及密码登录系统(图 2-27)。

3. 任务查询

登录系统后查询生产任务(图 2-28),根据任务列表,明确本次训练的任务内容及顺序,并可对应任务查看图纸。

4. 生产前准备

工作开始前首先进行生产前准备(图 2-29)、着装检查和杂物清理;操作辊道将模台移动到钢筋摆放区域,本次操作任务为带窗口孔洞的外墙板。

5. 钢筋下料与制作

在领料单内选择生产构件的抗震等级,并根据钢筋配筋图进行钢筋合理下料,下料包括钢筋类型、钢筋尺寸数据、生产数量、钢筋编号、钢筋型号等。下料完成后,对应虚拟端展示不同类型钢筋的制作过程(图 2-30)。钢筋下料的数量直接影响后续钢筋绑扎操作,钢筋欠缺需要进行补料,钢筋剩余将累计到下个任务。

图 2-25　学生自主下达计划

图 2-26　教师下达计划

6. 钢筋摆放与绑扎

钢筋网片摆放与绑扎,控制端(图 2-31)为二维钢筋摆放区域,在二维界面参照程序刻度摆放钢筋,钢筋间距依据国家标准;虚拟端(图 2-32)展示三维钢筋绑扎状态。根据钢筋网片配筋图,首先摆放模具邻近钢筋,再从上往下摆放横筋,钢筋间距为 60～150 mm,允许误差为±10 mm。为增加训练效率及减少重复操作,剩余类同横筋将自动摆放,间距规则依

图 2-27 系统登录

图 2-28 任务查询

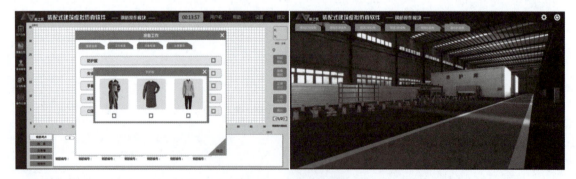

图 2-29 生产前准备

据第一根钢筋规则。横筋摆放完毕,确认摆放,虚拟端显示三维摆放状态。钢筋网片纵筋摆放,纵筋的摆放规则与横筋相同,具体依据钢筋网片配筋图。摆放完毕后,选取绑扎工具进行钢筋绑扎操作。

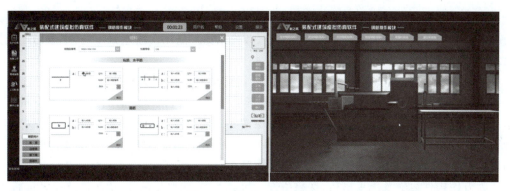

图 2-30　钢筋下料与制作

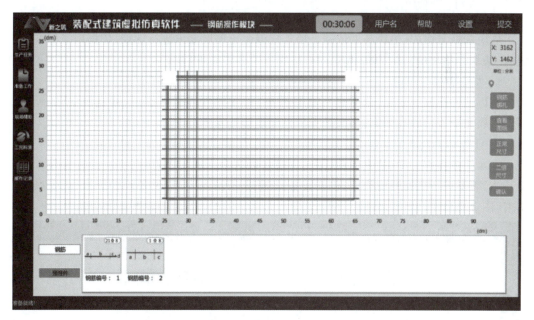

图 2-31　钢筋绑扎（控制端）

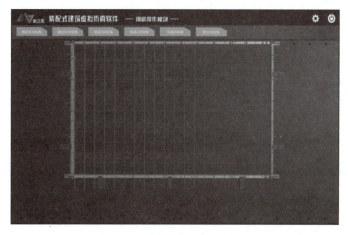

图 2-32　钢筋绑扎（虚拟端）

钢筋骨架箍筋摆放,首先进行钢筋骨架所需箍筋下料,下料要求依据配筋图,允许误差为±10 mm。下料完毕后,开始摆放骨架箍筋,首先依据配筋图摆放连梁箍筋,摆放标准依据国家标准。

摆放边缘墙箍筋,摆放完毕后,确认摆放,箍筋摆放完毕。摆放外墙内叶下层钢筋(内叶钢筋骨架分为上层和下层钢筋),首先进行下层横筋摆放,根据配筋图进行钢筋下料。依据配筋图进行下层连梁横筋摆放、下层窗下墙横筋摆放。摆放窗下墙下层纵筋。摆放完毕,确认摆放。摆放边缘墙下层纵筋,摆放完毕后,内叶下层钢筋摆放完毕。摆放内叶上层钢筋,依次摆放边缘墙纵筋、窗下墙纵筋、连梁横筋等。

为方便构件运输及施工吊运,摆放吊件。拉筋下料、摆放与绑扎,依次摆放连梁拉筋、边缘墙拉筋,窗下墙拉筋。摆放完毕后进行绑扎固定。

7. 垫块设置

垫块选择与摆放,垫块高度依据外墙外层混凝土厚度要求进行选择,依据国家标准进行摆放(垫块与垫块的间距 300~600 mm,垫块与模具间≤300 mm)。

8. 埋件摆放与固定

进行埋件摆放与固定,依次进行套管摆放、斜支撑预埋螺母摆放、线盒及 PVC 管摆放等。摆放完毕进行绑扎固定,本次任务构件钢筋绑扎完毕。

9. 任务结束及工完料清

本次任务操作完毕,结束当前任务,将模台运送至下道工序,进行下一任务操作。结束生产前,需要进行工完料清操作,包括设备归还、钢筋清点入库、设备维护等操作,生产操作结束(图 2-33)。

图 2-33 任务结束及工完料清

10. 任务提交

待任务列表内所有任务操作完毕后,即可进行系统提交(图 2-34)。若计划尚未操作完毕,但是到达练习考核时间,系统会自动提交。

图 2-34　任务提交

11. 成绩查询及考核报表导出

登录管理端,即可查询操作成绩(图 2-35)及导出详细操作报表(总成绩、操作成绩、操作记录、评分记录等,见图 2-36)。

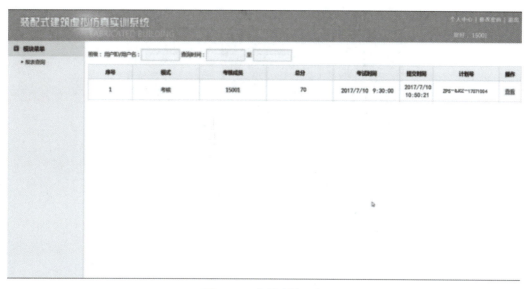

图 2-35　考核成绩查询

143

【装配式建筑虚拟仿真软件】报表							
考号	15001	考生姓名	张三		制表日期	2017/7/10	
开始时间	2017/7/10 9:30	结束时间	2017/7/10 10:50		操作模式	考核模式	
成绩汇总表							
操作模块	钢筋操作						
考核总分	100	考试得分	70		备注		
生产结果信息							
构件序号	构件编号	构件类型	工况设置情况	工况解决情况	生产完成情况	操作时长（秒）	操作得分	质量得分	总得分
001	DHS2-67-5112-11	叠合楼板	无	无	完成	3812	47	23	70

图 2-36　详细考核报表

任务 2.3　构件浇筑

任务陈述

某教学楼项目预制钢筋混凝土保温夹心外墙板选用 WQCA-3028-1516 等类型。现已准备好空中运输车、布料机、模床等设备。由于构件浇筑的主要内容是完成生产前准备、空中运输车运料、布料机上料、布料机浇筑、模床振捣、保温板铺设与固定等工序，因此，该项目混凝土工现需要结合前面任务中准备好的模具和绑扎完成的外墙板钢筋进行该外墙板的混凝土浇筑等任务，其外墙板钢筋示意图如图 2-37 所示。

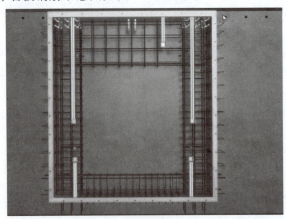

图 2-37　外墙板钢筋示意图

知识准备

1. 混凝土浇筑前准备工作

混凝土浇筑前，应逐项对模具、钢筋、钢筋网、连接套管、连接件、预埋件、吊具、预留孔洞、混凝土保护层厚度等进行检查验收,并做好隐蔽工程记录。混凝土浇筑时,应采用机械振捣成型方式。带保温材料的预制构件宜采用水平浇筑方式成型,保温材料宜在混凝土成型过程中放置固定,应采取措施固定保温材料,确保拉结件的位置和间距满足设计要求,这对于满足墙板设计要求的保温性能和结构性能非常重要,应按要求进行过程质量控制。底层混凝土强度达到 1.2 MPa 以上时方可进行保温材料敷设,保温材料应与底层混凝土固定,当多层敷设时上下层接缝应错开;当采用垂直浇筑成型工艺时,保温材料可在混凝土浇筑前放置固定。连接件穿过保温材料处应填补密实。

2. 混凝土浇筑

(1) 混凝土浇筑要求

① 混凝土应均匀连续浇筑,投料高度不宜大于 600 mm。

② 混凝土浇筑时应保证模具、门窗框、预埋件、连接件不发生变形或者移位,如有偏差应采取措施及时纠正。

③ 混凝土从出机到浇筑完毕的延续时间,气温高于 25 ℃时不宜超过 60 min,气温低于 25 ℃时不宜超过 90 min。

④ 混凝土应采用机械振捣,对边角及灌浆套筒处充分有效振捣;混凝土振捣过程中应随时检查模具有无漏浆、变形或预埋件有无移位等现象,并及时采取应急措施;当采用振捣棒时,混凝土振捣过程中不应碰触钢筋骨架、面砖和预埋件。浇筑厚度使用专门的工具测量,严格控制,对于外叶振捣后应当对边角进行一次抹平,保证构件外叶与保温板间无缝隙。

⑤ 定期定时对混凝土进行各项工作性能试验(如坍落度、和易性等);按单位工程项目留置试块。

(2) 浇筑混凝土

浇筑混凝土应按照混凝土设计配合比经过试配确定最终配合比,生产时严格控制水灰比和坍落度(图 2-38)。

图 2-38 混凝土坍落度试验

浇筑和振捣混凝土时应按操作规程,防止漏振和过振,生产时应按照规定制作试块与构件同条件养护。图 2-39 所示为混凝土振捣示意图,其中振捣器宜采用振动平台或振捣棒,辅助使用平板振动器,混凝土振捣完成后应用机械抹平压光,如图 2-40 所示。

图2-39　混凝土振捣示意图　　　　图2-40　机械抹平压光

3. 构件表面处理要求

（1）混凝土粗糙面处理要求

预制剪力墙的顶面、底面和两侧面应处理为粗糙面或制作键槽，与预制剪力墙连接的圈梁上表面也应处理为粗糙面，如图2-41、图2-42所示。

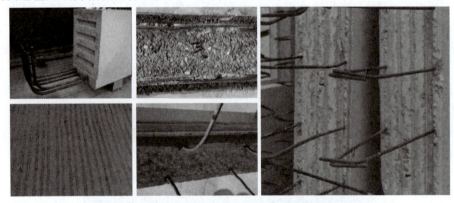

图2-41　预制构件表面键槽和粗糙面处理示意图

图2-42　缓凝水冲法粗糙面效果图

（2）混凝土收光面处理要求

混凝土振捣完成后应用机械抹平收光，抹平收光时需要注意：初次抹面后须静置1 h后进行表面收光，收光应用力均匀，收光时应将模具表面清理干净，将构件表面的气泡、浮浆、

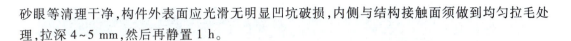

砂眼等清理干净,构件外表面应光滑无明显凹坑破损,内侧与结构接触面须做到均匀拉毛处理,拉深 4~5 mm,然后再静置 1 h。

任务实施

构件浇筑是混凝土构件生产的重要环节,该任务实训以夹心保温外墙板为例,可以通过仿真实训系统完成,主要完成生产前准备、空中运输车运料、布料机上料、布料机浇筑、模床振捣、保温板铺设与固定等工序。

1. 生产前准备

(1) 任务领取

打开软件,登录系统主界面,通过系统主界面的相关操作,学生可以完成构件浇筑过程。计划列表内的计划信息是由管理端下达分配,每项计划包括:计划编号、实训类型、抗震等级、生产季节、考试时长、状态、选取任务。学生登录系统后,根据学习目的选择相应的计划,单击【请求任务】领取计划(图 2-43),单击【选择计划】加入该计划内需要进行浇筑任务的构件(图 2-44),并单击【开始生产】,浇筑虚拟端自动启动,进入生产阶段。

图 2-43　请求任务

进入生产阶段后,系统首先会根据学生选择的生产计划生成相应的生产任务信息,单击【生产任务】按钮,弹出生产任务列表。

① 生产任务列表由两部分组成,即生产统计信息和构件信息。

② 生产统计信息包括:生产总量、完成生产量、未完成生产量。

③ 构件信息包括:构件序号、编号、规格、体积、强度、楼层、抗震等级、任务是否完成("是",表示任务完成;"否",表示任务未完成)。

④ 窗口右侧、底部设有滚动条,通过拖动滚动条可浏览构件全部信息。整个生产过程中,学生所要浇筑的构件都会围绕生产任务列表内的内容依次完成。

147

图2-44 选择计划

（2）工作准备

单击 ，弹出准备工作窗口，如图2-45所示。

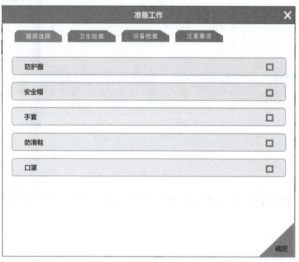

图2-45 准备工作窗口

① 准备工作内容包括四项内容，即服装选择、卫生检查、设备检查和注意事项。

② 点击每项内容右侧 按钮，打开对应的操作窗口或者纯选择操作（图2-46）。

2. 布料机上料与布料

（1）请求任务

单击 ，弹出窗口（图2-47），单击【请求新任务】，模台进入1号工作区（图2-48）。

图 2-46　防护服选择窗口

图 2-47　现场辅助窗口

图 2-48　1 号工作区

（2）模台移进 2 号工作区

单击图 2-47 界面的【请求模台进入辊道 1】，模台进入 2 号工作区，如图 2-49 所示。

（3）模台移进 3 号工作区（浇筑区）

在辊道 1 操作界面，单击 ，将模台移动方向打至前进后，单击 ，模台向浇筑区移

149

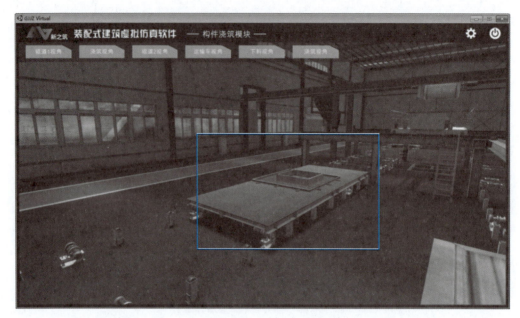

图 2-49　2 号工作区

动,如图 2-50 所示。

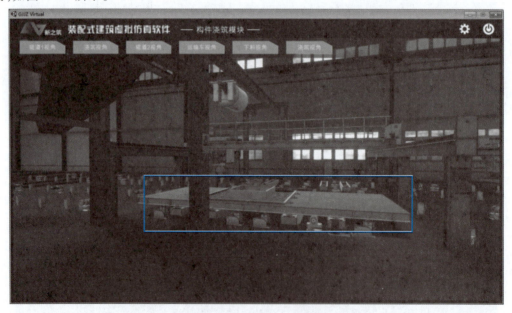

图 2-50　浇筑工作区

（4）请求上料

在布料操作界面-上料部分进行操作：

① 单击左侧 按钮,控制混凝土空中运输车移进搅拌站（图 2-51）；

② 单击【请求混凝土】按钮,在弹出窗口内输入所要请求的混凝土方量（最大请求量不能超过 2 m³）,操作过程如图 2-52 所示；

③ 下料完毕后,单击布料界面 ⬤,控制混凝土运输车移进厂内卸料位置(初始位置);

④ 单击 ⬤,控制混凝土空中运输车翻转,将车内混凝土倾倒至布料机内(图 2-53);

⑤ 运输车内的混凝土倾倒完毕后,单击 ⬤,控制混凝土空中运输车上翻复位。

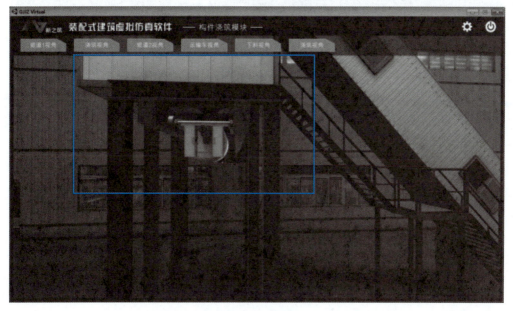

图 2-51 搅拌站

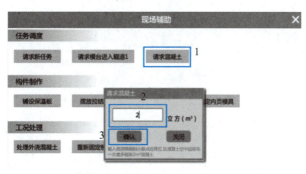

图 2-52 请求下料操作界面

(5)浇筑构件

① 调节布料机移动速度界面的左右箭头 ⬤,设置布料机移动速度;

② 单击布料机位置界面的上下左右箭头 ⬤,控制布料机移动,并移至模台上方;

③ 调节布料机下料速度界面的左右箭头 ⬤,设置布料机下料速度;

④ 单击油泵按钮,按钮状态由 ⬤ 变为 ⬤,开启油泵;

⑤ 单击 ⬤ ~ ⬤ 控制布料口的开启与关闭来控制混凝土的下落,或者打开联动 ⬤,单

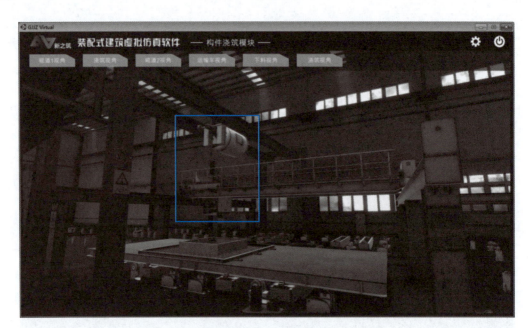

图 2-53　卸料虚拟界面

击 ,统一控制 8 个阀的开启或者关闭。图 2-54 展示了混凝土浇筑效果;

⑥ 单击布料机位置的四个方向箭头,控制布料机向不同方向移动,使混凝土分布在构件内的不同位置;

⑦ 单击"运行速度"左右箭头,控制布料机移动速度。

图 2-54　混凝土浇筑效果

3. 混凝土振捣

1) 一次振捣。模台的升降、钩松、钩紧、振动操作方式有半自动操作和手动操作两种方式,在这里选择半自动操作方式。

① 打开电源 ,电源指示灯亮起 ;

② 单击 按钮,下降模台(图 2-55);

③ 单击 按钮,钩紧模台(图 2-56);

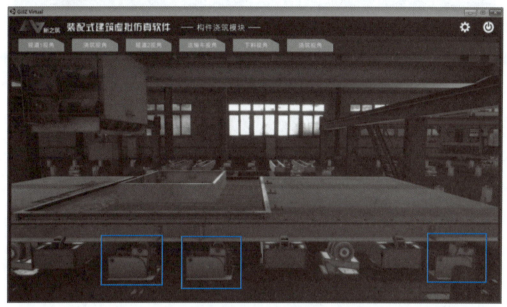

图 2-55　模台下降状态

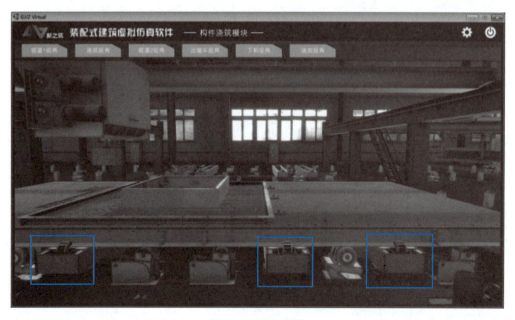

图 2-56　钩松状态

④ 单击振动器调节界面两端箭头 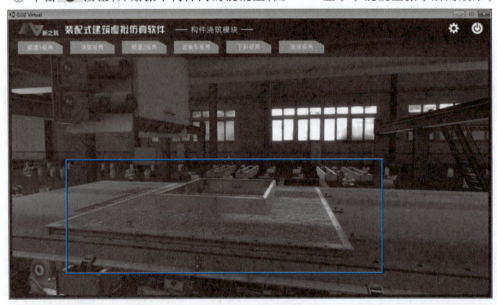，设置振动器电流；

⑤ 单击八个电机按钮，启动电机，电机按钮状态由 ⚫ 变为 ⚫；

⑥ 单击 ⚫ 按钮，开始振平构件内的混凝土，图 2-57 显示了混凝土振平后的效果；

图 2-57 　构件混凝土振平效果

⑦ 单击 ⚫ 按钮，停止振动；

⑧ 单击 ⚫ 按钮，钩松模台；

⑨ 单击 ⚫ 按钮，升起模台。

注意：振动时间不宜过长，否则将出现浮浆现象，导致构件质量不合格。

2）二次振捣。外墙板一次浇筑、一次振平完成后，还需进行保温板铺设、拉结件摆放、内叶模具摆放及固定、二次浇筑和二次振平操作，具体步骤如下：

① 打开图 2-58 所示窗口，单击【铺设保温板】，图 2-59 显示了铺设保温板效果；

图 2-58 　铺设保温板界面

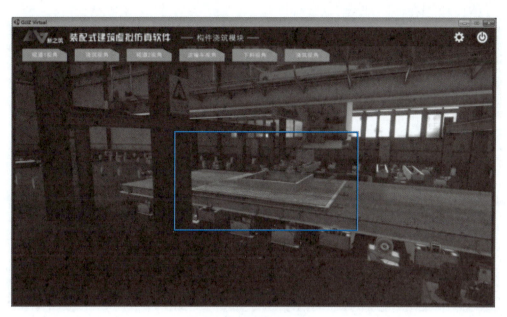

图 2-59 铺设保温板效果

② 单击【摆放拉结件】,打开拉结件摆放界面(图 2-60),输入拉结件距离边缘距离(100~200 mm 的整数)及拉结件之间间距(400~600 mm 的整数);拖拽左下角拉结件┃,将其拖放至十字位置╋,效果如图 2-61 所示,当所有拉结件摆放完毕后,单击【确认】,图2-62显示拉结件摆放完毕后的虚拟效果。

图 2-60 拉结件摆放界面

注意:每次拖放过程中,当前被拖放拉结件相对蓝色网格的坐标位置显示在右上角;如拉结件摆放错误,可点选该拉结件,鼠标再次拖放或者通过键盘上下左右箭头移动其直至位置正确。

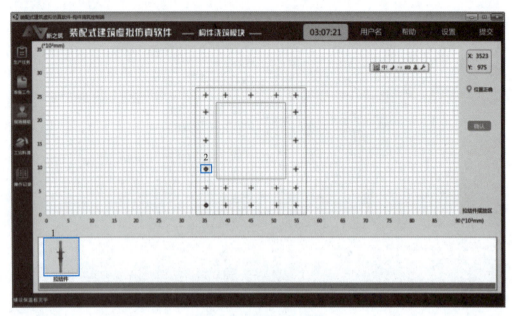

图 2-61　拉结件摆放界面

图 2-62　拉结件摆放效果

③ 单击【摆放内页模具】,图 2-63 显示了内叶(软件中为页)模具摆放效果。

④ 单击【固定内页模具】,图 2-64 显示了内叶(软件中为页)模具固定效果。

⑤ 按照一次浇筑的操作步骤,完成内叶墙板的浇筑。

⑥ 按照一次振动的操作步骤,完成内叶混凝土的振平工序。

3)模台移进 2 号工作区(运走模台)混凝土振平后,需要移走模台,操作步骤如下:

步骤一:选择操作模式(自动或者手动);

步骤二:选择模台移动方向(前进或后退,前进方向表示模台将向 2 号工作区移动,后

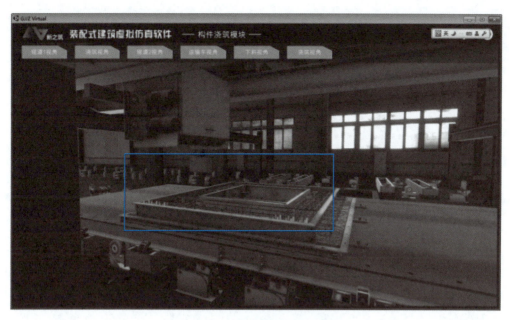

图 2-63　内叶模具摆放效果界面

图 2-64　内叶模具固定效果界面

退方向表示模台将向 1 号工作区移动)；

步骤三：控制模台移进 2 号工作区(自动模式下,单击【半自动启动】按钮；手动模式下,长按【确认】按钮)。

本次操作选择方向为前进,操作模式为自动,单击【半自动启动】按钮(图 2-65)后,模台向 2 号工作区移动。

4)结束当前任务。在辊道 2 操作界面,单击 ⬛ ,将模台移动方向打至前进后,单击

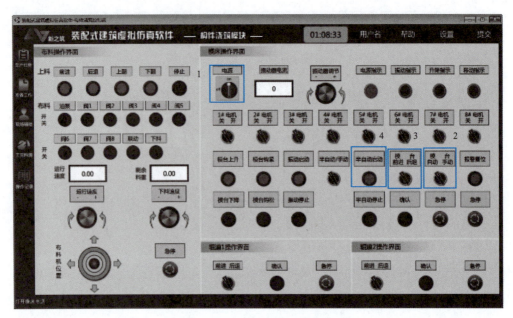

图 2-65　浇筑工作区模台移动操作界面

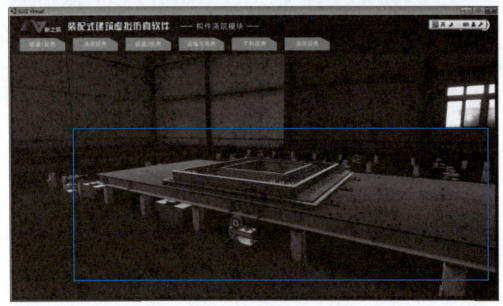

,模台向前移动直至消失,任务结束前如图 2-66 所示,任务结束后如图 2-67 所示。

图 2-66　结束任务前

当前任务完成后,可根据生产任务列表请求进行下一个任务,重复前面的步骤,直到所有生产任务完成。

注:混凝土振捣完成后应用机械抹平收光,具体要求详见前述"知识准备"。

4. 工完料清

1)将布料机移至清洗位置(图 2-68)。

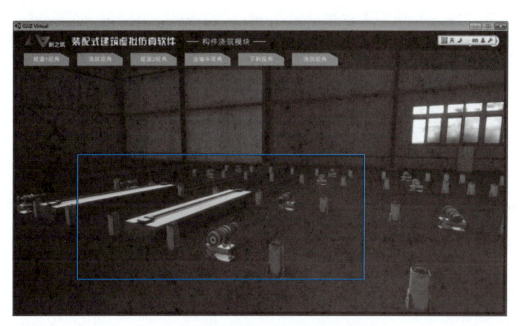

图 2-67　结束任务后

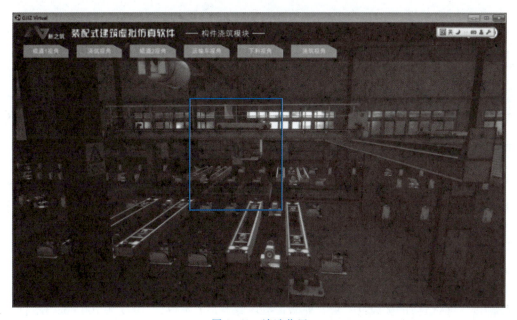

图 2-68　清洗位置

2）单击 ,打开工完料清窗口。

3）在工完料清窗口处,单击【设备维护】,接着单击【清洗布料机】,虚拟出现高压水枪清洗布料机的效果(图2-69)。

4）最后,注意检查模床电源是否关闭、模床振动器电流是否调至0、布料机下料及运行速度是否调至0。

图 2-69　清洗布料机效果

5. 考核提交

生产完成后,单击软件标题处的【提交】按钮,进行考核提交,提交完毕后系统自动进入领取任务界面。用户可重复上面操作,继续浇筑生产。

任务 2.4　构件养护与脱模

任务陈述

构件生产厂技术员接到某工程预制混凝土剪力墙外墙的构件蒸汽养护与脱模任务,其中标准层是一块带一个窗洞的矮窗台外墙板,选用了标准图集《预制混凝土剪力墙外墙板》(15G365-1)中编号为 WQCA-3028-1516 的外墙板。该外墙板所属工程的结构及环境特点如下:该工程为政府保障性住房,位于××西侧,××北侧,××南侧,××东侧。工程采用装配整体式混凝土剪力墙结构体系,预制构件包括:预制夹心外墙、预制内墙、预制叠合楼板、预制楼梯、预制阳台板以及预制空调板。该工程地上 11 层,地下 1 层,标准层层高 2.8 m,抗震设防烈度 7 度,结构抗震等级三级。外墙板按环境类别一类设计,厚度为 200 mm,建筑面层为 50 mm,采用混凝土强度等级为 C30,坍落度要求 35~50 mm。

现需要结合所浇筑的外墙板 WQCA-3028-1516 进行该外墙板的养护与脱模工作,其外墙板示意图如图 2-70 所示。

知识准备

养护是保证混凝土质量的重要环节,对混凝土的强度、抗冻性、耐久性有很大的影响。混凝土养护有三种方式:常温、蒸汽、养护剂养护。

预制混凝土构件一般采用蒸汽养护,蒸汽养护可以缩短养护时间,快速脱模,提高效率,

图 2-70 带窗洞的矮窗台外墙板示意图

减少模具等生产要素的投入。

1. 预制混凝土构件养护

（1）蒸汽养护

蒸汽养护是预制构件生产最常用的养护方式。在养护窑或养护罩内，以温度不超过100 ℃，相对湿度在90%以上的蒸汽为介质，使养护窑或养护罩中的混凝土构件在蒸汽的湿热作用下迅速凝结硬化，达到要求强度的过程就是蒸汽养护。

根据《装配式混凝土建筑技术标准》（GB/T 51231—2016）中的有关规定，蒸汽养护应采用能自动控制温度的设备，蒸汽养护过程（养护制度）可分为预养期、升温期、恒温期和降温期。

蒸汽养护要严格按照蒸汽养护操作规程进行，严格控制预养时间 2~6 h；开启蒸汽，使养护窑或养护罩内的温度缓慢上升，升温阶段应控制升温速度不超过 20 ℃/h；恒温阶段的最高温度不应超过 70 ℃，夹心保温板最高养护温度不宜超过60 ℃，梁、柱等较厚的预制构件最高养护温度宜控制在 40 ℃ 以内，楼板、墙板等较薄的构件养护最高温度宜控制在60 ℃，恒温持续时间不少于 4h。逐渐关小直至关闭蒸汽阀门，使养护窑或养护罩内的温度缓慢下降，降温阶段应控制降温速度不超过 20 ℃/h。预制构件出养护窑或撤掉养护罩时，其表面温度与环境温度差值不应超过 25 ℃，如图 2-71 所示。

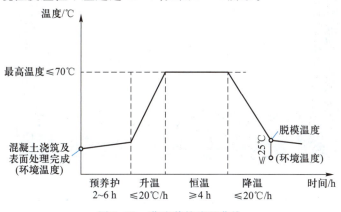

图 2-71 蒸汽养护流程曲线

（2）养护窑集中蒸汽养护要求

养护窑集中蒸汽养护适用于流水线工艺。养护窑集中蒸汽养护操作要求为：

① 预制构件入窑前,应先检查窑内温度,窑内温度与预制构件温度之差不宜超过 15 ℃ 且不高于预制构件蒸养允许的最高温度。

② 将需养护的预制构件连同模台一起送入养护窑(图 2-72)。

图 2-72　养护窑

③ 在自动控制系统上设置好养护的各项参数(图 2-73)。养护的最高温度应根据预制构件类型和季节等因素来设定。一般冬季养护温度可设置得高一些,夏季可设置低一些,甚至可以不蒸养;不同类型预制构件养护允许的最高温度参见图 2-71。

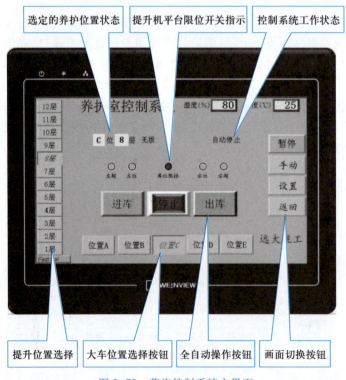

图 2-73　蒸汽控制系统主界面

④ 自动控制系统应由专人进行操作和监控。

⑤ 根据设置的参数进行预养护。

⑥ 预养护结束后系统自动进入蒸汽养护程序,向窑内通入蒸汽并按预设参数进行自动控制。

⑦ 养护过程中,应设专人监控养护效果。

⑧ 当意外事故导致失控时,系统将暂停蒸汽养护程序并发出警报,请求人工干预。

⑨ 当养护主程序完成且环境温度与窑内温度差值不小于 25 ℃时,蒸汽养护结束。

⑩ 预制构件脱模前,应再次检查养护效果,通过同条件试块抗压试验并结合预制构件表面状态的观察,确认预制构件是否达到脱模所需的强度。

（3）固定模台蒸汽养护操作要求

固定模台蒸汽养护(图 2-74)宜采用全自动多点控温设备进行温度控制。固定模台蒸汽养护操作要求如下:

图 2-74　固定模台蒸汽养护

① 养护罩应具有较好的保温效果且不得有破损、漏汽等。

② 应设"人"字形或"Π"形支架将养护罩架起,盖好养护罩,四周应密封好,不得漏汽。

③ 在罩顶中央处设置好温度检测探头。

④ 在温控主机上设置好蒸汽养护参数,包括蒸汽养护的模台、预养护时间、升温速率、最高温度、恒温时间、降温速率等,养护最高温度可参照图 2-71 方法进行设定。

⑤ 预养护时间结束后,系统将根据预设参数自动开启相应模台的供汽阀门。

⑥ 操作人员应查看蒸汽压力、阀门动作等情况,并检查蒸汽有无泄漏。

⑦ 蒸汽养护的全过程,应设专人操作和监控,检查养护效果。

⑧ 蒸汽养护过程中,系统将根据预设参数自动完成温度的调控。因意外导致失控时,系统将暂停故障通道的蒸汽养护程序并发出警报,提醒人工干预。

⑨ 预设的恒温时间结束后,系统将关闭供汽阀门进行降温,同时监控降温情况,必要时自动进行调节。

⑩ 当养护罩内的温度与环境温度差值小于预设温度时,系统将自动结束蒸汽养护程序。

⑪ 按(2)中⑩的方法再次确认养护效果。

⑫ 没有自动控温设备的固定模台蒸汽养护,应安排专人值守,宜 30 min 测量一次蒸汽养护温度,根据需要手动调整蒸汽阀门来控制蒸汽养护温度。

(4)自然养护操作要求

自然养护可以降低预制构件生产成本,当预制构件生产有足够的工期或环境温度能确保次日预制构件脱模强度满足要求时,应优先采取自然养护的方式。自然养护操作要求为:

① 在需要养护的预制构件上盖上不透气的塑料或尼龙薄膜,处理好周边封口。

② 必要时在上面加盖较厚实的帆布或其他保温材料,减少温度散失。

③ 让预制构件保持覆盖状态,中途应定时观察薄膜内的湿度,必要时应适当淋水。

④ 直至预制构件强度达到脱模强度后方可撤去预制构件上的覆盖物,结束自然养护。

2. 养护设备保养及维修要求

养护设备正常的维护和保养是保证其正常、安全、可靠工作的必要条件。

(1)养护工作环境条件

养护窑的电源为三相交流(三相四线制),额定频率为 50 Hz,电压为 380 V。供电系统在养护窑馈电线接入处的电压波动不应超过额定电压的±10%,养护窑内部电压损失不大于 3%。移动升降车运行轨道的接地电阻值应不大于 4 Ω。养护窑安装使用地点的海拔不超过 1 000 m(超过 1 000 m 时应按 GB/T 755—2019 的规定对电动机进行容量校核,超过 2 000 m 时应对电器件进行容量校核)。养护窑应安装在室内,工作环境温度为 -20 ℃ ~ +40 ℃。空气相对湿度不超过 50%(环境温度为 +40 ℃ 时)。

(2)养护设备安全、防护要求

起升机构应设起升高度限位装置,当升降平台上升到设定的极限位置时,应能自动切断上升方向电源,此时钢丝绳在卷筒上应留有至少一圈空槽;当需要限定下极限位置时,应设下降深度限位装置,除能自动切断下降方向电源外,钢丝绳在卷筒上的缠绕,除不计固定钢丝绳的圈数外,至少还应保留两圈。

养护窑电控设备中各电路的绝缘电阻不应小于 1 MΩ。养护窑所有的电气设备,正常不带电的金属外壳,金属线路,照明变压器低压侧的一端均应可靠地接地。应采用专门设置的接地线,保证电器设备的可靠性。养护窑内部应安装摄像头,视频监控移动升降车的运行状态。养护窑各机构在工作时产生的噪声,在无其他外声干扰的情况下, 在中央控制室操作台(或操作台)处测量,不应大于 85 dB(A)。

(3)养护设备噪声要求

养护窑在额定载荷、额定速度状态下,在中央控制室内(或操作台处)用声级计 A 档读数测噪声,测试时 3 冲声峰值除外,总噪声与背景噪声之差应不大于 3 dB(A)。总噪声值减去表 2-7 所列的修正值即为实际噪声,然后取三次的平均值。

表 2-7 养护设备噪声要求　　　　　　　　　　　　　　　　单位:dB(A)

总噪声与背景噪声之差值	3	4	5	6	7	8	9	10	>10
修正值	3	2	2	1	1	1	0.5	0.5	0

(4)维修周期

养护设备的维护保养工作,按其检修周期可分为日常检修、月度检修、年度检修。

① 日常检修。可由操作和维修人员在每日接班时进行,检修范围如下:清除电气设备

外部的灰尘、污泥及油类等附着物;检查电机、控制器触点等发热情况;检查设备的电缆接头是否有松动现象;检测电气元件(限位开关、光电开关、编码器等)是否有进水、脱落、损坏现象;检查控制送料斗的无线通信装置是否正常;检查各减速机、轴承座是否漏油;检查自动油脂润滑系统是否工作正常;将巡检发现的各种特殊情况做好记录,并及时联系设备维修人员进行处理。

② 月度检修。由设备维修人员进行,检修范围如下:清除各电气设备内部的灰尘、污泥及油类等附着物;检查各行走轮的磨损程度;检测电机刷架、碳刷、滑环等磨损情况;监听电动机、继电器、接触器等在运行时发出的声音是否正常,并修理控制器、继电器、开关的触点;检测液压系统的压力、油位、油缸、电磁阀等是否正常;检查控制送料斗的无线通信装置是否正常;处理故障并做好记录。

③ 年度检修。由设备维修人员进行,检修范围如下:拆开各项电气设备进行清理,并检修各项设备的支架;清理并更换电动机轴承润滑油脂;测量绝缘电阻,必要时进行绝缘处理;对发现的各种大小故障在年修时应全部检修好;对无法修理的部件在年修时进行更换。

3. 构件脱模操作

预制构件脱模作业主要包括:预制构件脱模流程、流水线工艺脱模操作、固定模台工艺脱模操作、粗糙面处理、模具清理和模具报验。

(1)预制构件脱模流程

① 拆模前,应做混凝土试块同条件抗压强度试验,试块抗压强度应满足设计要求且不宜小于 15 MPa,预制构件方可脱模。

② 试验室根据试块检测结果出具脱模起吊通知单。

③ 生产部门收到脱模起吊通知单后安排脱模。

④ 拆除模具上部固定预埋件的工装。

⑤ 拆除安装在模具上的预埋件的固定螺栓。

⑥ 拆除边模、底模、内模等的固定螺栓。

⑦ 拆除内模。

⑧ 拆除边模(图 2-75)。

⑨ 拆除其他部分的模具。

⑩ 将专用吊具安装到预制构件脱模埋件上,拧紧螺栓。

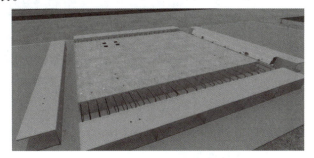

图 2-75　拆除边模

⑪ 用泡沫棒封堵预制构件表面所有预埋件/孔,吹净预制构件表面的混凝土碎渣。

⑫ 将吊钩挂到安装好的吊具上,锁上保险。

⑬ 再次确认预制构件与所有模具间的连接已经拆除。

⑭ 确认起重机吊钩垂直于预制构件中心后,以最低起升速度平稳起吊预制构件(图 2-76),直至构件脱离模台。

(2)流水线工艺脱模操作规程

流水线工艺多采用磁盒固定模具,脱模操作规程如下:

① 按脱模起吊通知单安排拆模。

图 2-76 预制构件起吊

② 打开磁盒磁性开关后将磁盒拆卸,确保拆卸不遗漏。

③ 拆除与模具连接的预埋件固定螺栓。

④ 将边模平行向外移出,防止损伤预制构件边角。

⑤ 如预制构件需要侧翻转,应在侧翻转工位先进行侧翻转(图 2-77),侧翻转角度在 80°左右为宜。

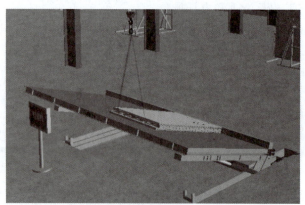

图 2-77 预制构件侧翻转

⑥ 选择适用的吊具,确保预制构件能平稳起吊。

⑦ 检查吊点位置是否与设计图样一致,防止预制构件起吊过程中产生裂缝。

⑧ 预制构件起吊。

(3)粗糙面处理

《混凝土结构设计规范》(GB 50010—2015)和《装配式混凝土结构技术规程》(JGJ 1—2014)规定了预制构件的结合面应设置粗糙面的要求,提出了"制作时应按设计要求进行粗糙面处理""可采用化学处理、拉毛或凿毛等方法制作粗糙面""粗糙面面积不宜小于结合面的 80%"等要求。《混凝土结构工程施工质量验收规范》(GB 50204—2015)中将"预制构件的粗糙面质量"作为预制构件进场的一项验收内容。国内各装配式构件生产厂也非常重视构件结合面的粗糙化处理施工过程与成品质量,大多采用凿毛、拉毛、印花、水洗等工艺来完成构件结合面的粗糙化处理。

① 水洗法。技术人员预先在结合面模板上涂刷缓凝剂,在水平结合面喷洒缓凝剂。使

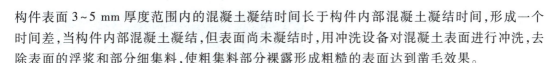

构件表面 3~5 mm 厚度范围内的混凝土凝结时间长于构件内部混凝土凝结时间,形成一个时间差,当构件内部混凝土凝结,但表面尚未凝结时,用冲洗设备对混凝土表面进行冲洗,去除表面的浮浆和部分细集料,使粗集料部分裸露形成粗糙的表面达到凿毛效果。

② 凿毛法。目前我国常用的混凝土结合面处理方法之一为凿毛处理,通常分为人工凿毛法和机械凿毛法。人工凿毛利用人力和手工机具对混凝土构件表面进行凿毛处理,此法劳动强度大、工作效率低、人工成本高。机械凿毛采用机械设备对混凝土构件表面进行凿毛处理,此法噪声非常大,且伴随着重大粉尘污染。此外,这两种方法均会对混凝土结合面产生扰动,结构上易产生微裂缝等现象。因此凿毛法具有一定的局限性,不提倡在较大面积的结合面粗糙化处理中使用。

③ 定制模板法。对部分构件粗糙面处理采用定制模板,在模板上设有各种刻痕,脱模后刻痕就存留在了预制构件的结合面上。但是此法技术要求较高,刻痕过浅则达不到规范规定的粗糙度要求,刻痕过深则不利于构件脱模。因此需谨慎使用。

④ 拉毛法。部分构件结合面采用拉毛法进行处理,如叠合板的上表面等。这种方法简单易行,设备简易,操作起来几乎不受限制,若实行机械化拉毛的流水生产线则会效率更高,因此实施效果较好,适用范围相对较广,实施过程需注意好拉毛后浮渣的清理。但对于存在钢筋外露的构件表面则无法采用拉毛法实施,因此拉毛法具有较大的局限性。

（4）模具清理

① 自动化流水线工艺一般有边模清洁设备,通过传送带将边模送入清洁设备并清扫干净,再通过传送带将清扫干净的边模送进模具库,由机械手按照型号规格分类储存备用。

② 人工清理边模需要先用钢丝球或刮板去除模具内侧残留混凝土及其他杂物,然后用电动打磨机打磨干净。

③ 用钢铲将边模与边模,边模与模台拼接处混凝土等残留物清理干净,保证组模时拼缝密合。

④ 用电动打磨机等将边模上下边沿混凝土等残留物清理干净,保证预制构件制作时厚度尺寸不产生偏差。

（5）模台清理

① 固定模台清理。多为人工清理,根据模台状况可有以下几种清理方法:

a. 模台面的焊渣或焊疤,应使用角磨机上砂轮布磨片打磨平整。

b. 模台面如有混凝土残留,应首先使用钢铲去除残留的大块混凝土,之后使用角磨机上钢丝轮去除其余的残留混凝土。

c. 模台面有锈蚀、油泥时应首先使用角磨机上钢丝轮大面积清理,之后用有机溶剂反复擦洗直至模台清洁。

d. 模台面有大面积的凹凸不平或深度锈蚀时,应使用大型抛光机进行打磨(图 2-78)。

e. 模台有灰尘、轻微锈蚀,应使用有机溶剂反复擦洗直至模台清洁。

② 流动模台清理。多采用自动清扫设备(图 2-79)进行清理。

a. 流动模台进入清扫工位前,要提前清理掉残留的大块混凝土。

b. 流动模台进入清扫工位时,清扫设备自动下降紧贴模台,前端刮板铲除残余混凝土,后端圆盘滚刷扫掉表面存灰,与设备相连的吸尘装置自动将灰尘吸入收尘袋。

图 2-78　抛光机打磨

图 2-79　模台自动清扫设备

（6）模具报验

对于漏浆严重的模具或导致预制构件变形（包括预制构件鼓胀、凹陷、过高、过低）的模具,应及时向质检人员提出进行模具检验,找出造成漏浆或变形的原因,并立即整改或修正模具。

任务实施

结合装配式建筑虚拟仿真实训系统,针对构件养护与脱模模块,本次实施的任务为标准图集 15G365-1《预制混凝土剪力墙外墙板》中编号为 WQCA-3028-1516 的外墙板。

1. 练习或考核计划下达

相关操作见任务 2.2 中任务实施相关内容。

2. 外墙板蒸养

（1）产前准备

① 着装检查、卫生检查和温度检查,如图 2-80 所示。

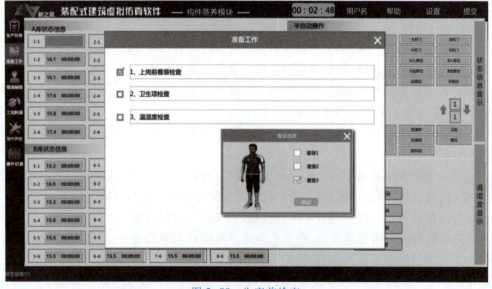

图 2-80　生产前检查

② 查看生产任务。根据任务列表,明确任务内容,如图 2-81 所示。

图 2-81　生产任务查询

③ 监控蒸养库温度、湿度,若温度或湿度不合理需要进行调整。蒸养库温度合理范围为 40~60 ℃,湿度在 95% 以上。温度重置后,蒸养库温度通过温度模型遵循温度升降变化,在一定时间内达到设定温度,如图 2-82 所示。

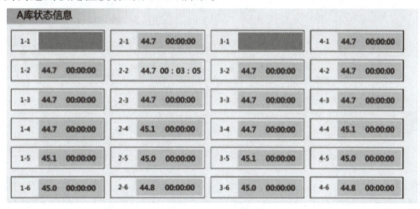

图 2-82　蒸养库温度监控

④ 新任务请求,向系统发起新任务,本次操作任务为带窗口孔洞的外墙板。

（2）构件入库蒸养

① 操作控制台,开启控制电源,操作模台前进,行驶到码垛机上,通过监控界面查看蒸养库空闲库位,进行入库操作,本次入库位为 2-1。控制码垛机移动到 2 列位置,并控制蒸养库将模台送入蒸养库,如图 2-83、图 2-84 所示。

② 构件出库。根据蒸养库监控界面,对蒸养符合出库条件的构件进行出库操作(出库条件为构件强度达到目标强度的 75% 以上)。以 2-2 库位内蒸养构件为例进行出库操作,结合码垛机将蒸养库内构件运送至码垛机,通过码垛机运送至出料口,并送至起板工序。

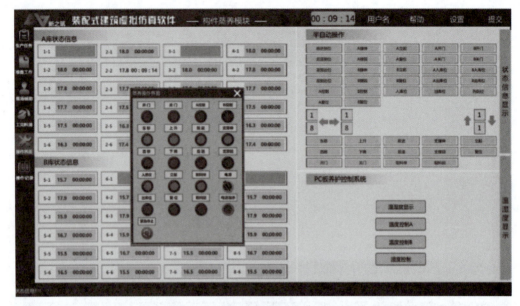

图 2-83 模台入库操作台（控制端）

图 2-84 模台入库（虚拟端）

预制构件出库后，当混凝土表面温度和环境温差较大时，应立即覆盖薄膜养护，如图 2-85~图 2-87 所示。

3. 外墙板脱模起板入库

（1）生产前准备

对着装、卫生和线缆进行检查。

（2）拆模操作

拆模的顺序按照模具组装的反顺序进行拆除，一般为拆除侧模、拆除顶模、最后拆除底模，如图 2-88、图 2-89 所示。

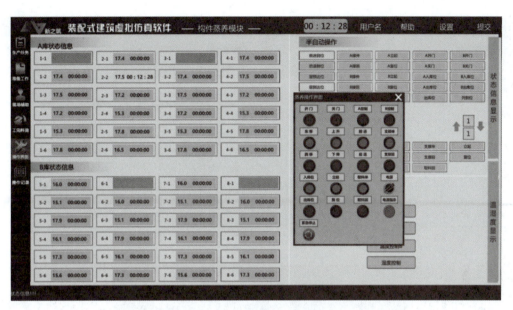

图 2-85　模台出库操作台（控制端）

图 2-86　模台上升

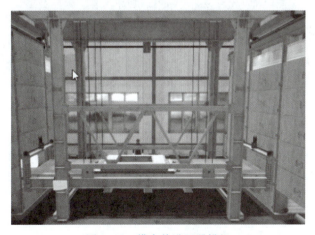

图 2-87　模台前进至码垛机

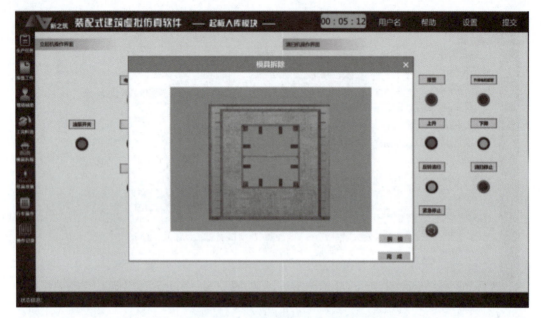

图 2-88　二维拆模界面(控制端)

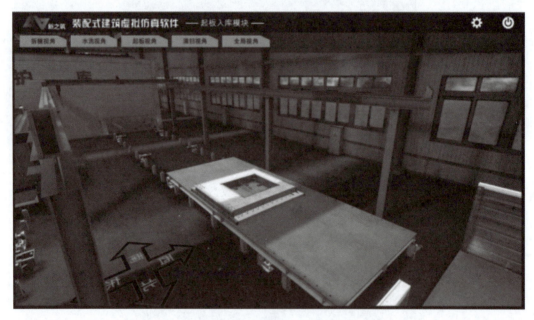

图 2-89　三维拆模场景(虚拟端)

（3）水洗糙面

操作平移车西移至水洗工作位,操作模台前进至水洗工作位的平移车上。水洗糙面的目的是为了冲洗构件接触面细集料,增加施工接触面的接触面积,如图 2-90 所示。

（4）起板操作

将模台移动至立起机位置,选取吊具,操作行车移动到立起机位置并钩紧构件。摆放底模,钩紧模台,配合塔机及立起机进行起板操作,如图 2-91、图 2-92 所示。

图 2-90 水洗糙面场景

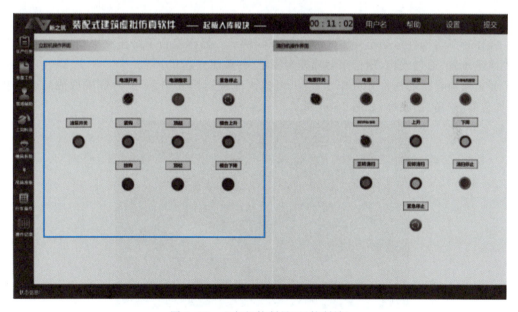

图 2-91 立起机控制界面(控制端)

(5)构件表面处理

预制构件脱模后,应及时进行表面检查,对缺陷部位进行修补。

(6)构件质量检查

构件达到设计强度时,应对预制构件进行最后的质量检查,根据构件设计图纸逐项检查,检查内容包括:构件外观与设计是否相符、预埋件情况、混凝土试块强度、表面瑕疵和现场处理情况等,逐项列表登记,确保不合格产品不出厂,质检表格不少于一式三份,随构件发货两份,存档一份。

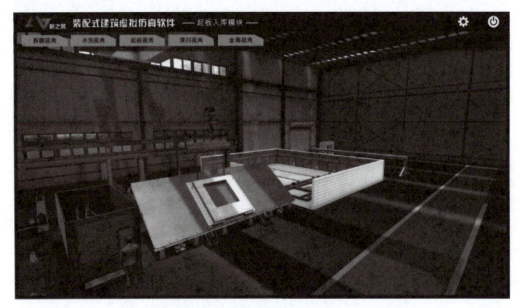

图 2-92　构件起板操作(虚拟端)

（7）构件成品入库运输

操作行车将构件运送至存放区,如图 2-93 所示。操作模台下降至水平位置,将模台下降到水平位置,通过放钩、顶松来解除模台固定,并关闭立起机。

经过质检合格的构件方可作为成品,可以入库或运输发货,必要时应采取成品保护措施,如包装、护角、贴膜等,如图 2-94 所示。

图 2-93　构件运至存放区

4. 工完料清

打开清扫机电源开关,对模台进行自动清扫,如图 2-95 所示。清扫模台是为了循环利用模台,为后续生产做准备。归还所有工具,对需要保养工具(如工具污染、损坏)进行保养,并对设备进行检查与维护。

回收可再利用材料,放归原位,分类明确,摆放整齐。使用工具(扫把)清理地面,不得有垃圾(扎丝),清理完毕后归还清理工具。并关闭所有设备电源,结束任务。

图 2-94　预制构件成品入库

图 2-95　模台自动清扫

任务 2.5　构件存放与防护

🔅 任务陈述

某工程±0.00 以上主体结构主要采用预制装配式构件,包括预制柱、分布墙、预制梁、预制叠合板。其中标准层构件信息见表 2-8。

表 2-8　标准层构件信息表

预制构件	数量	预制截面/mm	构件最大质量/t
预制柱	20	800×800、700×700	10.0
预制暗柱	18	800×600、600×600	5.86
预制分布墙	14	5820×1 110、4 320×1 110	5.35
预制梁	63	670×300、470×300	3.88
预制叠合板	99	4 550×2 400、3 050×2 400	1.75

现该工程所需构件已生产完毕,构件生产技术员需要将该批预制构件进行信息标识安装、存放及防护工作(如图 2-96 所示)。

图 2-96　构件存放示意图

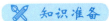

1. 安装构件信息标识的基本内容

为了便于在构件存储、运输、吊装过程中快速找到构件,利于质量追溯,明确各个环节的质量责任,便于生产现场管理,预制构件应有完整的明显标识。

构件标识包括文件标识、内埋芯片标识、二维码标识三种方式。这三种方式的内容依据为构件设计图纸、标准及规范。

（1）文件标识样式

入库后和出厂前,预制构件必须进行产品标识,标明产品的各种具体信息。对于在成品构件上进行表面标识的,构件生产企业同时还应按照有关标准规定或合同要求,对供应的产品签发产品质量证明书,明确重要技术参数,有特殊要求的产品应提供安装说明书。构件生产企业的产品合格证应包括:合格证编号、构件编号、产品数量、预制构件型号、质量情况、生产企业名称、生产日期、出厂日期、质检员及质量负责人签字等。

标识中应包括工程名称(含楼号)、构件编号(包含层号)、构件重量、构件规格、生产日期、检验日期、检验人以及楼板安装方向等信息(图 2-97)。

工程名称		生产日期	
构件编号		检验日期	
构件重量		检验人	
构件规格			

图 2-97　产品标识图

（2）内埋芯片标识

为了在预制构件生产、运输存放、装配施工等环节,保证构件信息跨阶段的无损传递,实现精细化管理和产品的可追溯性,就要为每个预制构件编制唯一的"身份证"-ID 识别码。并在生产构件时,在同一类构件的同一固定位置,置入射频识别(RFID)电子芯片(图 2-98)。这也是物联网技术应用的基础。

① RFID 技术定义。RFID 技术是一种通过无线电信号对携带 RFID 标签的特定对象进行识别的技术,该技术可通过非接触的方式对物体的身份进行识别;读取其携带的信息;同

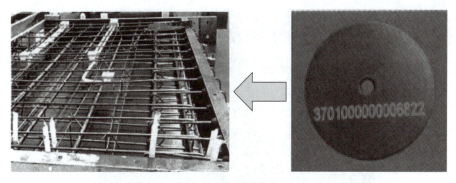

图 2-98 芯片预埋置入

时可对其信息进行修改与写入。相比于磁卡、条形码、二维码等识别技术,RFID 技术具有诸多优点,包括使用方便、无需建立接触、识别速度快、穿透性极强、识别距离远、数据容量大、数据可改写、可工作于恶劣环境等。由于其所具有的诸多优点,目前 RFID 技术已经广泛应用于供应链跟踪、证件识别、车辆识别、门禁识别、生产监控等多种领域,成为物联网发展与应用过程中的关键技术之一。

② RFID 应用。

a. 生产管理:预制件生产完成时,使用 RFID 手持机读取电子标签数据,录入完成时间、完成数量、规格"等信息,同步到后台。

b. 出厂管理:在工厂大门内外安装 RFID 阅读器,读取装载于车辆上的预制件标签,判断进出方向,与订单信息匹配,自动同步到后台。

c. 项目现场入场管理:在项目现场安装 RFID 阅读器,自动识读进入现场的预制件标签数据,将信息同步到系统平台。

d. 堆场管理:在堆场安装 RFID 阅读器,对堆场预制件进行自动识读,监测其变化,自动同步到后台。

e. 安装管理:在塔吊上安装 RFID 阅读器,在塔吊对预制件进行吊装时,自动识读预制件标签,自动记录预制件安装时间。

f. 溯源管理:对已经安装好的预制件,通过 RFID 手持机进行单件识读,显示该预制件信息。

竖向构件芯片埋设在相对楼层建筑高度 1.5 m 处,叠合楼板、梁等水平放置构件统一埋设在构件中央位置。芯片置入深度为 3~5 cm,不宜过深。

(3)二维码标识(图 2-99)

混凝土预制构件生产企业所生产的每一件构件应在显著位置进行唯一性标识,可使用二维码标识,预制构件表面的二维码标识应清晰、可靠,以确保能够识别预制构件的"身份"。

二维码标识信息应包括以下信息:

① 工程信息。应包括:工程名称、建设单位、施工单位、监理单位、预制构件生产单位。

② 基本信息。应包括:构件名称、构件编号、规格尺寸、使用部位、重量、生产日期、钢筋规格型号、钢筋厂家、钢筋牌号、混凝土设计强度、水泥生产单位、混凝土用砂产地、混凝土用石子产地、混凝土外加剂使用情况。

图 2-99 二维码标识

③ 验收信息。应包括:验收时混凝土强度、尺寸偏差、观感质量、生产企业验收责任人、驻厂监造监理(建设)单位验收责任人、驻厂施工单位验收责任人、质量验收结果。

④ 其他信息。应包括:预制构件现场堆放说明、现场安装交底、注意事项等其他信息。

二维码粘贴简单,相对成本低,但易丢失;RFID 芯片成本高,埋设位置安全,不易丢失。

2. 多层叠放构件间垫块要求

(1)一般要求

① 预制构件支承的位置和方法,应根据其受力情况确定,但不得超过预制构件承载力或引起预制构件损伤,且垫片表面应有防止污染构件的措施。

② 异型构件宜平放,标识向外,堆垛高度应根据预制构件与垫木的承载能力、堆垛的稳定性及地基承载力等验算确定。

③ 堆垛应考虑整体稳定性,支垫木方应采用截面积为 15 cm×25 cm 的枕木,以增大接触面积。

(2)阳台板

① 层间混凝土接触面采用 XPS 隔离,防止混凝土刚性碰撞产生碰损。

② L 形、一字形阳台板层间支垫枕木(截面尺寸 15 cm×25 cm)+XPS 或柔性隔板(54 cm+3 cm),支垫点应避开洞口且需上下在同一垂直线上,层数不宜超过 3 层,一字形、L 形阳台板支垫点选择在距端部 1/3 位置处。

③ 匚形阳台总长度超过 3 m 的要在阳台中间部位自下而上增加支垫点,防止构件发生挠曲变形,不同尺寸的阳台板不允许堆放在同一堆垛上。

(3)楼梯

① 楼梯正面朝上,在楼梯安装点对应的最下面一层采用宽度 100 mm 方木通长垂直设置。同种规格依次向上叠放,层与层之间垫平,各层垫块或方木应放置在起吊点的正下方,堆放高度不宜大于 4 层。

② 方木选用长宽高为 200 mm×100 mm×100 mm,每层放置四块,并垂直放置两层方木,应上下对齐。

③ 每垛构件之间,其纵横向间距不得小于 400 mm。堆放图如图 2-100 所示。

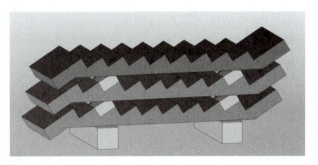

图 2-100　预制楼梯堆放示意图

（4）空调板

① 预制空调板叠放时，层与层之间垫平，各层垫块或方木（长宽高为 200 mm×100 mm×100 mm）应放置在靠近起吊点（钢筋吊环）的里侧，分别放置四块，应上下对齐，最下面一层支垫应通长设置，堆放高度不宜大于 6 层。

② 标识放置在正面，不同板号应分别堆放，伸出的锚固钢筋应放置在通道外侧，以防行人碰伤，两垛之间将伸出锚固钢筋一端对立而放，其伸出锚固钢筋一端间距不得小于 600 mm，另一端间距不得小于 400 mm，堆放图如图 2-101 所示。

（5）叠合梁

① 在叠合梁起吊点对应的最下面一层采用宽度 100 mm 方木通长垂直设置，将叠合梁后浇层面朝上并整齐地放置；各层之间在起吊点的正下方放置宽度为 50 mm 通长方木，要求其方木高度不小于 200 mm。

② 层与层之间垫平，各层方木应上下对齐，堆放高度不宜大于 6 层。

③ 每垛构件之间，在伸出的锚固钢筋一端间距不得小于 600 mm，另一端间距不得小于 400 mm。堆放图如图 2-102 所示。

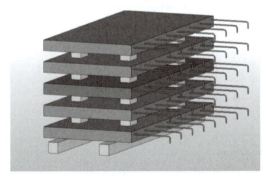

图 2-101　空调板堆放示意图

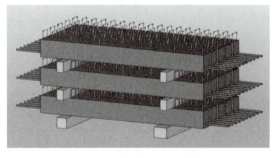

图 2-102　叠合梁堆放示意图

（6）预制墙板

① 采用靠放架立式运输时，构件与地面倾斜角度宜大于 80°，构件应对称靠放，每侧不大于 2 层，构件层间上部采用木垫块隔离。

② 预制内外墙板采用专用支架直立存放，吊装点朝上放置，支架应有足够的强度和刚度，门窗洞口的构件薄弱部位，应用采取防止变形开裂的临时加固措施。

③ L 形墙板采用插放架堆放（图 2-103），方木在预制内外墙板的底部通长布置，且放

179

置在预制内外墙板的 200 mm 厚结构层的下方,墙板与插放架空隙部分用方木插销填塞。

④ 一字形墙板采用联排堆放(图 2-104),方木在预制内外墙板的底部通长布置,且放置在预制内外墙板的 200 mm 厚结构层的下方,上方通过调节螺杆固定墙板。

图 2-103　插放架堆放示意图

图 2-104　联排堆放示意图

(7) 叠合楼板

① 多层码垛存放构件,层与层之间应垫平,各层垫块或方木(长宽高为 200 mm×100 mm×100 mm)应上下对齐。垫木放置在桁架侧边,板两端(至板端 200 mm)及跨中位置均应设置垫木且间距不大于 1.6 m(图 2-105),最下面一层支垫应通长设置,并应采取防止堆垛倾覆的措施。

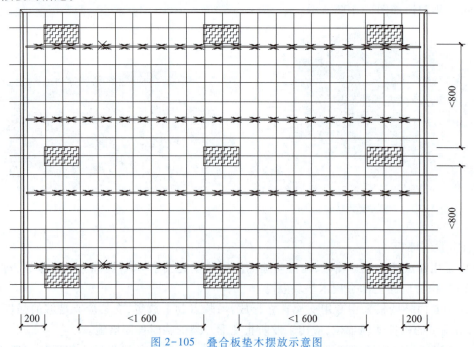

图 2-105　叠合板垫木摆放示意图

180

② 采取多点支垫时,一定要避免边缘支垫低于中间支垫,形成过长的悬臂,导致较大负弯矩产生裂缝。

③ 不同板号应分别堆放,堆放高度不宜大于6层(图 2-106)。每垛之间纵向间距不得小于 500 mm,横向间距不得小于 600 mm。堆放时间不宜超过两个月。

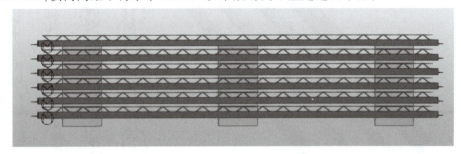

图 2-106 叠合板堆放示意

(8)PCF 板

① 支架底座下方全部用 20 mm 厚橡胶条铺设。

② L 形 PCF 板采用直立的方式堆放(图 2-107),PCF 板的吊装孔朝上且外饰面统一朝外,每块板之间水平间距不得小于 100 mm,通过调节可移动的螺杆固定墙板。

③ PCF 横板采用直立的方式堆放(图 2-108),PCF 板的吊装孔朝上且外饰面统一朝向,每块板之间水平间距不得小于 100 mm,通过调节可移动的丝杆固定墙板。

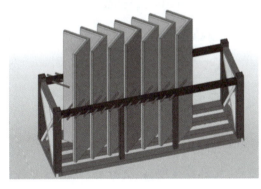

图 2-107 PCF 板摆放立面图

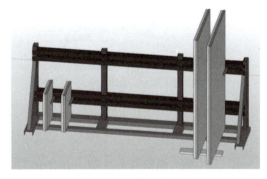

图 2-108 PCF 横板堆放立面图

3. 构件起板的吊具选择与连接要求

(1)索具的选择与连接要求

索具指为了实现物体挪移,系结在起重机械与被起重物体之间的受力工具,以及用于稳固空间结构的受力构件。索具主要有金属索具和纤维索具两大类。金属索具主要有钢丝绳(图 2-109)、吊链(图 2-110)等。纤维索具主要有以天然纤维或锦纶、丙纶、涤纶、高强高模聚乙烯纤维等合成纤维为材料生产的绳类和带类索具(图 2-111)。

吊索的形式如图 2-112 所示,主要由钢丝绳、链条、合成纤维带制作,它们的使用形式随着物品形状、种类的不同而有不同的悬挂角度和吊挂方式,同时使得索具的许用载荷发生变化。钢丝绳吊索、吊链、人造纤维索(带)的极限工作载荷是以单垂直悬挂确定的。最大安全工作荷载等于吊挂方式系数乘以标记在吊索单肢上的极限工作荷载。工作中,只要实际荷载小于最大安全工作荷载,即满足索具的安全使用条件。

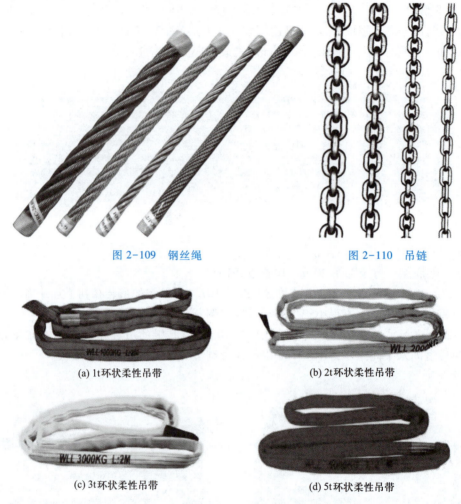

图 2-109　钢丝绳　　　　　　　　　　　图 2-110　吊链

(a) 1t环状柔性吊带　　　　　　　　　　(b) 2t环状柔性吊带

(c) 3t环状柔性吊带　　　　　　　　　　(d) 5t环状柔性吊带

图 2-111　纤维索具

① 钢丝绳。钢丝绳是吊装工作中的常用绳索,它具有强度高、韧性好、耐磨性好等优点。同时,磨损后外表产生毛刺,容易发现,便于预防事故的发生。

在结构吊装中常用的钢丝绳由 6 股钢丝和 1 股绳芯(一般为麻芯)捻成、每股又由多根直径为 0.4~4.0 mm 的高强钢丝和股而成(图 2-113)。

② 吊链。

a. 吊链的选用。吊链是由短环链组合成的挠性件。短环链由钢材焊接而成。由于材质不同,吊链分为 M(4)、S(6)和 T(8)级 3 个强度等级。其最大的特点是承载能力大,可以耐高温,因此多用于冶金行业。其不足是冲击荷载感,发生断裂时无明显的先兆。

b. 钢丝绳连接要求。吊链使用前,应进行全面检查,准备提升时,链条应排除扭曲、打结或弯折。当发生以下情形时应予报废:链环发生塑性变形,伸长达原长度的 5%;链环之间以及链环与端部配件连接部位磨损减小到原公称直径的 80%;其他部位磨损减少到原公称直径的 90%;出现裂纹或高拉应力区的深凹痕、锐利横向凹痕;链环修复后未能平滑过渡

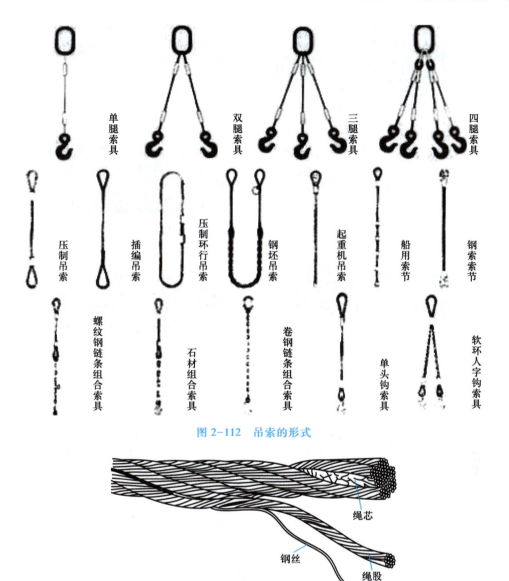

图 2-112 吊索的形式

图 2-113 钢丝绳的构造

或直径减少量大于原公称直径的 10%；扭曲严重以及积垢不能加以排除；端部配件的危险断面磨损减少量达原尺寸的 10%；有开口度的端部配件，开口度比原尺寸增加 10%。

③ 纤维绳（图 2-114）。

a. 纤维绳的选用。白棕绳以剑麻为原料，具有滤水、耐磨和富有弹性的特点，可承受一定的冲击荷载。以聚酰胺、聚酯、聚丙烯为原料制成的绳和带因具有比白棕绳更高的强度和吸收冲击能量的特性，已广泛地应用于起重作业中。

b. 纤维绳连接要求。纤维绳使用前必须逐段仔细检查，避免带隐患作业，不允许和有腐蚀性的化学物品（如碱、酸等）接触，不应有扭转打结现象。白棕绳应放在干燥木板通风良好处储存保管，合成纤维绳应避免在紫外线辐射条件下及热源附近存放。为防止极限工

(a) 1t 环状柔性吊带

(b) 2t 环状柔性吊带

(c) 3t 环状柔性吊带

(d) 5t 环状柔性吊带

(e) 8t 环状柔性吊带

(f) 10t 环状柔性吊带

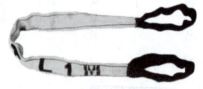
(g) 两头扣柔性吊带

(h) 两头扣柔性吊带

图 2-114   纤维绳的分类

作荷载标记磨损不清发生错用,合成纤维吊带以颜色进行区分:紫色为 1 t;绿色为 2 t;黄色为 3 t;银色为 4 t;红色为 5 t;蓝色为 8 t;橘黄色为 10 t 以上。

（2）吊具的选择与连接要求

吊具是指起重机械中吊取重物的装置。常用的有吊钩、吊环、卸扣、钢丝绳夹头（卡扣）和横吊梁等。

① 吊钩。

a. 吊钩的选用。吊钩是起重机械中最常见的一种吊具。吊钩常借助于滑轮组等部件,悬挂在起升机构的钢丝绳上。吊钩按形状分为单钩和双钩（图 2-115）,钩挂重量在 80 t 以下时常用单钩形式,双钩用于 80 t 以上大型起重机装置,在吊装施工中常用单钩。吊钩按制造方法分为锻造吊钩和叠片式吊钩。

b. 吊钩连接要求。对吊钩应经常进行检查,若发现吊钩有下列情况之一时,必须报废更换:表面有裂纹、破口,开口度比原尺寸增加 15%;危险断面及钩颈有永久变形,扭转变形超过 10°;挂绳处断面磨损超过原高度 10%;危险断面与吊钩颈部产生塑性变形。

② 吊环。

a. 吊环的选用。吊环主要用在重型起重机上,但有时中型和小型起重机载重量低至 5 t

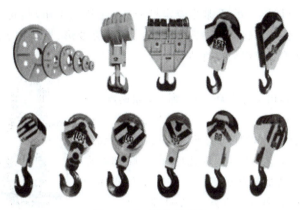

图 2-115　吊钩的分类

的也有采用。因为吊环为一全部封闭的形状,所以其受力情况比开口的吊钩要好;但其缺点是钢索必须从环中穿过。吊环一般是作为吊索、吊具钩挂起升至吊钩的端部件,根据吊索的分肢数的多少可分为主环和中间主环。根据吊环的形状分类,有圆吊环、梨形环、长吊环等,如图 2-116 所示。

　　b. 吊环连接要求。吊环出现以下情况应及时更换:吊环任何部位经探伤有裂纹或有可用肉眼看出的裂纹;吊环出现明显的塑性变形;吊环的任何部位磨损量大于原尺寸的3.5%;吊环直径磨损或锈蚀超过名义尺寸的10%;长吊环内长变形率达5%以上。

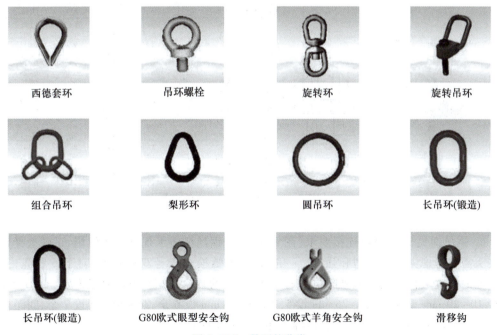

西德套环	吊环螺栓	旋转环	旋转吊环
组合吊环	梨形环	圆吊环	长吊环(锻造)
长吊环(锻造)	G80欧式眼型安全钩	G80欧式羊角安全钩	滑移钩

图 2-116　吊环的分类

　　吊环螺栓是一种带螺杆的吊环,属于一类标准紧固件,其主要作用是起吊荷载,通常用于设备的吊装。吊环螺栓在预制构件中使用时,要求经设计预埋相应的螺孔,例如预制构件上部起吊位置设置套筒,可以利用吊环螺栓和预埋套筒螺钉进行连接。吊环螺栓(包括螺杆部分)应整体锻造无焊接。吊环螺栓应定期检查,注意以下事项:标记应清晰;螺纹应无磨损、锈蚀及损坏;螺纹中无碎屑;螺杆应无弯曲,环限无变形、切削加工的直径无减小,还应无裂口、裂纹、擦伤或锈蚀等任何损坏现象。

③ 卸扣。

a. 卸扣的选用。卸扣又称卡环,用于绳扣(如钢丝绳)与绳扣、绳扣与构件吊环之间的连接,是起重吊装作业中应用较广的连接工具。卸扣由弯环与销子(又叫芯子)两部分组成,一般都采用锻造工艺,并经过热处理,以消除卸扣在锻造过程中的内应力,增加卸扣的韧性。按销子与弯环的连接形式,卸扣分为 D 形和弓形两类(图 2-117)。

图 2-117　卸扣的分类

b. 卸扣连接要求。当卸扣出现以下情形时应报废:有明显永久变形或轴销不能转动自如;扣体和轴销任何一处截面磨损量达原尺寸的 10% 以上;卸扣任何一处出现裂纹;卸扣不能闭锁;卸扣试验检验不合格。

④ 钢丝绳夹头(又称卡扣)。

a. 钢丝绳夹头的选用。钢丝绳夹头用来连接两根钢丝绳,也称绳卡、线盘。通常用的钢性绳夹头有骑马式、压板式和拳握式 3 种,其中骑马式连接力最强、目前应用最广泛,如图 2-118 所示。

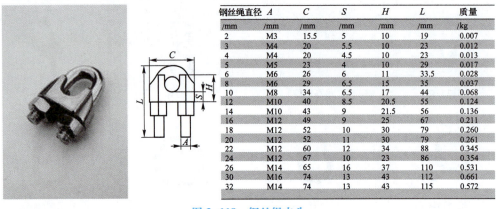

钢丝绳直径 /mm	A /mm	C /mm	S /mm	H /mm	L /mm	质量 /kg
2	M3	15.5	5	10	19	0.007
3	M4	20	5.5	10	23	0.012
4	M4	20	4.5	10	23	0.013
5	M5	23	4	10	29	0.017
6	M6	26	6	11	33.5	0.028
8	M6	29	6.5	15	35	0.037
10	M8	34	6.5	17	44	0.068
12	M10	40	8.5	20.5	55	0.124
14	M10	43	9	21.5	56	0.136
16	M12	49	9	25	67	0.211
18	M12	52	10	30	79	0.260
20	M12	52	11	30	79	0.261
22	M12	60	12	34	88	0.345
24	M12	67	10	23	86	0.354
26	M14	65	16	37	110	0.531
30	M16	74	13	43	112	0.661
32	M14	74	13	43	115	0.572

图 2-118　钢丝绳夹头

b. 钢丝绳夹头(卡扣)连接要求(图 2-119)。钢丝绳绳卡现被广泛使用,正确选择钢丝绳夹头需要考虑夹头的类型和强度。一般用 U 形螺栓式或者双马鞍形,对于 6 股绳,夹头连接处的强度大概为钢丝绳破断拉力的 80%;夹头的数量根据钢丝绳直径而定,≤10 mm 设 3 个,10~20 mm 设 4 个,21~26 mm 设 5 个,25~36 mm 设 6 个,36~40 mm 设 7 个,间距应 ≥ 钢丝绳直径的 6 倍,最后一个夹头距绳头距离 ≥140 mm。

钢丝绳夹头在使用时应注意以下两点:

(a)卡子的大小要适合钢丝绳的粗细,U 形环的内侧净距,要比钢丝绳直径大 1~3 mm,净距太大不易卡紧绳子,这样容易发生事故。

(b)上夹头时一定要将螺栓拧紧,直到绳被压扁 1/4~1/3 直径时为止,并在绳受力后,再将夹头螺栓拧紧一次,以保证接头牢固可靠。

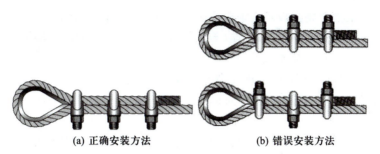

(a) 正确安装方法　　　　　　(b) 错误安装方法

图 2-119　钢丝绳夹头连接

4. 外露金属件的防腐、防锈操作要求

装配式建筑工程外露钢材防锈蚀是非常重要的,因为它与结构安全性与耐久性是密切相关的,例如外挂墙板中使用的预埋件与安装支座都是金属的,都需要进行保证耐久性的防锈处理。

防锈处理有采用不锈钢材质或者进行镀锌处理等方式。需注意以下要点:

(1) 防锈蚀要求应由设计提出,如果设计没有给出具体要求,施工方可以会同监理提出方案并报设计批准,防锈蚀标准可以参考高压电线塔架的防锈蚀处理方案。

(2) 如果采用镀锌方式处理,镀锌层厚度以及镀锌材料要符合规定。

(3) 对于现场焊接之后的防锈蚀方案需要设计给出要求,如果采用防锈漆处理,要对防锈漆的耐久性提出要求,采购富锌的防锈漆从而保证预埋件的耐久性。

(4) 外露的连接钢筋或者插筋可以用胶带或者其他材料进行包裹,防止生锈。

(5) 采购防锈漆应查看生产日期,禁用过期的产品。防锈漆应按照易燃易爆化学制品的要求保存,注意防火、防潮、防晒等。

国外在装配式建筑连接点防锈蚀处理上格外重视,不仅有非常牢靠的防锈蚀处理,而且考虑锈蚀余量。设计、监理、施工方应当重视这一点。

🎯 任务实施

构件存放与防护是装配式建筑构件制作与安装职业技能等级考核的重要模块之一,其主要工序为施工前准备、起板吊具选择、存放操作、工完料清。具体实施步骤如下:

1. 施工前准备

工作开始前首先进行施工前准备:

(1) 正确佩戴安全帽,正确穿戴劳保工装、防护手套等。

(2) 正确检查施工设备,如起重机械、吊具等。

(3) 对堆放场地进行检查及清扫。

2. 起板吊具选择

根据存放过程所需工具,从工具库领取相应工具,如索具(钢丝绳、吊链、纤维绳)、吊具(吊钩、吊环、卸扣)等。

3. 存放操作

(1) 叠合板堆放

① 堆放场地应平整夯实,堆放时使板与地面之间有一定的空隙,并设排水措施。

② 钢筋混凝土桁架叠合板及装饰板应按型号、规格分别码垛堆放。

③ 垫木应设置在桁架侧边,板两端(至板端 200 mm)及跨中位置均应设置垫木且间距不大于 1.6 m,垫木应上下对齐。

④ 不同型号的板应分别堆放,堆放高度不宜大于 6 层。

⑤ 垫木的长宽高均不宜小于 100 mm。

(2)叠合梁堆放

① 堆放场地应平整夯实,堆放时使构件与地面之间有一定的空隙,并设排水措施。

② 堆放时除最下层构件采用通长垫木,上层构件宜采用单独的垫木,垫木应放在距板端 200~300 mm 处,并做到上下对齐,垫平垫实。

(3)预制柱堆放

① 堆放场地应平整夯实,堆放时使板与地面之间有一定的空隙,并设排水措施。

② 堆放时除最下层构件采用通长垫木,上层构件宜采用单独的垫木,垫木应放在距板端 200~300 mm 处,并做到上下对齐,垫平垫实。

(4)预制双 T 板的堆放

① 堆放场地应平整夯实,进行硬地化处理,能承受构件堆放荷载和机械行驶、停放要求。

② 堆放时使板与地面之间有一定的空隙,并设排水措施。

③ 堆放时除最下层构件采用通长垫木,上层构件宜采用单独的垫木,垫木应放在距板端 200~300 mm 处,并做到上下对齐,垫平垫实。

④ 构件应按型号、吊装顺序依次堆放,先吊装的构件应堆放在外侧或上层,并将有编号或有标识的一面朝向通道一侧。

⑤ 堆放位置应尽可能在安装起重机械回转半径范围内,并考虑到吊装方向,避免吊装时转向和再次搬运。

⑥ 构件堆放层数不宜超过 5 层。

(5)预制楼梯的堆放

① 堆放场地应平整夯实,堆放时使板与地面之间有一定的空隙,并设排水措施。

② 预制楼梯放置时采用立放或平放的方式。

③ 堆放楼梯时,板下部两端垫放 100 mm×100 mm 木方。

④ 垫木层与层之间应垫平,垫实,各层支垫应上下对齐。预制楼梯板进场后堆放不得超过 5 层。

4. 工完料清

(1)拆解复位设备。

(2)工具入库,并对工具进行清理维护,清理施工场地垃圾。

任务2.6 构件生产质量检验

任务陈述

某教学楼项目预制钢筋混凝土保温夹心外墙板选用 WQCA-3028-1516 等类型。构件在生产过程中需要对相关工序内容进行质量检验,由于构件生产质量检验的主要内容包括模具质量检验、构件隐蔽质量检验、构件成品质量检验以及构件存放与防护检验等,因此,该项目质检员现需要结合构件生产相关质量检验标准对该外墙板生产过程中的相关工序进行质量检验。

 知识准备

1. 模具质量检验标准

模具组装前,模板接触面平整度、对角线差、侧向弯曲、翘曲、组装缝隙、端模与侧模高低差等应满足相关设计要求。模具几何尺寸的允许偏差和检验方法见表2-9,模具安装检验如图2-120、图2-121所示。

表 2-9　模具尺寸允许偏差和检验方法

项次	检验项目、内容		允许偏差/mm	检验方法
1	长度	≤6 m	1,-2	用尺量平行构件高度方向,取其中偏差绝对值较大处
		>6 m且≤12 m	2,-4	
		>12 m	3,-5	
2	宽度、高（厚）度	墙板	1,-2	用尺测量两端或中部,取其中偏差绝对值较大处
3		其他构件	2,-4	
4	构件对角线差		3	用尺量对角线
5	侧向弯曲		$L/1\,500$,且≤5	拉尼龙线,用钢尺测量侧向弯曲最大处
6	翘曲		$L/1\,500$	对角拉线测量交点间距离值的两倍
7	底模板表面平整度		2	用2 m铝合金靠尺和金属塞尺测量
8	组装缝隙		1	金属塞片或塞尺量测,取最大值
9	端模与侧模高低差		1	用钢尺量测

注:L为模具与混凝土接触面中最长边的尺寸。

图 2-120　模具安装对角测量示意图

图 2-121　模具安装宽度测量示意图

2. 构件隐蔽质量检验要求

预制构件内的预留孔、预留洞、预埋件、预留插筋等的位置和检验方法应符合表2-10、

表 2-11 的规定。

表 2-10　预制楼板类构件内的预留孔等允许偏差及检验方法

项次	检查项目			允许偏差/mm	检验方法
1	预埋部件	预埋钢板	中心线位置偏差	5	用尺量测纵横两个方向的中心线位置,取其中较大值
			平面高差	0,-5	用尺紧靠在预埋件上,用楔形塞尺量测预埋件平面与混凝土面的最大缝隙
2		预埋螺栓	中心线位置偏移	2	用尺量测纵横两个方向的中心线位置,取其中较大值
			外露长度	+10,-5	用尺量
3		预埋线盒、电盒	在构件平面的水平方向中心位置偏差	10	用尺量
			与构件表面混凝土高差	0,-5	用尺量
4	预留孔		中心线位置偏移	5	用尺量测纵横两个方向的中心线位置,取其中较大值
			孔尺寸	±5	用尺量测纵横两个方向的中心线位置,取其中较大值
5	预留洞		中心线位置偏移	5	用尺量测纵横两个方向的中心线位置,取其中较大值
			洞口尺寸、深度	±5	用尺量测纵横两个方向的中心线位置,取其中较大值
6	预留插筋		中心线位置偏移	3	用尺量测纵横两个方向的中心线位置,取其中较大值
			外露长度	±5	用尺量
7	吊环、木砖		中心线位置偏移	10	用尺量测纵横两个方向的中心线位置,取其中较大值
			留出高度	0,-10	用尺量
8	桁架钢筋高度			+5,0	用尺量

表 2-11　预制墙板类构件内的预留孔等允许偏差及检验方法

项次	检查项目			允许偏差/mm	检验方法
1	预埋部件	预埋钢板	中心线位置偏差	5	用尺量测纵横两个方向的中心线位置,取其中较大值
			平面高差	0,-5	用尺紧靠在预埋件上,用楔形塞尺量测预埋件平面与混凝土面的最大缝隙

190

续表

项次	检查项目			允许偏差/mm	检验方法
2	预埋部件	预埋螺栓	中心线位置偏移	2	用尺量测纵横两个方向的中心线位置,取其中较大值
			外露长度	+10,-5	用尺量
3		预埋套筒、螺母	中心线位置偏移	2	用尺量测纵横两个方向的中心线位置,取其中较大值
			平面高差	0,-5	用尺紧靠在预埋件上,用楔形塞尺量测预埋件平面与混凝土面的最大缝隙
4	预留孔		中心线位置偏移	5	用尺量测纵横两个方向的中心线位置,取其中较大值
			孔尺寸	±5	用尺量测纵横两个方向的中心线位置,取其中较大值
5	预留洞		中心线位置偏移	5	用尺量测纵横两个方向的中心线位置,取其中较大值
			洞口尺寸、深度	±5	用尺量测纵横两个方向的中心线位置,取其中较大值
6	预留插筋		中心线位置偏移	3	用尺量测纵横两个方向的中心线位置,取其中较大值
			外露长度	±5	用尺量
7	吊环、木砖		中心线位置偏移	10	用尺量测纵横两个方向的中心线位置,取其中较大值
			与构件表面混凝土高差	0,-10	用尺量
8	键槽		中心线位置偏移	5	用尺量测纵横两个方向的中心线位置,取其中较大值
			长度、宽度	±5	用尺量
			深度	±5	用尺量
9	灌浆套筒及连接钢筋		灌浆套筒中心线位置	2	用尺量测纵横两个方向的中心线位置,取其中较大值
			连接钢筋中心线位置	2	用尺量测纵横两个方向的中心线位置,取其中较大值
			连接钢筋外露长度	+10,0	用尺量

3. 构件成品质量检验要求

（1）预制构件外观质量要求

预制构件脱模后外观质量应符合表 2-12、表 2-13 的规定。外观质量不宜有一般缺陷,不应有严重缺陷。对于已经出现的一般缺陷,应进行修补处理,并重新检查验收;对于已经出现的严重缺陷,修补方案应经设计、监理单位认可之后进行修补处理,并重新检查验收。预制构件脱模后,还应对预留孔洞、梁槽、门窗洞口、预留钢筋、预埋螺栓、灌浆套筒、预留槽等进行清理,保证通畅有效;钢筋锚固板、直螺纹连接套筒等应及时安装,安装时应注意使用专用扳手旋拧到位,外漏丝头不能超过 2 丝。

表 2-12　预制构件外观质量判定方法表

项目	现象	质量要求	判定方法
露筋	钢筋未被混凝土完全包裹而外露	受力主筋不应有,其他构造钢筋和箍筋允许少量	观察
蜂窝	混凝土表面石子外露	受力主筋部位和支撑点位置不应有,其他部位允许少量	观察
孔洞	混凝土中孔穴深度和长度超过保护层厚度	不应有	观察
夹渣	混凝土中夹有杂物且深度超过保护层厚度	禁止夹渣	观察
外形缺陷	内表面缺棱掉角、表面翘曲、抹面凹凸不平、外表面面砖黏结不牢、位置偏差、面砖嵌缝没有达到横平竖直、转角面砖棱角不直、面砖表面翘曲不平	内表面缺陷基本不允许,要求达到预制构件允许偏差;外表面仅允许极少量缺陷,但禁止面砖黏结不牢、位置偏差、面砖翘曲不平不得超过允许值	观察
外表缺陷	内表面麻面、起砂、掉皮、污染,外表面面砖污染、窗框保护纸破坏	允许少量污染等不影响结构使用功能和结构尺寸的缺陷	观察
连接部位缺陷	连接处混凝土缺陷及连接钢筋、连接件松动	不应有	观察
破损	影响外观	影响结构性能的破损不应有,不影响结构性能和使用功能的破损不宜有	观察
裂缝	裂缝贯穿保护层到达构件内部	影响结构性能的裂缝不应有,不影响结构性能和使用功能的裂缝不宜有	观察

表 2-13　预制构件外观质量(缺陷)分类表

成品外观缺陷			
名称	现象	严重缺陷	一般缺陷
露筋	构件钢筋未被混凝土包裹而外露	纵向受力钢筋有露筋	其他钢筋有少量露筋
蜂窝	混凝土表面缺少水泥砂浆而形成石子外露	构件主要受力部位有孔洞	其他部位有少量蜂窝
孔洞	混凝土中孔穴深度和长度均超过保护层厚度	构件主要受力部位有空洞	其他部位有少量空洞

续表

成品外观缺陷			
名称	现象	严重缺陷	一般缺陷
夹渣	混凝土中有杂物且深度超过保护层厚度	构件主要受力部位有夹渣	其他部位有少量夹渣
疏松	混凝土局部不密实	构件主要受力部位有疏松	其他部位有少量疏松
裂缝	缝隙从混凝土表面延伸至混凝土内部	构件主要受力部位有影响结构性能或使用功能的裂缝	其他部位有少量不影响结构性能或使用功能的裂缝
连接部位缺陷	构件连接处混凝土有缺陷及连接钢筋、连接件松动	连接件部位有影响结构传力性能的缺陷	连接部位有基本不影响结构传力性能的缺陷
外形缺陷	缺棱掉角、棱角不直、翘曲不平、飞边凸肋等	清水混凝土构件有影响使用功能或装饰效果的外形缺陷	其他混凝土构件有不影响使用功能的外形缺陷
外表缺陷	外表缺陷构件麻面、掉皮、皮砂、沾污等。	具有重要装饰效果的清水混凝土构件有外表缺陷	其他混凝土构件有不影响使用功能的外表缺陷

（2）预制构件外形尺寸允许偏差及检验方法应符合表 2-14 的规定。

表 2-14　预制构件外形尺寸允许偏差及检验方法表

名称	项目	允许偏差/mm		检查依据与方法
构件外形尺寸	长度	柱	±5	用钢尺测量
		梁	±10	
		楼板	±5	
		内墙板	±5	
		外叶墙板	±3	
		楼梯板	±5	
	宽度	±5		用钢尺测量
	厚度	±3		用钢尺测量
	对角线差值	柱	5	用钢尺测量
		梁	5	
		外墙板	5	
		楼梯板	10	
	表面平整度、扭曲、弯曲	5		用 2 m 靠尺和塞尺检查
	构件边长翘曲	柱、梁、墙板	3	调平尺在两端量测
		楼板、楼梯	5	
主筋保护层厚度		柱、梁	+10，-5	钢尺或保护层厚度测定仪量测
		楼板、外墙板楼梯、阳台板	+5，-3	

注：当采用计数检验时，除有专门要求外，合格点率应达到 80% 及以上，且不得有严重缺陷，可评定为合格。

4. 构件存放与防护检验要求

（1）构件存放。构件的存放场地宜为混凝土硬化地面或经人工处理的自然地坪，满足平整度和地基承载力要求，并应有排水措施。堆放时底板与地面之间应有一定的空隙。构件应按型号、出厂日期分别存放。构件存放应符合下列要求：

① 存放过程中，预制混凝土构件与地面或刚性搁置点之间应设置柔性垫片，预埋吊环宜向上，标识向外，垫木位置宜与脱模冲刷、吊装时起吊位置一致；叠放构件的垫木应在同一直线上并上下垂直；垫木的长、宽、高均不宜小于 100 mm。

② 柱、梁等细长构件存储宜平放，采用两条垫木支撑；码放高度应由构件、垫木承载力及堆垛稳定性确定，不宜超过 4 层；

③ 叠合板、阳台板构件存储宜平放，叠放不宜超过 6 层；堆放时间不宜超过两个月。

④ 外墙板、内墙板、楼梯宜采用托架立放，上部两点支撑，码放不宜超过 5 块。

（2）构件防护。

① 预制构件成品外露保温板应采取防止开裂措施，外露钢筋应采取防弯折措施，外露预埋件和连接件等外露金属件应按不同环境类别进行防护或防腐、除锈。

② 宜采取保证吊装前预埋螺栓孔清洁的措施。

③ 钢筋连接套筒、预埋孔洞应采取防止堵塞的临时封堵措施。

④ 露骨料粗糙面冲洗完成后应对灌浆套筒的灌浆孔和出浆孔进行透光检查，并清理灌浆套筒内的杂物。

⑤ 冬期生产和存放的预制构件的非贯穿孔洞应采取措施防止雨水进入发生冻胀损坏。

任务实施

1. 模具质量检验

（1）模具及所用材料、配件的品种、规格等应符合设计要求。

① 检查数量：全数检查。

② 检验方法：观察、检查设计图纸要求。

（2）用作底模的模台应平整光洁，不得下沉、裂缝、起砂或起鼓。

① 检查数量：全数检查。

② 检验方法：观察。

（3）模具的部件与部件之间、模具与模台之间应连接牢固；预制构件上的预埋件均应有可靠固定措施。

① 检查数量：全数检查。

② 检验方法：观察，摇动检查。

（4）模具内表面的隔离剂应涂刷均匀、无堆积，且不得沾污钢筋；在浇筑混凝土前，模具内应无杂物。

① 检查数量：全数检查。

② 检验方法：观察。

（5）预制构件模具安装的偏差及检验方法应符合表 2-15 的规定。

① 检查数量：首次使用及大修后的模具应全数检查；使用中的模具，同一工作班安装的模具，抽查 10%，且不少于 5 件。

② 检验方法:观察,拉线,尺量。

表 2-15　模具组装尺寸允许偏差及检验方法

项目		允许偏差/mm	检验方法
长度	梯段、梁、板	±4	尺量两侧取其最大值
	柱	0,-10	
	墙板	0,-5	
宽度		0,-5	尺量两端及中部 取其中最大值
高(厚)度	梯段、板	+2,-3	尺量两端及中部 取其中最大值
	墙板	0,-5	
	梁、柱	+2,-5	
侧向弯曲	梯段、梁、板、柱	L/1000 且 ≤15	拉线、尺量最大弯曲处
	墙板	L/1500 且 ≤15	
板的表面平整度		3	2 m 靠尺和塞尺量测
相邻模板表面高差		1	尺量
对角线差	板	7	尺量对角线
	墙板	5	
翘曲	板、墙板、	L/1500	水平尺在两端量测
设计起拱	梁	±3	拉线、尺量跨中

注:L 为构件长度,mm。

(6)构件上的预埋件和预留孔洞宜通过模具进行定位,并安装牢固,其安装允许偏差应符合表 2-16 的规定。

① 检查数量:同一工作班安装的模具,抽查 10%,且不少于 5 件。

② 检验方法:尺量。

表 2-16　模具上预埋件、预留孔洞安装时的允许偏差及检验方法

项次	检验项目		允许偏差/mm	检验方法
1	预埋钢板、建筑幕墙用槽式预埋组件	中心线位置	3	用尺量测纵横两个方向的中心线位置,取其较大值
		平面高差	±2	钢直尺和塞尺检查
2	预埋管、电线盒、电线管水平和垂直方向的中心线位置偏移、预留孔、浆锚搭接预留孔(或波纹管)		2	用尺量测纵横两个方向的中心线位置,取其较大值

续表

项次	检验项目		允许偏差/mm	检验方法
3	插筋	中心线位置	3	用尺量测纵横两个方向的中心线位置,取其较大值
		外露长度	+10, 0	用尺量测
4	吊环	中心线位置	3	用尺量测纵横两个方向的中心线位置,取其较大值
		外露长度	0, -5	用尺量测
5	预埋螺栓	中心线位置	2	用尺量测纵横两个方向的中心线位置,取其较大值
		外露长度	+5, 0	用尺量测
6	预埋螺母	中心线位置	2	用尺量测纵横两个方向的中心线位置,取其较大值
		平面高差	±1	钢直尺和塞尺检查
7	预留洞	中心线位置	3	用尺量测纵横两个方向的中心线位置,取其较大值
		尺寸	+3, 0	用尺量测纵横两个方向尺寸,取其较大值
8	灌浆套筒及连接钢筋	灌浆套筒中心线位置	1	用尺量测纵横两个方向的中心线位置,取其较大值
		连接钢筋中心线位置	1	用尺量测纵横两个方向的中心线位置,取其较大值
		连接钢筋外露长度	+5, 0	用尺量测

2. 构件隐蔽质量检验

（1）预制构件的预埋件、插筋、预留孔的规格、数量应满足设计要求。

① 检查数量:全数检查。

② 验方法:观察和量测。

（2）预制构件的粗糙面或键槽成型质量应满足设计要求。

① 检查数量:全数检查。

② 检验方法:观察和量测。

（3）预制构件采用钢筋套筒灌浆连接时,在构件生产前应检查套筒型式检验报告是否合格,应进行钢筋套筒灌浆连接接头的抗拉强度试验,并应符合现行行业标准《钢筋套筒灌浆连接应用技术规程》(JGJ 355)的有关规定。

① 检查数量:按同一工程、同一工艺的预制构件分批抽样检验。同一批号、同一类型、同一规格的灌浆套筒,不超过1 000个为一批,每批随机抽取3个灌浆套筒制作对中连接接

头试件。

② 检验方法：检查试验报告单、质量证明文件。

（4）夹心外墙板的内外叶墙板之间的拉结件类别、数量、使用位置及性能应符合设计要求。

① 检查数量：按同一工程、同一工艺的预制构件分批抽样检验。

② 检验方法：检查试验报告单、质量证明文件及隐蔽工程检查记录。

3. 构件成品质量检验

（1）预制构件出模后应及时对其外观质量进行全数目测检查。预制构件外观质量不应有缺陷，对已经出现的严重缺陷应制订技术处理方案进行处理并重新检验，对出现的一般缺陷应进行修整并达到合格。

（2）预制构件不应有影响结构性能、安装和使用功能的尺寸偏差。对超过尺寸允许偏差且影响结构性能和安装、使用功能的部位应经原设计单位认可，制订技术处理方案进行处理，并重新检查验收。

（3）预制混凝土构件应根据设计要求按照下列规定进行结构性能检验：

① 预制混凝土构件和允许出现裂缝的预应力混凝土构件进行承载力、挠度和裂缝宽度检验。

② 不允许出现裂缝的预应力混凝土构件进行承载力、挠度和抗裂检验。

③ 对设计成熟、生产数量较少的大型构件，当采取加强材料和制作质量检验的措施时，可仅作挠度、抗裂或裂缝宽度检验；当采取上述措施并有可靠的实践经验时，可不作结构性能检验。

④ 结构性能检验应按照设计单位提供的技术参数进行。

（4）夹心外墙板采用的保温材料，内外叶墙板之间的拉结件类别、数量及使用位置应符合设计要求。

4. 构件存放与防护检验

预制构件存放前，应先对构件进行清理，然后再进行检验。

（1）构件清理标准为套筒、预埋件内无残余混凝土、粗糙面分明、光面上无污渍、挤塑板表面清洁等。套筒内如有残余混凝土，用钎子将其掏出；预埋件内如有混凝土残留现象，应用与预埋件匹配型号的丝锥进行清理，操作丝锥时需要注意不能一直向里拧，要遵循"进两圈回一圈"的原则，避免丝锥折断在埋件内，造成不必要的麻烦。外漏钢筋上如有残余混凝土需进行清理。检查是否有卡片等附件漏卸现象，如有漏卸，及时拆卸后送至相应班组。

（2）清理所用工具放置在相应的位置，保证作业环境的整洁。

（3）将清理完的构件装到摆渡车上，起吊时避免构件磕碰，保证构件质量。摆渡车由专门的转运工人进行操作，操作时应注意摆渡车轨道内严禁站人，严禁人车分离操作，人与车的距离保持在 2～3 m，将构件运至堆放场地，然后指挥吊车将不同型号的构件码放到规定的堆放位置，码放时应注意构件的整齐。

（4）构件存放与防护检验内容包括构件与搁置点之间设置的垫片、预埋吊环、标识、叠放构件的垫木、柱（梁）等细长构件存储要求与码放高度、叠合板（外墙板、内墙板等）存储方式等，其具体要求详见前述内容。

小结

通过本项目的学习,学生应掌握以下内容,具备以下能力:

1. 掌握模具清理及脱模剂涂刷要求,模台划线、模具组装与校准的步骤和要求。能够识读图纸并进行模具领取;能够依据模台划线位置进行模具摆放、校正及固定;能够对模台和模具涂刷脱模剂及缓凝剂;能够进行模具选型检验、固定检验和摆放尺寸检验。

2. 掌握图纸的阅读内容,钢筋下料的计算要求,钢筋间距设置、马凳筋设置、钢筋绑扎、垫块设置的基本要求。能够识读图纸并进行钢筋下料、预埋件选型与下料;能够进行水平钢筋、竖向钢筋和附加钢筋摆放、绑扎及固定,埋件摆放与固定、预留孔洞临时封堵;能够进行钢筋与预埋件检验。

3. 掌握布料机布料操作的基本内容,夹心外墙板的保温材料布置和拉结件安装要求。能够识读图纸并计算混凝土用量,利用布料机进行布料,振捣混凝土;能够操作拉毛机进行拉毛操作,操作赶平机进行赶平操作、操作收光机进行收光操作。

4. 掌握养护窑构件出入库操作的基本要求,构件脱模操作的基本要求。能够进行构件养护温度、湿度控制及养护监控,构件出入库操作,构件拆模;能够对涂刷缓凝剂的表面脱模后进行粗糙面冲洗处理。

5. 掌握构件起板的吊具选择与连接要求,外露金属件防腐、防锈操作要求。能够模拟操作行车及翻板机进行构件起板操作;能够模拟操作行车吊运构件入库码放。

6. 掌握模具和构件生产质量检验标准、构件生产过程质量检验的步骤和要求、生产成品质量检验的步骤和要求以及构件存放及防护检验的步骤和要求。能够进行模具质量检验、构件隐蔽质量检验、构件成品质量检验以及构件存放及防护检验。

习题

1. 简述模具运输存储应注意的事项。
2. 简述模具脱模剂涂刷的要求。
3. 简述剪力墙模具安装检验的方法。
4. 简述剪力墙模具组装的操作步骤。
5. 简述叠合楼板模具校准固定的步骤与要求。
6. 简述预埋件固定及预留孔洞临时封堵的基本要求。
7. 简述钢筋下料的计算要求。
8. 简述钢筋间距设置、马凳筋设置、钢筋绑扎、垫块设置的基本要求。
9. 简述内叶模具吊运、固定与钢筋骨架摆放要求。
10. 简述布料机布料操作的基本内容。
11. 简述夹心外墙板的保温材料布置和拉结件安装要求。
12. 简述预制构件的蒸养方式及特点。
13. 简述混凝土板构件蒸养要求与工序。
14. 简述养护设备保养及维修要求。

15. 简述预制构件脱模的方法。
16. 简述预制构件粗糙面的处理方法。
17. 简述预制构件水洗粗糙面的作用。
18. 简述构件起板的吊具选择与连接要求,外露金属件防腐、防锈操作要求。
19. 为考虑堆垛整体稳定性,支垫木方应采用截面积为多少的枕木为宜?
20. 钢丝绳出现哪些情况,应予以报废处理?

项目 3　装配式建筑施工

学习目标

本项目包括施工准备、构件安装、构件连接三个任务,通过三个任务的学习,学习者应达到以下目标:

任务	知识目标	技能目标
施工准备	1. 熟悉施工现场准备的内容。 2. 熟悉施工组织准备的内容	1. 能熟练进行施工前的安全检查。 2. 能熟练进行混凝土构件质量检查。 3. 能熟练复核现场安装条件
构件安装	1. 熟悉起重设备的相关知识。 2. 掌握起重设备的选定原则。 3. 掌握测量定位、放线的步骤和要求。 4. 掌握预埋件放线及安装埋设的步骤和要求。 5. 掌握吊具选择和安装的步骤和原则。 6. 掌握安全起吊构件、吊装就位、校核与调整的步骤和要求。 7. 掌握临时支撑的安装要求和调整步骤	1. 能进行测量放线,设置构件安装的定位标识。 2. 能够进行预埋件放线及安装埋设。 3. 能够选择吊具,完成构件与吊具的连接。 4. 能够安全起吊构件、吊装就位、校核与调整。 5. 能够安装并调整临时支撑,对构件的位置和垂直度进行微调
构件连接	1. 掌握灌浆料拌制及检测的方法和要求。 2. 掌握单套筒灌浆的坐浆及灌浆操作的步骤和要求。 3. 掌握连通腔灌浆的分仓、封仓及灌浆操作的步骤和要求。 4. 掌握构件后浇混凝土模板支设、钢筋及预埋件安装、混凝土浇筑、模板和支撑拆除的步骤和要求。 5. 掌握构件浆锚搭接连接、螺栓连接、焊接连接的步骤和要求	1. 能够进行灌浆料拌制及检测。 2. 能够进行单套筒灌浆的坐浆及灌浆操作。 3. 能够进行连通腔灌浆的分仓、封仓及灌浆操作。 4. 能够进行构件后浇混凝土模板支设、钢筋及预埋件安装、混凝土浇筑、模板和支撑拆除。 5. 能够进行构件浆锚搭接连接、螺栓连接、焊接连接的检查

某宿舍楼为装配整体式混凝土框架结构,建筑面积 1 040 m²,建筑层数 2 层,建筑高度 7.6 m,抗震设防烈度六度,耐火等级二级。预制装配范围为二层柱、梁、板、屋面梁、板及外墙板、楼梯等,其中梁和楼板为叠合,项目预制率达到 82.7%。

重点:预制构件进场前的准备工作;各类构件吊装施工工艺;构件的灌浆施工以及后浇节点的连接。

难点:起重机械的选型;各类水平构件、竖向构件的安装施工;预制构件套筒灌浆作业及不同类型后浇节点的钢筋混凝土施工。

任务 3.1 施工前准备

任务陈述

某宿舍楼工程已经完成一层现浇柱的施工,准备进行二层楼预制叠合板、梁、柱的吊装施工,请完成施工前的准备工作。

知识准备

1. 施工现场准备的内容

装配式建筑施工与现浇混凝土施工有很大的不同,现场的人员、起重机械设备、施工机具、吊具、场地道路等都应根据构件要求进行配置与准备。

(1)施工现场人员

现场管理人员除了具备基本工程管理能力外,还应当熟悉装配式建筑施工工艺和安全吊装管理,能按照施工计划与构件生产商衔接,对现场作业进行调度和管理。

与现浇混凝土工艺相比,装配式混凝土施工现场常规作业人员大幅度减少,但新增了吊装作业人员、灌浆工等,测量放线人员的作业内容也有所变化。需要特别注意的是信号员、起重机械驾驶员等都是特殊工种,必须持证上岗。

(2)场地与道路

现场道路应满足大型构件进出场的要求:

① 路面平整,应满足大型车辆的转弯半径的要求和荷载要求。

② 有条件的施工现场应设两个门,一个入口,一个出口。

③ 工地也可使用挂车运输构件,将挂车车厢运到现场存放,车头开走。构件直接从车上吊装,这样可以避免构件二次搬运,不需要存放场地,也减少了起重机的工作量。

装配式建筑的安装施工建议构件直接从车上吊装,这样将大大提高工作效率。但很多城市对施工车辆在部分时间段内限行,工地不得不准备构件临时堆放场地。

对于临时堆放场地,应在起重机作业半径覆盖范围内,这样可以避免二次搬运;场地地面要求平整、坚实,有良好的排水措施。如果构件存放到地下室顶板或已经完工的楼层上,必须征得设计的同意,楼盖承载力满足堆放要求;场地布置应考虑构件之间的人行通道,方便现场人员作业,道路宽度不宜小于 600 mm。

（3）起重机械设备配置、施工机具准备及吊具

任务 3.2 中详细介绍。

2. 施工组织准备的内容

装配式建筑施工需要工厂、施工企业、其他委托加工企业和监理单位密切配合，制约因素多，因此就需要制订一份周密、详细的施工组织设计。对不同建筑结构体系应编制针对性的预制构件吊装施工方案，并应符合国家和地方等相关施工质量验收标准和规范的要求。

施工组织设计除了普通现浇混凝土该有的内容外，应根据工程总工期，确定装配式建筑的施工进度、质量、安全及成本目标；编制施工进度总计划时应考虑施工现场条件、起重机工作效率、构件工厂供货能力、气候环境情况和施工企业人员、设备、材料的能力等条件。需要明确的结构吊装施工和支撑体系施工方案，可以利用 BIM 技术模拟推演，确定预制构件的施工衔接原则和顺序；在编制施工方案时，应考虑与传统现浇混凝土施工之间的作业交叉，尽可能做到两种施工工艺之间的相互协调与匹配。

3. 施工安全条件相关知识

除现浇混凝土工程所需要的施工安全措施外，装配式混凝土施工的安全条件还需注意：

① 要对参与装配式建筑安装作业的所有人员进行系统、全面的安全培训，培训合格后才能上岗。

② 对装配式建筑施工作业各个环节都应编制安全操作规程，在施工前应进行书面安全技术交底。

③ 运送构件的道路、卸车场地应平整、坚实，满足使用。

④ 在构件吊装作业区域应设置临时隔离设施和醒目的标识。

⑤ 构件安装后的临时支撑，应采用专业厂家的设施。

4. 构件进场质量检查的相关知识

预制构件到达现场，现场质量人员应对构件及其配件进行检查验收，包括数量核实、规格型号核实和外观质量检验，还应检查构配件的质量证明文件或质量验收记录。

一般情况下，预制构件直接从车上吊装，所以数量、规格、型号的核实和质量检验在车上进行，检验合格后可以直接吊装。即使不直接吊装，将构件卸到工地堆场，也应当在车上进行检验，一旦发现不合格，就可以直接运回工厂处理。

预制构件质量证明文件包括：

① 预制构件产品合格证明书；

② 混凝土强度检验报告、钢筋进场复验报告；

③ 保温材料、拉结件、套筒等主要材料进场复验报告；

④ 预制构件隐蔽工程质量验收表；

⑤ 其他重要检验报告。

预制构件进场时应对构件外观质量进行全数检查。预制构件的外观不应有严重缺陷，且不应有影响结构性能和安装、使用功能的尺寸偏差，不宜有一般缺陷。对已出现的一般缺陷应按技术方案进行处理，并应重新检验。

同时需对预制构件的外观尺寸及预埋件位置进行检查。同一类构件，以不超过 100 个为一批次，每批次抽查数量的 5%，且不少于 3 个。预制构件尺寸偏差、预埋件允许偏差及检验方法在任务 4.1 质量检查中作详细介绍。

带外装饰面的预制构件,要求外装饰面砖的图案、分格、色彩、尺寸等应符合设计要求,且表面平整,接缝顺直,接缝宽度和深度应符合设计要求。这部分内容将在本书任务 4.2 中详细叙述。

5. 安装条件复核的相关知识

预制构件安装施工前,应当对前道工序的质量进行检查,确认具备安装条件时,才可以进行构件安装。

（1）后浇混凝土部位伸出钢筋位置与数量校验

检查后浇混凝土部位伸出钢筋的位置、长度是否正确。后浇部位伸出钢筋如果出现位置偏差,很可能会导致构件无法安装。若在简单调整后依然出现无法安装的状况,现场施工人员不可自行决定如何处理,更不得擅自直接截除钢筋,这样做会造成结构安全隐患。应当由设计和监理共同给出处理方案。目前常见的较为稳妥的方案是将混凝土凿除一定深度,采用机械调整钢筋的办法。

对工地现场偏斜钢筋校直时,禁止使用电焊加热或者气焊加热的方法来校直钢筋。

（2）构件连接部位标高和表面平整度检查

构件连接部位表面标高应当在误差允许范围内,如果标高偏差较大或表面出现较大倾斜,会影响上部构件安装的平整度和水平缝灌浆厚度的均匀性,必须经过处理后才能进行构件安装。

（3）连接部位混凝土质量检查

检查连接部位混凝土是否存在酥松、孔洞、蜂窝等情况,如果存在,须经过凿除、清理、补强处理后才能进行吊装。

（4）外挂墙板在主体结构上的连接节点检查

检查外挂墙板在主体结构上的连接节点的位置是否在允许误差范围内,如果误差过大,墙板将无法安装,需要进行调整。可以采取增加垫板或调整连接件孔眼尺寸大小等方法。

任务实施

1. 现场与设备安全检查

为了确保吊装施工顺利、有序、高效地实施,预制构件吊装前应对现场作业环境和吊装设备进行安全检查。

（1）施工环境安全检查

① 确认目前吊装所用的预制构件是否已按计划要求进场和验收,构件堆放的位置和吊车吊装线路是否正确、合理。

② 确认预制构件堆放位置是否在吊车可吊范围内,避免二次搬运。

③ 明确吊装顺序。

④ 确认现场施工指挥人员、信号员、吊车司机均已准备就绪;确认信号指示方法。

⑤ 吊装前应对以下部位最后确认:建筑物总长、纵向和横向的尺寸及标高;现浇混凝土预留钢筋、预埋件位置及高度;吊装精度测量用的基准线位置。

（2）施工设备构件安全检查

① 对机械器具进行检查。

a. 检查试用塔式起重机,确认可正常运行。

　　b. 准备吊装架、吊索等吊具。检查吊具,特别是检查绳索是否有破损,吊钩卡环是否有问题等。

　　c. 准备牵引绳等辅助工具和材料,应满足吊装施工需要。

　　d. 对于柱子、剪力墙板等竖直构件,安好调整标高的支垫(在预埋螺母中旋入螺栓或在设计位置安放金属垫块);准备好斜支撑部件;检查斜支撑地锚。

　　e. 对于叠合楼板、梁、阳台板、挑檐板等水平构件,架立好竖向支撑。

　　② 预制构件吊点、吊具检查。预制构件起吊时的吊点合力应与构件重心在一条铅垂线上,较长的构件,如预制梁、墙等可采用可调式横梁进行吊装就位;预制构件尽量采用标准吊具,构件预埋吊点目前采用的预埋吊环和内置式连接钢套筒形式较多。

2. 构件质量检查

　　(1)预制构件进场检查要点

　　① 一般预制构件应在进场卸车前进行质量检查,对特殊形状的构件或特别要注意的构件应放置在台架上检查。

　　② 验收内容包括构件的外观、尺寸、预埋件、连接部位的处理等。

　　③ 预制构件验收由质量员和监理共同完成,要求全数检查。施工单位可以根据构件生产商提供的质量证明文件核验也可以根据项目计划书编写的质量要求检查表进行验收。

　　④ 构件不允许出现影响结构、防水和严重影响外观的裂缝、破损、变形等情况。

　　⑤ 预制构件的质量证明文件检查属于主控项目,必须认真检查。

　　(2)预制构件进场检查方法

　　预制构件进场后的检查包括外观检查和几何尺寸检查两部分。外观检查项目包括:预制构件的裂缝、破损、变形等项目。其检查方法一般以目测为主,必要时可采用相应的仪器设备进行辅助检查。几何尺寸检查项目包括:构件长度、宽度、高度或厚度以及对角线等。对于预埋件、预留钢筋、一体化预制的窗户等构配件也应认真检查,其检查方法一般采用钢尺量测。外观检查和几何检查频率及合格与否的判断标准详见任务 4-2。

3. 安装条件复核

　　(1)检查构件套筒或浆锚孔是否堵塞。当套筒、预留孔内有杂物时,应当及时清理干净。用手电筒补光检查,发现异物可用高压气体或钢筋将异物清理。

　　(2)伸出钢筋采用机械套筒连接时,须在吊装前在伸出钢筋端部套上套筒。

　　(3)外挂墙板安装节点连接部件如果需要水平牵引,检查牵引葫芦吊点设置,工具应准备妥当等。

　　(4)预制构件安装位置的混凝土应清理干净,不能存在颗粒状物质,以免影响预制构件节点的连接性能。

　　(5)检查预埋件、预留钢筋的位置与数量。

　　(6)楼面预制构件外侧边缘可预先粘贴止水泡沫棉条,用于封堵水平接缝外侧,为后续灌浆施工作业做准备。

4. 技术与人员准备

　　施工单位在施工前已经编制了详细的装配式结构专项施工方案,对作业人员进行了安全技术交底。确认现场从事特种作业的人员都持证上岗。灌浆施工人员进行了专项培训并考试合格。

 知识拓展

1. 预制构件及建筑结构形式

装配式结构的主要预制构件包括：预制柱、预制梁、预制楼板、预制楼梯、预制阳台、预制外墙板、预制剪力墙等。根据建筑结构形式不同可分为装配整体式框架结构、装配整体式剪力墙结构、装配整体式框架–剪力墙结构三种体系。一般而言，任何结构体系的钢筋混凝土建筑，如框架结构、框架–剪力墙结构、剪力墙结构、筒体结构、框支剪力墙结构、无梁板结构都可以实现装配式，只是有些更适宜，有些体系勉强些而已。此外，预制外墙板体系又可分为全预制外墙板和部分预制部分现浇的 PCF 外墙板两种结构形式。

2. 标准楼层吊装因素

不同的建筑结构体系和外墙板体系在吊装施工阶段其工艺既存在共性也有一定的区别。在制订预制构件吊装总体流程时，应合理选择预制构件的吊装顺序和工艺，合理安排工期。

预制构件吊装施工的总体流程及工期制订主要基于单个标准层楼面预制构件施工流程进行循环往复作业。而单个标准层楼面的规划重点应考虑以下因素：

① 预制构件的数量、重量和吊装施工所需要的时间；

② 构件湿式连接部分混凝土的方量及先后顺序；

③ 预制构件干式连接部分节点的接头形式和施工要求；

④ 预制构件吊装时配合工种和作业人员的配置；

⑤ 各类机械设备和器具的性能及使用数量。

3. 现场预埋施工

前期在装配式建筑图纸深化设计时，将水电管预留孔、构件安装时所需的预埋件、预埋插筋等深化进入现浇混凝土或预制构件的施工图纸中。与之相应的现场浇筑混凝土施工时也应严格根据图纸进行预埋件的施工。

施工时应注意以下要点：

① 预埋件及预埋插筋施工前应弹出相应的控制线，必须等本层的模板支模完成并加固后进行弹线放样。

② 为了保证预埋件位置准确，可订制专用的模具，模具上开孔位置与图纸标注位置要一致，如图 3–1 和图 3–2 所示的钢筋定位模板及其应用。预插钢筋前按照控制线位置将模具放置在指定位置，然后完成插筋安装，取出模具。

图 3–1 钢筋定位模板

③ 安放内置螺母埋件时预先对丝扣涂抹黄油保护，或者用胶带进行有效缠绑，防止混凝土浇筑时水泥浆进入丝扣内。

④ 安装预埋件过程中，严禁私自弯曲、切断或更改已经绑扎好的钢筋骨架。

⑤ 混凝土初凝前应再用模具对插筋进行校核。

图 3-2 钢筋定位模板的应用

任务 3.2 构件安装

 任务陈述

某宿舍楼工程已经完成一层现浇柱施工,施工前的准备工作已经就绪,请按照施工组织设计的要求组织二层预制叠合板、梁、柱及外墙板的吊装施工。

知识准备

1. 现场机械设备的准备

(1)起重机械设备

装配式建筑吊装施工阶段选择合理的起重吊装设备十分重要,因为它直接影响了吊装方案的选择。目前装配式建筑主要施工机械有塔式起重机、汽车式起重机和履带式起重机等。

① 塔式起重机(图 3-3)。与现浇相比,装配式建筑施工最重要的变化是塔式起重机起重量大幅度增加。工程中预制构件重量一般为 1~5 t。装配式剪力墙结构工程相对于框架结构和筒体结构,塔式起重机起重量要更大些。

塔式起重机是把吊臂、平衡臂等结构和起升、变幅等机构安装在金属塔身上的一种起重机,其特点是提升高度高、工作半径大、工作速度快、吊装效率高等。塔式起重机按行走机构、变幅方式、回转机构位置及爬升方式的不同可分成轨道式、附着式和内爬式塔式起重机,其中以附着式和内爬式塔式起重机两类使用最为广泛。

塔式起重机的技术性能是用各种参数表示的,是起重机选型的依据,也是起重机安全技术要求的重要依据。其基本参数有:起重力矩、起重量、起重高度、工作幅度等,其中起重力矩为衡量塔吊起重机能力的主要参数。

a. 起重力矩是起重量与相应幅度的乘积,单位为 kN·m,常以各点幅度的平均力矩作为塔式起重机的额定力矩。

b. 起重量 Q 是吊钩能吊起的重量,其中包括吊索、吊具及容器的重量,单位为 kN。每台起重机额定力矩一定,因此起重量随着幅度的增加而相应递减。

起吊重量 Q =(起吊构件重量+吊索吊具重量+吊装架重量)×1.2 系数

c. 起重高度 H 是指吊钩到停机地面的垂直距离,单位为 m。对小车变幅式的塔式起重机,其最大起重高度是不可变的,对于起重臂变幅式的塔式起重机,其起重高度随不同幅度而变化,最小幅度时起重高度可比塔尖高几十米,因此起重臂变幅式的塔式起重机在起重高度上有优势。计算起重高度时需将吊索吊具及吊装架的高度计算进去。

d. 起重半径 R 是指塔式起重机回转轴与吊钩中心的水平距离,单位为 m。对于起重臂变幅式的,其起重臂与水平面夹角为 13°~65°,因此变幅范围较小。而小车变幅的起重臂始终是水平的,变幅的范围较大,因此小车变幅的起重机在工作幅度上有优势。

在选定了塔式起重机后,吊装作业时还必须考虑起重机的起升速度,因为起升速度决定了吊装效率,按照每天计划的吊装数量和拼装时间,结合吊装高度算出最小起升速度。

塔式起重机的选型应当在项目设计阶段与施工方确定下来,确保拆分设计的构件能在塔式起重机的起重范围内。如果塔式起重机需要附着在装配式建筑结构上,在预制构件设计时还要设计附着需要的预埋件,在工厂制作构件时一并完成。不得用事后锚固的方式附着塔式起重机。

在布置塔式起重机位置时要尽量覆盖所有工作面,不留工作盲区。

塔式起重机安装和拆除都必须有方案,并由专人负责安拆。

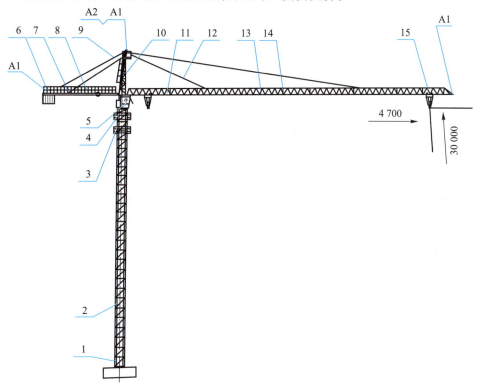

图 3-3　塔式起重机

1—基础节;2—塔身;3—爬升套架及顶升机构;4—回转座;5—驾驶室;6—配重;7—起升机构;8—平衡臂;
9—平衡臂拉杆;10—塔帽;11—小车牵引机构;12—内拉杆;13—起重臂;14—外拉杆;15—小车及吊钩;
A1—障碍灯;A2—风速仪

塔式起重机在使用时应注意以下要点:

a. 塔式起重机作业前应对各安全装置、传动装置、指示仪表、主要部位连接螺栓、钢丝绳磨损情况、供电电缆等进行检查并按有关规定进行试运转试验和验收。

b. 当同一施工地点有两台以上起重机时,应保持两机间任何接近部位(包括吊重物)距离不得小于 2 m。

c. 在吊钩提升、起重小车或行走小车运行到限位装置前,均应减速缓行到停止位置,并应与限位装置保持一定距离(吊钩不得小于 1 m,行走轮不得小于 2 m)。严禁采用限位装置作为停止运行的控制开关。

d. 动臂式起重机的起升、回转、行走可同时进行,变幅应单独进行。每次变幅后应对变幅部位进行检查。允许带载变幅的,当荷载达到额定起重量的 9% 及以上时,严禁变幅。

e. 吊装重物时严禁自由下降。重物就位时,可采用慢就位机构或利用制动器使之缓慢下降。

f. 提升重物作水平移动时,应高出其跨越的障碍物 0.5m 以上。

g. 装有上下两套操纵系统的起重机,不得上下同时使用。

h. 作业中如遇大雨、雾、雪及六级以上大风等恶劣天气,应立即停止作业,将回转机构的制动器完全松开,起重臂应能随风转动。对轻型俯仰变幅起重机,应将起重臂落下并与塔身结构锁紧在一起。

i. 作业中,操作人员临时离开操纵室时,必须切断电源。

j. 作业完毕后,起重臂应转到顺风方向,并松开回转制动器,小车及平衡重应置于非工作状态,吊钩宜升到离起重臂顶端 2~3 m 处。

k. 停机时应将每个控制器拨回零位。依次断开各开关,关闭操纵室门窗,下机后,使起重机与轨道固定,断开电源总开关,打开高空指示灯。

l. 动臂式和尚未附着的自升式塔式起重机,塔身上不得悬挂标语牌。

内爬式塔式起重机是一种安装在建筑物内部电梯井或楼梯间里的塔式起重机,可以随施工进程逐步向上爬升,不占用施工场地,适用于现场狭窄的工程。与附着式塔吊相比它无需专门制作钢筋混凝土基础,无须多道锚固装置和复杂的附着作业;能有效覆盖建筑物,较好避开了周围障碍物和人行道等;由于起重臂可以较短,起重性能得到充分发挥。该设备只需少量的标准节(一般塔身为 30 m),即可满足施工要求。并且建筑物高度越高,经济效益越显著。因此,在装配式建筑工程中推广使用内爬式塔式起重机的意义更加突出。内爬式塔式起重机如图 3-4 所示。

② 汽车式起重机。汽车式起重机是将起重机构安装在普通载重汽车或专用汽车底盘上的起重机。汽车式起重机机动性能好,运行速度快,对路面破坏性小,但不能带负荷行驶,吊重物时必须支腿,对工作场地的要求较高,如图 3-5 所示。

汽车式起重机的使用要点如下:

a. 应遵守操作规程及交通规则。

b. 作业场地应坚实平整。

c. 作业前,应伸出全部支腿,并在撑脚下垫合适的方木。调整机体,使回转支撑面的倾斜度在无荷载时不大于 1/1 000(水准泡居中)。支腿有定位销的应插上,底盘为弹性悬挂的起重机,伸出支腿前应收紧稳定器。

d. 作业中严禁扳动支腿操纵阀,调整支腿应在无荷载时进行。

e. 起重臂伸缩时,应按规定程序进行,当限制器发出警报时,应停止伸臂,起重臂伸出后,当前节臂杆的长度大于后节伸出长度时,应调整正常后,方可作业。

f. 作业时,汽车驾驶室内不得有人,发现起重机倾斜、不稳等异常情况时采取措施。

g. 起吊重物达到额定起重量的 90% 以上时,严禁同时进行两种及以上的动作。

图 3-4　内爬式塔式起重机

　　h. 作业后,收回全部起重臂,收回支腿,挂牢吊钩,撑牢车架尾部两撑杆并锁定,销牢锁式制动器,以防旋转。

　　i. 行驶时,底盘走台上严禁载人或物。

　　③ 履带式起重机。履带式起重机是在行走的履带底盘上装有起重装置的起重机械。主要由动力装置、传动装置、行走机构、工作机械、超重滑车组、变幅滑车组及平衡重等组成。它具有起重能力较大、自行式、全回转、工作稳定性好、操作灵活、使用方便、在其工作范围内可载荷行驶作业、对施工场地要求不严等特点。它是结构安装工程中常用的起重机械之一,如图 3-6 所示。

图 3-5　汽车式起重机　　　　　　　图 3-6　履带式起重机

履带式起重机的使用应注意以下问题：

a. 驾驶员应熟悉履带式起重机技术性能,启动前应按规定进行各项检查和保养,启动后应检查各仪表指示值及运转是否正常。

b. 履带式起重机必须在平坦坚实的地面上作业,当起吊荷载达到额定重量的 90% 及以上时,工作应慢速进行,并禁止同时进行两种及以上动作。

c. 应按规定的起重性能作业,严禁超载作业。

d. 作业时,起重臂的最大仰角不应超过规定,无资料可查时,不得超过 78°,最低不得小于 45°。

e. 采用双机抬吊作业时,两台起重机的性能应相近;抬吊时统一指挥,动作协调,互相配合,起重机的吊钩滑轮组均应保持垂直。抬吊时单机的起重荷载不得超过允许荷载的 80%。

f. 起重机带载行走时,载荷不得超过允许起重量的 70%。

g. 带载行走时道路应坚实平整,起重臂与履带平行,重物离地不能大于 500 mm,并拴好拉绳,缓慢行驶,严禁长距离带载行驶,上下坡道时,应无载行驶。上坡时,应将起重臂仰角适当放小。下坡时应将起重臂的仰角适当放大,严禁下坡空挡滑行。

h. 作业后,吊钩应提升至接近顶端处,起重臂降至 40°~60°,关闭电源,各操纵杆置于空挡位置,各制动器加保险固定,操纵室和机棚应关闭门窗并加锁。

i. 遇大风、大雪、大雨时应停止作业,并将起重臂转至顺风方向。

④ 起重机械的选型。由于起重机是制约工期的最关键的因素,而装配式建筑施工用的大吨位大吊幅塔式起重机费用比较高,塔式起重机布置的合理性就显得尤其重要,应做多方案比较。起重机械的选型应充分考虑现场的用地条件、装配式建筑的形状和建筑物高度等因素。

小型多层装配式建筑工程可选择小型的经济型塔吊,高层建筑宜选择与之相匹配的起重机械。因垂直运输能力直接决定结构施工速度的快慢,要将选择不同塔吊的差价与加快进度的综合经济效果进行比较,进行合理选择。

塔式起重机选择时要充分考虑以下因素：

a. 塔式起重机应满足吊次的需求：一般中型塔式起重机的理论吊次为 80~120 次/台班,塔式起重机的吊次应根据所选用塔式起重机的技术说明中提供的理论吊次进行计算,理论吊次大于实际需用吊次即满足需求;不满足时,应采取相应措施,如增加每日的施工班次,增加吊装配合人员,塔式起重作业应尽可能均衡连续进行,以提高塔式起重机利用率。

b. 塔式起重机覆盖面的要求：塔式起重机型号决定了其臂长幅度,布置塔式起重机时,塔臂应覆盖堆场构件,避免出现覆盖盲区,减少预制构件的二次搬运。对含有主楼、裙房的高层建筑,塔臂应全面覆盖主体结构部分和堆场构件存放位置,裙楼力求塔臂全部覆盖。

c. 最大起重能力的要求：在塔式起重机的选型中应结合其起重量荷载特点,重点考虑工程施工过程中,最重的预制构件对塔式起重机吊运能力的要求,应根据其存放的位置、吊运的部位,距塔中心的距离,确定该塔吊是否具备相应起重能力,塔式起重机不满足吊重要求时,必须调整型号使其满足要求。

塔式起重机适用于中高层装配式建筑预制构件的吊装施工,同时也可用于工程施工时其他材料的垂直运输等。汽车式起重机主要用于卸货、场地搬运等,也可用于低层装配式建筑或高层建筑的底层区域的吊装。

　　一般在低层、多层装配式建筑施工中,通常采用移动式汽车式起重机完成吊装作业。当工程中塔式起重机出现作业盲区时,也会选用汽车式起重机或履带式起重机。在实际施工过程中应合理使用各种吊装设备,使其优缺点互补,以便于更好地完成各类构件的装卸、运输、吊运、安装工作,取得最佳的经济效益。例如:一栋高层建筑的多层裙楼平面范围比较大,超出主楼塔式起重机作业范围,多层裙楼的构件吊装就可以考虑汽车式起重机作业。

　　(2)吊具

　　预制构件属于大型构件,在构件起重、安装和运输中应当对使用的吊具进行设计,包括吊点构造、钢丝绳、吊索、倒链、吊装带、吊钩、卡具、吊装架等。吊索与构件的水平夹角宜在45°~60°。对于单边长度大于4m的构件应当设计专用的吊装平面框架或铁扁担。

　　① 千斤顶。千斤顶可以用来校正构件的安装偏差和变形,也可以顶升和提升构件,常用千斤顶有螺旋式和液压式两种。

　　② 吊钩。吊钩分为锻造吊钩和片式吊钩。在建筑工程施工中,通常采用锻造吊钩,采用优质低碳镇静钢或低碳合金钢锻造而成,锻造吊钩又可分为单钩和双钩,如图 3-7、图 3-8所示。单钩一般用于小起重量,双钩多用于较大的起重量。

图 3-7　锻造单钩　　　　　　　　图 3-8　锻造双钩

　　③ 横吊梁。横吊梁俗称铁扁担、扁担梁,常用于梁、柱、墙板、叠合板等构件的吊装,用横吊梁吊运构件时,可以防止因起吊受力,对构件造成破坏,便于构件更好地安装、校正。常用的横吊梁有框架吊梁、单根吊梁,如图 3-9、图 3-10 所示。

图 3-9　框架吊梁　　　　　　　　图 3-10　单根吊梁

④ 倒链。倒链又称手拉葫芦。用于起吊轻型构件、拉紧缆风绳及拉紧捆绑构件的绳索等,如图 3-11、图 3-12 所示。目前,受国内部分起重设备行程精度的限制,可采用倒链进行构件的精确定位。

图 3-11　倒链

图 3-12　倒链的应用

⑤ 钢丝绳。钢丝绳是由多层钢丝捻成股,再以绳芯为中心,由一定数量股捻绕成螺旋状的绳。钢丝绳是吊装中的主要绳索,具有强度高、弹性大、韧性好、耐磨、能承受冲击荷载、工作可靠等特点。结构吊装中常用的钢丝绳是由 6 束绳股和一根绳芯(一般为麻芯)捻成。每束绳股由许多高强钢丝捻成。钢丝绳按绳股数及每股小的钢丝数区分,有 6 股 7 丝(6×7)、6 股 19 丝(6×19)、6 股 37 丝(6×37)、6 股 61 丝(6×61)等。吊装中常用的有 6×19 和 6×37 两种。6×19 钢丝绳一般用做缆风绳和吊索;6×37 钢丝绳一般用于穿滑车组和用做吊索;6×61 钢丝绳用于重型起重机。

在正常情况下使用的钢丝绳不会发生突然断裂现象,但可能会因为承受的荷载超过其极限破断力而破坏。在建筑施工过程中,钢丝绳的破坏表现形态各异,多种原因交错。钢丝绳一旦破坏可能会导致严重的后果,因此必须坚持每个作业班次对钢丝绳检查并形成制度。检查不留死角,对于不易看到和接近的部位应给予足够重视,必要时应作探伤检查。

⑥ 吊索(图 3-13)。又称千斤,是由钢丝绳制成的,因此钢丝绳的允许拉力即为吊索的允许拉力,在使用时,其拉力不应超过其允许拉力。

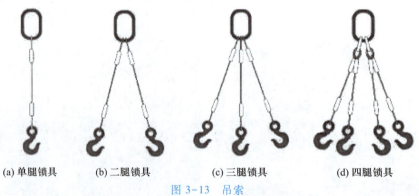

(a) 单腿锁具　　　(b) 二腿锁具　　　(c) 三腿锁具　　　(d) 四腿锁具

图 3-13　吊索

⑦ 吊装带(图 3-14、图 3-15)。目前使用的常规吊装带(合成纤维吊装带),一般采用高强度聚酯长丝制作。根据外观分为:环形穿芯、环形扁平、双眼穿芯、双眼扁平四类,为 1~

300 t。一般采用国际色标来区分吊装带的工作荷载,分紫色(1 t)到桔红色(10 t)等几个,对于工作荷载大于 10 t 的均采用桔红色进行标识,同时带体上均有荷载标识标牌。

图 3-14　8 t 双扣吊带

图 3-15　25 t 双扣吊带

⑧ 卡环(图 3-16)。卡环用于吊索之间或吊索与构件吊环之间的连接,由弯环与销子两部分组成。按弯环形式分,有 D 形卡环和弓形卡环;按销子与弯环的连接形式分,有螺栓式卡环和活络卡环。螺栓式卡环的销子和弯环采用螺纹连接;活络式卡环的孔眼无螺纹,可直接抽出。螺栓式卡环使用较多,但在柱子吊装中多采用活络式卡环。

(a) D形卡环

(b)弓形卡环

图 3-16　卡环

⑨ 新型锁具(接驳器)。近些年出现了几种新型的专门用于连接新型吊点的连接吊钩(图 3-17、图 3-18),或者用于快速接驳传统吊钩。具有接驳快速、使用安全等特点。

图 3-17　圆头吊钉

图 3-18　圆头吊钉配套鸭嘴吊钩

预制构件安装吊具根据构件类型设计。一点吊适用于柱子,两点吊、一字形吊具、平面吊具适用于各种构件。构件起吊时必备的专用吊具的强度和形状应事先进行规划和合理选择。钢丝绳应根据预制构件的大小、重量以及起吊角度等参数来确定其长度和直径。

（3）支撑件

① 竖向支撑件。水平构件中,楼面板占比最大,对楼面板的水平临时支撑有两种方式,一种是采用传统满堂脚手架,另一种是单顶支撑。因单顶支撑具有拆装方便、作业层整洁、

调整标高快捷等优势,因此在装配式建筑中较多使用单顶支撑。

单顶支撑系统由独立钢支柱支撑、水平杆或三脚架组成。独立钢支柱支撑有内插管、外套管和支撑头组成,如图 3-19 所示。

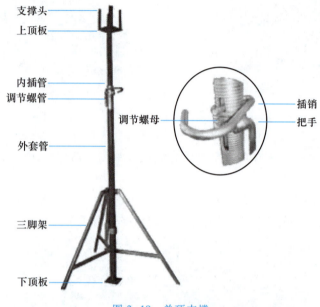

图 3-19 单顶支撑

a. 支撑头。可采用板式顶托或 U 形支撑。其受压承载力设计值不小于 40 kN,上顶板厚不小于 5 mm。顶部 U 形托内木方不可用变形、腐蚀、不平直的材料,且叠合板交接处的木方需搭接。

b. 独立钢支柱。主要由底座、外套管、内插管、调节螺管和调节螺母等组成,是一种可伸缩微调的独立钢支柱,主要用于预制构件水平结构作垂直支撑,能够承受梁板结构自重和施工荷载。内插管上每间隔 150 mm 有一个销孔,可插入回形钢销,调整支撑高度。外套管上焊有一节螺纹管同微调螺母配合,微调范围大约在 170 mm。图 3-20 是单顶支撑在工程中的应用。

c. 折叠三脚架。折叠三脚架的腿部用薄壁钢管焊接而成,核心部分有 1 个锁具,靠偏心原理锁紧。折叠三脚架打开后,抱住支撑杆,敲击卡棍抱紧支撑杆,使支撑杆独立、稳定。搬运时,收拢三脚架的三条腿,手提搬运或码放入箱中集中吊运均可。折叠三脚架平面展开示意如图 3-21 所示。

对于支撑杆件,要求支撑的立柱套管宜采用普通钢管,且应具有足够的刚度。旋转螺母不允许使用开裂、变形的材料;支撑的立柱套管不允许使用弯曲、变形和锈蚀的材料。三脚架宜采用可折叠的普通钢管制作,钢管应具有足够的稳定性。

单顶支撑搭设过程中的安全保障措施:

a. 单顶支撑体系搭设前需要对工人进行技术和安全交底。

b. 搭设时按照专项施工方案进行,按照独立支撑平面布置图的纵横向间距进行搭设。

c. 搭设完成后,在浇筑楼板混凝土前需要通过验收,验收合格后方可浇筑。

d. 浇筑混凝土前必须检查三脚架开叉角度是否相等,立柱上下是否对顶紧固、不晃动,

三脚稳定架

图 3-20　单顶支撑在工程中的应用　　　　　图 3-21　折叠三脚架

立柱上端套管是否设置配套插销,独立支撑是否可靠。浇筑混凝土时必须由模板支设班组设专人看模,随时检查支撑是否变形、松动,并组织及时恢复。

② 斜支撑(图 3-22)。斜支撑体系由支撑头、可调螺杆、正反螺母和连接件组成。

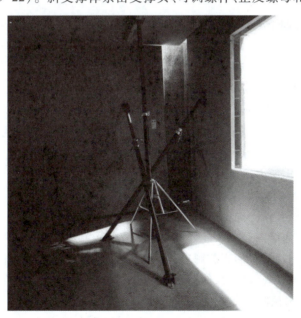

图 3-22　斜支撑的应用

支撑头(图 3-23)宜采用钢板制造,尺寸宜为 150 mm×150 mm,板材厚度不得小于 6 mm,支撑头受压承载力设计值不应小于 40 kN。主要用于墙板、预制柱等竖向构件的临时固定。使用时先将固定 U 形卡座安装在预制构件上,根据楼板膨胀螺栓定位图将固定 U 形卡座安装在楼面上。可调斜支撑长螺杆长 2 400 mm,短螺杆长 1 000 mm,可调节长度均为 ±100 mm,如图 3-24 所示。

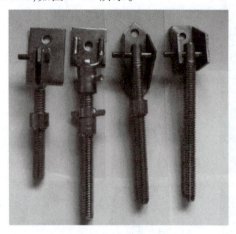
图 3-23　支撑头

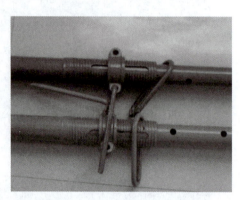
图 3-24　可调斜支撑杆件

2. 测量定位、放线的方法和要求

测量放线是装配整体式混凝土施工中要求最为精确的一道工序,对确定预制构件安装位置起着重要作用,也是后序工作位置准确的保证。预制构件安装放线遵循先整体后局部的程序。

（1）放线方法步骤

首层定位轴线的四个基准外角点(距相邻两条外轴线 1 m 的垂线交点)用经纬仪从四周龙门桩上引入,或用全站仪从现场 GPS 坐标定位的基准点引入;楼层标高控制点用水准仪从现场水准点引入。然后利用引入的四个基准外角点放出楼层四周外墙轴线。待轴线复核无误后作为本层的基准线。

以四周外墙轴线为基准线,使用 5 m 钢卷尺放出外墙安装位置线。先放四个外墙角位置线,后放外墙中部墙体位置线。继而以此为控制线,以 50 m 钢卷尺为工具放内墙位置线。先放楼梯间的三面内墙位置线,后放其他内墙位置线;先放主要墙位置线,后放次要墙位置线;先放承重墙位置线,后放非承重墙位置线。

根据图纸要求,准确放出以下位置和控制线:

① 在预留门洞处必须准确无误地放出门洞线。

② 在外墙内侧,内墙两侧 20 cm 处放出墙体安装控制线。

③ 使用水准仪利用楼层标高控制点,控制好预制墙体下垫块表面标高。

④ 待预制墙体构件安装好后,使用水准仪利用楼层标高控制点,在墙体放出 50 cm(或 1 m)控制线,以此作为预制叠合梁、板和现浇板模板安装标高控制线。

⑤ 根据墙线外侧 20 cm 控制线,放出预制楼梯、叠合梁安装轴线;根据墙体上弹好的 50 cm(或 1 m)控制线,放出预制楼梯、叠合梁安装标高,要注意预制楼梯板表面建筑标高与 50 cm(或 1m)控制线结构标高的高差。

⑥ 在楼梯间相应的剪力墙上弹出楼梯踏步的最上一步及最下一步位置,用来控制楼梯

安装标高位置。

⑦ 在混凝土浇捣前,使用水准仪、标尺放出上层楼板结构标高,在预制墙体构件预留插筋上相应水平位置缠好白胶带,以白胶带下边线为准。在白胶带下边线位置系上细线,形成控制线,控制楼板、梁混凝土施工标高。

⑧ 上层标高控制线,用水准仪和标尺由下层 50(或 1 m)控制线引测至上层。

注意:构件安装测量允许偏差,平台面的抄平控制为 ±1 mm,预装过程中抄平工作为 ±2 mm。

(2)标高与平整度控制

柱子和剪力墙板等竖向构件安装,水平放线首先确定支垫标高;支垫采用螺栓方式,旋转螺栓到设计标高;支垫采用钢垫板方式,准备不同厚度的垫板调整到设计标高。构件安装后,测量调整柱子或墙板的顶面标高和平整度。

没有支承在墙体或梁上的叠合板、叠合梁、阳台板、挑檐板等水平构件安装,水平放线首先控制临时支撑体梁的顶面标高。构件安装后测量控制构件的底面标高和平整度。

支撑在墙体或梁上的楼板、支撑在柱子上的莲藕梁,水平放线首先测量控制下部构件支撑部位的顶面标高,安装后测量控制构件顶面或底面标高和平整度。

(3)平面位置控制

预制构件安装原则上以中心线控制位置,误差由两边分摊。可将构件中心线用墨斗分别弹在结构和构件上,方便安装就位时定位测量。

建筑外墙构件,包括剪力墙板、外墙挂板、悬挑楼板和位于建筑表面的柱、梁,"左右"方向与其他构件一样以轴线作为控制线。"前后"方向以外墙面作为控制边界。外墙面控制可以用从主体结构探出定位杆拉线测量的办法。

(4)垂直度控制

柱子、墙板等竖直构件安装后须测量和调整垂直度,可以用仪器测量控制,也可以用铅坠测量。

3. 吊具的选择

在起吊构件时,无论采用几点吊装,都要始终保证其合力作用点和吊钩必须与被吊构件的重心在同一条铅垂线上,这直接关系吊装结果和操作安全。

吊具的选择必须保证被吊构件不变形、不损坏,起吊后不转动、不倾斜、不翻倒。预制混凝土构件吊点是提前设计好的,应根据被吊构件的结构、形状、体积、重量、预留吊点及吊装的要求,结合现场作业条件,确定合适的吊具。吊具选择必须保证吊索受力均匀,各承载吊索间的夹角一般不应大于 60°,在说明中提供吊装图的构件,应按吊装图进行吊装。在异形构件装配时,可采用辅助吊点配合简易吊具调节物体所需位置的吊装法。

4. 构件吊装作业的基本工序

构件吊装作业的基本工序包括:

① 应先给构件系好牵引绳,以控制构件在空中的姿态,不出现转动。

② 在吊点"挂钩"。

③ 构件缓慢起吊,提升到 30~50 cm 高度,观察有无异常现象,若吊索平衡,构件无其他状况,再继续吊起;吊装应采用慢起、稳升、缓放的操作方式。

④ 柱子吊装是从平躺状态变成竖直状态,在翻转时,柱子底部须隔垫硬质聚苯乙烯或

橡胶轮胎等软垫。

⑤ 在吊装过程中,应保持稳定,不得偏斜、摇摆和扭转。

⑥ 将构件吊至比安装作业面高出 3 m 以上且高出作业面最高设施 1 m 以上高度时再平移构件至安装部位上方,然后缓慢下降高度。

⑦ 构件接近安装部位时,安装人员用牵引绳调整构件位置与方向。

⑧ 构件高度接近安装部位约 1 m 处,安装人员开始用手扶着构件引导就位。

⑨ 构件就位过程中须慢慢下落。柱子和剪力墙板的套筒(或浆锚孔)对准下部构件伸出的钢筋;楼板、梁等构件对准放线弹出的位置或其他定位标识;楼梯板安装孔对准预埋螺母等;构件缓慢下降直至平稳就位。

⑩ 如果构件安装位置和标高大于允许误差,应进行微调。

5. 临时支撑的安装和调整步骤

（1）竖向支撑安装与调整

① 搭设水平构件临时支撑时,要严格按照设计图样的要求进行搭设。如果设计未明确相关要求,需施工单位会同设计单位、构件生产厂共同做好施工方案,报监理批准方可实施,并对相关人员做好安全技术交底。

② 单顶支撑的间距要严格按照施工方案控制,避免随意加大支撑间距。

③ 控制好单顶支撑与墙体之间的距离。

④ 单顶支撑安装好后,按要求调整好标高,确保水平构件安装到位后平整度能满足要求。

⑤ 水平构件安装后,检查支撑体系的支撑受力状态,对于未受力或受力不平衡的情况进行微调。

（2）斜支撑安装与调整

柱子、剪力墙板等竖直构件和没有横向支承的梁须架立斜支撑,安装与调整方法按以下步骤:

① 墙体落稳后,标高、轴线复核完成,应立即进行构件的临时支撑工作,安装固定斜支撑。

② 每个预制构件的临时支撑不宜少于 2 道,其高支撑点距离板底的距离不宜小于构件高度的 2/3,且不应小于构件高度的 1/2,支撑与水平线夹角为 55°~65°。

③ 斜支撑与墙体及楼板采用膨胀螺栓或预埋件固定。如果采用膨胀螺栓与楼板固定,螺栓长度不小于 9 cm,保证螺栓进入叠合板的预制板内 3 cm。

④ 使用固定斜支撑的微调功能调节墙体的垂直度;斜支撑以拉压两种功能为主,统一固定于墙体的一侧,留出过道,便于其他物品运输。

⑤ 检查构件安装是否满足规范要求,检验合格后方可摘除吊钩。

🌱 任务实施

1. 施工准备

（1）图纸识读

本工程为 2 层的宿舍楼,建筑最大高度 7.600 m,立面图与平面图如图 3-25、图 3-26所示。

二层结构预制构件包括预制柱、叠合板、预制梁、预制外墙板等构件。

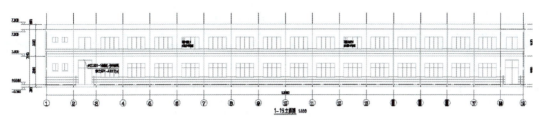

图 3-25 宿舍楼立面图

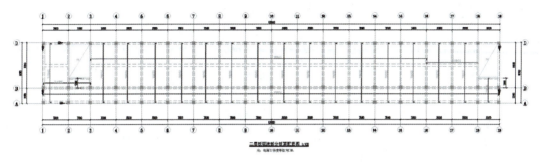

图 3-26 宿舍楼平面图

宿舍楼长 62 m,宽 8 m,呈狭长形。根据图纸及三维模型,对每个构件的编号、构件类型、位置、尺寸、体积和质量进行统计并整理成表,部分数据见表 3-1、表 3-2。

表 3-1 预制梁信息表

序号	构件编号	构件类型	位置	长/mm	高/mm	厚/mm	体积/m³	重量/t
1	2PCL-(A1-2)	梁	A/1-2	3 030	450	200	0.273	0.68
2	2PCL-(A2-3)	梁	A/2-3	2 630	450	200	0.237	0.59
3	2PCL-(A3-4)	梁	A/3-4	3 130	450	200	0.282	0.70
4	2PCL-(A4-5)	梁	A/4-5	3 130	450	200	0.282	0.70
5	2PCL-(A5-6)	梁	A/5-6	3 130	450	200	0.282	0.70
6	2PCL-(A6-7)	梁	A/6-7	3 130	450	200	0.282	0.70
7	2PCL-(A7-8)	梁	A/7-8	3 130	450	200	0.282	0.70
8	2PCL-(A8-9)	梁	A/8-9	3 130	450	200	0.282	0.70
9	2PCL-(A9-10)	梁	A/9-10	3 130	450	200	0.282	0.70
10	2PCL-(A10-11)	梁	A/10-11	3 130	450	200	0.282	0.70
11	2PCL-(A11-12)	梁	A/11-12	3 130	450	200	0.282	0.70
12	2PCL-(A12-13)	梁	A/12-13	3 130	450	200	0.282	0.70
13	2PCL-(A13-14)	梁	A/13-14	3 130	450	200	0.282	0.70
14	2PCL-(A14-15)	梁	A/14-15	3 130	450	200	0.282	0.70
15	2PCL-(A15-16)	梁	A/15-16	3 130	450	200	0.282	0.70
16	2PCL-(A16-17)	梁	A/16-17	3 130	450	200	0.282	0.70
17	2PCL-(A17-18)	梁	A/17-18	3 130	450	200	0.282	0.70
18	2PCL-(A18-19)	梁	A/18-19	2 530	450	200	0.228	0.57
19	2PCL-(B1-2)	梁	B/1-2	3 030	450	240	0.327	0.82
20	2PCL-(B2-3)	梁	B/2-3	2 630	450	240	0.284	0.71

表 3-2　预制外墙信息表

序号	构件编号	构件类型	位置	长/mm	高/mm	厚/mm	体积/m³	重量/t
1	WGX-1F-01	外墙板	A/1-2	2 960	3 580	160	2.123	5.31
2	WGX-1F-02	外墙板	A/2-3	2 560	3 580	160	0.914	2.29
3	WGX-1F-03	外墙板	A/3-4	3 060	3 580	160	1.556	3.89
4	WGX-1F-03	外墙板	A/4-5	3 060	3 580	160	1.556	3.89
5	WGX-1F-03	外墙板	A/5-6	3 060	3 580	160	1.556	3.89
6	WGX-1F-03	外墙板	A/6-7	3 060	3 580	160	1.556	3.89
7	WGX-1F-03	外墙板	A/7-8	3 060	3 580	160	1.556	3.89
8	WGX-1F-03	外墙板	A/8-9	3 060	3 580	160	1.556	3.89
9	WGX-1F-03	外墙板	A/9-10	3 060	3 580	160	1.556	3.89
10	WGX-1F-03	外墙板	A/10-11	3 060	3 580	160	1.556	3.89
11	WGX-1F-03	外墙板	A/11-12	3 060	3 580	160	1.556	3.89
12	WGX-1F-03	外墙板	A/12-13	3 060	3 580	160	1.556	3.89
13	WGX-1F-03	外墙板	A/13-14	3 060	3 580	160	1.556	3.89
14	WGX-1F-03	外墙板	A/14-15	3 060	3 580	160	1.556	3.89
15	WGX-1F-03	外墙板	A/15-16	3 060	3 580	160	1.556	3.89
16	WGX-1F-03	外墙板	A/16-17	3 060	3 580	160	1.556	3.89
17	WGX-1F-03	外墙板	A/17-18	3 060	3 580	160	1.556	3.89
18	WGX-1F-04	外墙板	A/18-19	2 460	3 580	160	0.847	2.12
19	WGX-1F-05	外墙板	D/18-19	2 460	3 580	160	1.450	3.63
20	WGX-1F-06	外墙板	D/17-18	3 060	3 580	160	2.150	5.38

（2）吊装设备的选择与布置

本项目装配式混凝土预制构件共计 441 件，最重的构件是 WGY-1F-02，最轻的是 2PCL-(1A-B)/wPCL-1A-B。结合工程特点、预制构件体积、重量和汽车式起重机技术参数（表 3-3）。经过吊运分析，现场吊装计划采用 2 台 80 t 汽车吊，安排 2 个吊装队伍，由两侧向中间对称施工，分三次站位，完成所有预制构件的吊装。

表 3-3　QY80K 80 t 汽车式起重机起重性能参数表　　　　单位:t

吊臂长度/m	工作半径/m						
	12	18	24	30	36	40	44
2.5	80	45					
3.0	80	45	35				
3.5	80	45	35				
4.0	70	45	35	27			
4.5	62	45	35	27			
5.0	56	40	32	27			

续表

吊臂长度/m	工作半径/m						
	12	18	24	30	36	40	44
5.5	50	37	29.2	27	22		
6.0	45	34.3	27.2	25	22		
6.5	39.4	31.5	25.3	23.2	22	18	
7.0	35.6	29.1	23.7	21.5	20.3	18	
8.0	27.8	25.4	21	18.8	17.7	15.7	12
9.5	20.8	20.8	17.8	15.7	14.6	13.2	12
10.0	19.2	19.2	17	15	13.8	12.61	11.4
11.0		16.5	15.6	13.5	12.4	11.4	10.4
11.8		14.7	14.7	12.6	11.4	10.6	9.7
12.0		14.2	14.2	12.4	11.2	10.4	9.5
13.0		12.5	12.5	11.3	10.2	9.3	8.8
14.6		10	10	10	9.0	8.5	7.8
15.0		9.4	9.4	9.4	8.7	8.2	7.6
16.0			8.1	8.1	8.1	7.7	7.1
17.8			6.2	6.2	6.2	6.8	6.3
20.0			4.5	4.5	4.5	5.1	5.6
22.0				3.4	3.4	4.0	4.4
23.0				3.0	3.0	3.5	3.9
26.0					1.7	2.2	2.6
27.0						1.9	2.2
28.0						1.6	1.9
30.0						1.0	1.3
31.0							1.1

注：支腿全伸,横纵距离 7.0 m×5.587 m,侧方、后方作业。

在吊运分析中,起吊重量应等于起吊构件、吊索吊具和吊装架之和的 1.2 倍。结合技术参数,汽车式起重机平面位置的三个站位分别在 4 轴、10 轴、16 轴与距离建筑物安全工作距离 4 m 交接处,如图 3-27 所示。

吊装顺序为从两端向中间对称吊装,外墙吊运过程中需要 1#或 3#汽车式起重机移到 2#位置进行部分墙的吊装。

（3）确定整体式框架结构的施工流程

构件进场验收→确定构件吊装顺序→构件弹线控制→结构弹线→支撑连接件设置复核 →预制柱吊装、固定、校正、连接→预制墙板吊装、固定、校正、连接→预制梁吊装、固定、校

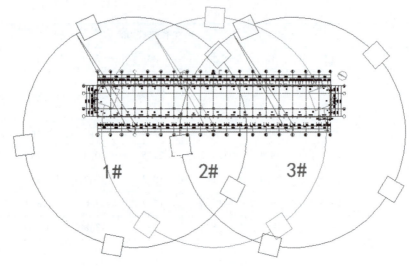

图 3-27　汽车式起重机位置图

正、连接→预制板吊装固定、校正、连接→预制梁板叠合层混凝土浇筑→预制楼梯吊装、固定、校正、连接→重复以上循环内容。

（4）预埋件检查与放线

检查预制构件预留钢套筒及预留钢筋是否满足图纸要求，套筒内是否有杂物，做好记录。检查复核无问题后，方可进行吊装作业。

吊装就位前将所有柱、墙的位置在地面弹好墨线。

（5）吊具的选择、构件与吊具的连接

选择横吊梁等用于梁、墙板等构件的吊装；使用倒链拉紧缆风绳、拉紧捆绑构件的绳索等，也可用于预制构件精准定位，便于构件更好地安装、校正；选择与构件预埋的连接点相适应的接驳器。

（6）选择临时支撑系统

本工程选择单顶支撑和斜支撑。

2. 竖向构件吊装施工

（1）预制柱吊装、校核与调整

1）确定预制框架柱吊装施工工艺流程。预制框架柱进场、验收→ 按图纸要求放线→安装吊具→预制框架柱扶直→ 预制框架柱吊装→ 预留钢筋就位→ 水平调整、竖向校正→斜支撑固定→摘钩。

2）预制柱吊点位置与吊索使用。预制柱采用一点竖向起吊，单个吊点位于柱顶中央，由生产厂家预留。现场采用单腿锁具吊住预制柱吊点，逐步移向拟定位置，柱子拴牵引绳，以便人工辅助柱就位，如图 3-28 所示。

3）柱就位、校核与调整。

① 根据预制柱平面纵横两轴线的控制线和柱子的边框线，校核预制柱中预埋钢套管位置偏移情况，并做好记录。

② 吊装前在柱四角放置金属垫块，以利于预制柱的垂直度校正，按设计标高，对柱子高度偏差进行复核。若预制柱位置有小距离偏移，可用汽车式起重机或千斤顶等进行调整。

图 3-28　预制柱安装就位

③ 用经纬仪控制垂直度,若有少许偏差可用斜支撑进行调整。

④ 预制框架柱初步就位时应将预制柱下部钢筋套筒与下层预制柱的预留钢筋初步试对,无问题后准备进行固定。

(2) 预制剪力墙吊装、校核与调整

1) 确定预制剪力墙吊装施工工艺流程。预制剪力墙进场、验收→按图纸要求放线→安装吊具→预制剪力墙扶直→预制剪力墙吊装预留钢筋插入就位→水平调整、竖向校正→斜支撑固定→摘钩。

2) 预制剪力墙吊点位置与吊索使用。预制剪力墙采用两点吊,预制剪力墙两个吊点分别位于墙顶两侧 1/5 墙长位置,由构件生产厂家预留。

3) 预制剪力墙就位。认真做好吊装前的器具准备、弹线工作,仔细检查安装部位情况,填写《施工准备情况登记表》,施工现场负责人检查核对签字后方可开始吊装。

① 吊装。

a. 吊装时采用带倒链的扁担式吊装设备,加设牵引绳,以控制墙体在空中的姿态,如图 3-29 所示。

b. 顺着吊装前所弹墨线缓缓下放墙板,吊装经过的区域下方设置警戒区,施工人员应撤离,由信号工指挥,就位时待构件下降至作业面 1m 左右高度时施工人员方可靠近操作,以保证操作人员的安全。

c. 墙板下放好金属垫块,保证墙板底标高准确(也可提前在预制墙板上安装定位角码,顺着定位角码的位置安放墙板,如图 3-30 所示)。

d. 墙板底部若局部套筒未对准时,可使用倒链将墙板手动微调,重新对孔。

图 3-29　预制剪力墙吊装

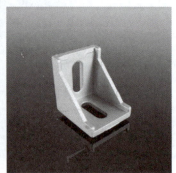

图 3-30　角码及墙板角码固定实样

e. 底部没有灌浆套筒的外填充墙板直接顺着角码缓缓放下墙体。垫板造成的空隙可以用坐浆方式填补。为防止坐浆料填充到外叶板之间,补充 50 mm×20 mm 的保温板(或橡胶止水条)堵塞缝隙,如图 3-31 所示。

② 安放斜撑

墙板垂直坐落在准确位置后,使用激光水准仪复核水平是否有偏差,无误差后,利用预制墙板上的预埋螺栓和地面后置膨胀螺栓(将膨胀螺栓在环氧树脂内蘸下,立即打入地面)安装斜支撑杆,用测尺检测预制墙体垂直度及复测墙顶标高后,利用斜支撑杆调节好墙体的垂直度,方可松开吊钩。在调节斜支撑杆时必须两名工人同时间、同方向进行操作。如图 3-32 所示。

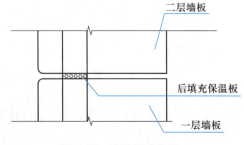

图 3-31　墙板缝隙处理

调节斜支撑杆完毕后,再次校核墙体的水平位置和标高、垂直度,相邻墙体的平整度。其检查工具包括经纬仪、水准仪、靠尺、水平尺(或软管)、铅锤、拉线等。

图 3-32　预制剪力墙支撑调节

（3）预制混凝土外挂墙板吊装、校核与调整

1）确定预制外挂墙板吊装施工工艺流程。预制墙板进场、验收→按图纸要求放线→安装固定件→安装预制挂板→螺栓固定→缝隙处理→完成安装。

2）预制外挂墙板吊点位置与吊索使用。预制外挂墙与预制剪力墙一样采用两点吊，吊点宜分别位于墙顶两侧 1/5~1/4 墙长位置，如图 3-33 和图 3-34 所示。

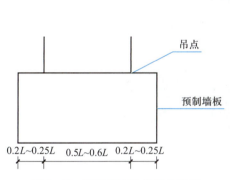

图 3-33　预制外挂墙板吊点设置

图 3-34　预制外挂墙板吊装

3）预制外挂墙板就位。

① 外墙挂板施工前准备。结构每层楼面轴线垂直控制点不应少于 4 个，楼层上的控制轴线应使用经纬仪由底层原始点直接向上引测；每个楼层应设置 1 个高程控制点；预制构件控制线应由轴线引出，每块预制构件应有纵横控制线 2 条；预制外墙挂板安装前应在墙板内侧弹出竖向与水平线，安装时应与楼层上该墙板控制线相对应。当采用饰面砖外装饰时，饰面砖竖向、横向砖缝应引测。贯通到外墙内侧来控制相邻板与板之间，层与层之间饰面砖砖缝对直。预制外墙板垂直度测量，4 个角留设的测点为预制外墙板转换控制点，用靠尺以此 4 点在内侧进行垂直度校核和测量；应在预制外墙板顶部设置水平标高点，在上层预制外墙板吊装时，应先垫垫块或在构件上预埋标高控制调节件。

② 外墙挂板的吊装。预制构件应按照施工方案吊装顺序预先编号，严格按照编号顺序起吊；吊装应采用慢起、稳升、缓放的操作方式，应系好缆风绳控制构件转动；在吊装过程中，应保持稳定，不得偏斜、摇摆和扭转。

预制外墙板的校核与偏差调整应按以下要求：

225

a. 预制外墙挂板侧面中线及板面垂直度的校核,应以中线为主调整。

b. 预制外墙板上下校正时,应以竖缝为主调整。

c. 墙板接缝应以满足外墙面平整为主,内墙面不平或翘曲时,可在内装饰或内保温层内调整。

d. 预制外墙板山墙阳角与相邻板的校正,以阳角为基准调整。

e. 预制外墙板拼缝平整的校核,应以楼地面水平线为准调整。

(4)预制内隔墙吊装、校核与调整

1)确定预制内隔墙吊装施工工艺流程。预制内隔墙板进场、验收→放线→安装固定件→安装预制内隔墙板→灌浆→粘贴网格布→勾缝→完成安装。

2)预制内隔墙板吊点位置与吊索使用。预制内隔墙也采用两点吊,用铁扁担进行吊装,吊点也应分别位于墙顶两侧 1/5～1/4 墙长位置,如图 3-35 所示。

图 3-35　预制内墙板吊装

3)预制内隔墙板就位

a. 对照图纸在现场弹出轴线及控制线,并按排板设计标明每块板的位置。

b. 预制构件应按照施工方案吊装顺序预先编号,严格按照编号顺序起吊;吊装前在底板测量、放线(也可提前在墙板上安装定位角码)。

c. 将安装位洒水阴湿,地面上、墙板下放好垫块,垫块保证墙板底标高正确。垫板造成的空隙可用坐浆方式填补坐浆,具体技术要求同外墙板的坐浆。

d. 起吊内墙板,沿着所弹墨线缓缓下放,直至坐浆密实,复测墙板水平位置是否偏差,确定无偏差后,安装斜支撑杆,复测墙板顶标高后方可松开吊钩。

e. 利用斜支撑杆调节墙板垂直度,调整方法与剪力墙一样;刮平并补齐底部缝隙的坐浆。

f. 复核墙体的水平位置和标高、垂直度,相邻墙体的平整度。

3. 水平构件吊装施工

(1)预制梁吊装、校核与调整

1)确定预制梁吊装施工工艺流程。预制梁进场、验收→按图放好梁搁置柱头边线→设置梁底支撑→预制梁起吊→预制梁安放就位→预制梁微调→摘钩。

2）预制梁吊点位置与吊具、吊索使用。预制梁采用两点吊,吊点由构件生产厂家留设,两个吊点宜分别位于梁顶距离两端 1/5 ~ 1/4 梁长位置。

现场吊装采用双腿锁具或用铁扁担梁吊住两个吊点逐步移向拟定位置,人工通过预制梁顶绳索辅助梁就位,如图 3-36 所示。

图 3-36　预制框架梁吊装

3）预制梁安装就位。

① 弹出控制线。用水平仪抄测出柱顶与梁底标高误差,然后在柱子上弹出梁边线控制线。

② 标注编号。在构件上标明每个构件的吊装顺序和编号,便于吊装人员辨认。

③ 安放梁底支撑。梁底支撑采用立杆支撑+可调顶托+100 mm×100 mm 木方,预制梁的标高通过支撑体系的顶部螺纹来调节,如图 3-37 所示。

④ 梁的吊装。梁起吊时,用双腿锁具或吊索钩住扁担梁的吊环,吊索应有足够的长度以保证吊索和扁担梁或吊索与梁之间的角度≥45°,如图 3-38 所示。

图 3-37　预制框架梁底独立支撑

图 3-38　吊索与预制梁之间的夹角

当梁初步就位后,两侧借助柱头上的梁定位线将梁精确校正,在调平同时将下部可调支撑上紧,这时方可松去吊钩。

主梁吊装结束后,根据柱上已放出的梁边和梁端控制线,检查主梁上的次梁缺口位置是否正确,如不正确,需做相应处理后方可吊装次梁,梁在吊装过程中要按柱对称吊装。

227

（2）预制楼板吊装、校核与调整

1）确定预制楼板施工工艺流程。预制楼板进场、验收→按图放好板搁置点的边线→设置楼板底支撑→预制楼板吊装→预制楼板安放就位→预制楼梯微调定位→吊具摘除。

2）预制楼梯吊点位置与吊具、吊索使用。

预制楼板的吊点位置应合理设置，根据预制板大小，可采用4个、6个或8个吊点，吊点需对称布置，吊装就位时应保持垂直平稳，预制楼板吊装如图3-39所示。根据《钢筋桁架混凝土叠合板应用技术规程》（T/CECS 715—2020）要求：当预制板仅设有4个吊点时，可能由于生产误差等原因导致仅3个吊点工作的最不利工况，因此应进行吊具的验算，验算安全后方可起吊。

预制板的吊装方式及相应吊具应根据桁架预制板构件的形状、尺寸和重量等进行选择和设计。当吊绳与起吊桁架预制板构件的夹角小于60°时，应设置分配梁或分配桁架，如图3-40所示。

图3-39　吊装预制楼板　　　　　图3-40　桁架吊装预制楼板

3）预制楼板安装就位。吊装前在每条吊装完成的梁或墙上测量并弹出相应预制板四周控制线，并在构件上标明每个构件所属的吊装顺序和编号，便于吊装人员辨认。

在叠合板两端部位设置临时可调节支撑杆，预制楼板的支撑设置应符合以下要求：

① 支撑架体应具有足够的承载能力、刚度和稳定性，应能可靠地承受混凝土构件的自重和施工过程中所产生的荷载及风荷载。

② 确保支撑系统的间距及距离墙、柱、梁边的净距符合系统验算要求，上下层支撑应在同一直线上。板下支撑间距一般楼板不应大于1.6 m，当支撑间距大于1.6 m且板面施工荷载较大时，跨中需在预制板中间加设支撑。

在可调托撑上架设木方，调节木方顶面至板底设计标高达到要求后，开始吊装预制楼板。

吊装应按顺序连续进行，板吊至柱上方3~6 cm后，调整板位置使锚固筋与梁箍筋错开便于就位，板边线基本与控制线吻合。使预制楼板坐落在木方顶面，及时检查板底与预制叠合梁的接缝是否到位，预制楼板钢筋入墙或入梁长度是否符合要求，直至吊装完成。如图3-41所示。《钢筋桁架混凝土叠合板应用技术规程》也允许叠合板不出边筋，那样安装又方便了很多。

吊装结束后,要根据板四周边线及板柱上弹出的标高控制线对板标及位置进行精确调整,误差控制在 2 mm 以内。

4. 特殊构件吊装施工

(1)预制楼梯吊装、校核与调整

1)确定预制楼梯吊装施工工艺流程。预制楼梯进场、验收→按图放好板搁置点的控制线→预制楼梯吊装→预制楼梯安放就位→预制楼梯微调→吊具摘除。

2)预制楼梯板吊点位置与吊具、吊索使用。

预制楼梯采用四点吊,配合倒链下落就位调整索具铁链长度,使楼梯段休息平台处于水平位置,试吊预制楼梯板,检查吊点位置是否准确,吊索受力是否均匀等;试吊高度不应超过1 m。

3)预制楼梯安装就位。楼梯间周边梁板叠合后,测量并弹出相应楼梯构件端部和侧边的控制线。

将楼梯吊至梁上方 30~50 cm 后,调整楼梯位置使上下平台锚固筋与梁箍筋错开,板边线基本与控制线吻合。

用就位协助设备等使构件根据控制线精确就位,先保证楼梯两侧准确就位,再使用水平尺和导链调节楼梯水平,最后缓缓放下楼梯,如图 3-42 所示。

图 3-41 调整预制楼板缝隙

图 3-42 吊装楼梯

(2)预制阳台、空调板构件安装

1)预制阳台、飘窗、空调板吊装施工工艺流程。预制构件进场、验收→按图放好构件搁置点的控制线→临时支撑搭设→预制构件吊装→预制构件安放就位→预制构件微调→吊具摘除。

2)预制构件吊点位置与吊具、吊索使用。预制阳台板、空调板等采用四点吊,配合倒链下落就位,调整索具铁链长度,使预制阳台、休息平台处于水平位置,试吊阳台、飘窗、空调板,检查吊点位置是否准确,吊索受力是否均匀等,试吊高度一般不超过 1 m,如图 3-43所示。

3)阳台板、飘窗、空调板吊装就位。根据控制线确定预制构件的水平、垂直位置,将位置控制线弹在剪力墙上,然后搭设支撑,检查支座顶面标高及支撑面平整度。当预制构件吊

图 3-43　吊装阳台

至设计位置上方 30~60 cm 后,调整位置使锚固筋与已完成结构预留钢筋错开,便于构件就位。使构件边界基本与控制线吻合,缓缓放下构件就位。

吊装完成后应对板底接缝高差进行校核,如果板底接缝高差不满足设计要求,应将构件重新起吊,通过可调托座进行调节。

5. 工完料清

预制构件吊装完成后,将吊具、吊索及其他辅助机器具拆除及时收整、归还仓库。对钢丝绳还需要检查是否出现损伤、硬折角等。

知识拓展

1. 绳索与吊装架验算

(1) 吊装荷载

运输和吊运过程的荷载为构件重量乘 1.5 系数,翻转和安装就位的荷载取重量乘 1.2 系数。

(2) 绳索抗拉强度验算

钢丝绳、吊索链及吊装带主要计算抗拉强度。单根钢丝绳拉力

$$F_s = W/n\cos\alpha \tag{3-1}$$

式中:F_s——绳索拉力;

W——构件重量;

n——绳索根数;

α——绳索与水平线夹角。

绳索抗拉强度验算见下式:

$$F_s \leqslant F/S \tag{3-2}$$

式中:F——材料拉断时所承受的最大拉力,见表 3-4。

S——安全系数,取 3.0。

(3) 吊架验算

吊架一般用工字钢、槽钢等型钢制作。一字形吊架计算简图为简支梁,平面吊架为 4 点支撑简支板。吊架上部绳索连接处为支座,下部绳索连接处为集中荷载作用点。

吊架集中荷载为吊架下部绳索拉力,见下式:

$$P = W/n_x \qquad (3-3)$$

式中:P——吊架集中荷载;

　W——构件重量;

　n_x——吊架下部绳索根数。

吊架需验算强度和刚度,按钢结构构件计算。

表 3-4　常用钢丝绳抗拉强度和拉力数据

直径		钢丝总断面积/mm²	参考重量/(kg/100 m)	钢丝公称抗拉强度/(N/mm²)				
钢丝绳	钢丝			1 372	1 519	1 666	1 813	1 960
/mm				钢丝破断拉力总和(N,不小于)				
6×19+1 钢丝绳								
6.2	0.4	14.32	13.53	19600	21658	23814	25872	28028
7.7	0.5	22.37	21.14	30674	33908	37240	40474	43806
9.3	0.6	32.22	30.45	44198	48902	53606	58408	63112
11.0	0.8	43.85	41.44	60074	66542	73010	79478	85946
12.5	0.9	57.27	54.26	78498	86926	95354	103390	112210
14.0	1.0	72.49	68.5	98980	109760	120540	131320	141610
15.5	1.1	89.49	84.57	122500	135730	148960	162190	174930
17.0	1.2	108.28	102.3	148470	164150	180320	196000	212170
18.5	1.3	128.87	121.8	176400	195510	214620	233240	252350
20.0	1.4	151.24	142.9	207270	229320	251860	273910	295960
21.5	1.5	175.40	165.8	240590	266070	292040	317520	343490
23.0	1.6	201.35	190.3	275870	305760	335160	364560	394450
24.5	1.7	229.09	216.5	314090	347900	381220	415030	448840
26.0	1.8	258.63	244.4	354760	392490	430710	468440	506660
28.0	1.9	289.85	274.0	397390	440020	482650	525280	567910
31.0	2.0	357.96	338.3	490980	543410	596330	648760	701190
34.0	2.2	433.13	409.3	593880	657580	721280	784980	
37.0	2.4	515.46	487.1	707070	782530	858480	934430	
40.0	2.6	604.95	571.7	829570	918750	1004500	1092700	
43.0	2.8	701.6	663	962360	1063300	1166200	1269100	
46.0	3.0	805.41	761.1	1102500	1220100	1337700	1460200	
6×37+1 钢丝绳								
8.7	0.4	27.88	26.21	38220	42336	46354	50470	54586
11.0	0.5	43.57	40.96	59682	66150	72520	78988	85358
13.0	0.6	62.74	58.98	86044	95256	104370	113680	122500
15.0	0.7	85.39	80.27	117110	129360	142100	154350	167090

续表

直径		钢丝总断面积/mm²	参考重量/(kg/100 m)	钢丝公称抗拉强度/(N/mm²)				
钢丝绳	钢丝			1 372	1 519	1 666	1 813	1 960
/mm				钢丝破断拉力总和(N,不小于)				
6×37+1 钢丝绳								
17.5	0.8	111.53	104.8	152880	169050	185710	201880	218540
19.5	0.9	141.16	132.7	193550	214130	234710	255780	276360
21.5	1.0	174.27	163.8	238630	264600	290080	315560	341530
24.0	1.1	210.87	198.3	289100	319970	350840	382200	413070
26.0	1.2	250.95	235.9	343980	380730	417970	454720	491470
28.0	1.3	294.52	276.8	403760	447370	490490	533610	577220
30.0	1.4	341.57	321.1	468440	518420	568890	618870	669340
32.5	1.5	392.11	368.6	537530	595350	653170	710500	768320
34.5	1.6	446.13	419.4	612010	677670	742840	808500	874160
36.5	1.7	503.64	473.4	690900	764890	838880	912870	984900
39.0	1.8	564.53	530.8	774200	857500	940310	1019200	1102500
43.0	2.0	697.08	655.3	955990	1058400	1161300	1259300	1362200
47.5	2.2	843.47	792.9	774200	1278900	1401400	1528800	
52.0	2.4	1003.80	994.62	1376900	1523900	1670900	1817900	
56.0	2.6	1178.07	1107.4	1612100	1788500	1960000	2131500	
60.5	2.8	1366.28	1284.3	1871800	2072700	2273600	2474500	
65.0	3.0	1568.43	1474.3	2151100	2381400	26611700	2842000	

2. 吊装作业的安全要求

（1）吊装工程的主要施工特点

① 受预制构件的类型和质量影响大。

② 正确选用起重机具是完成吊装任务的主要因素。

③ 构件的应力状态变化多。

④ 高空作业多,容易发生事故,必须加强安全教育,并采取可靠措施。

（2）起吊作业的人员及场地要求

① 施工现场必须选派具有丰富吊装经验的信号指挥人员、挂钩人员,作业人员施工前必须检查身体,对患有不宜高空作业疾病的人员不得安排高空作业。特种作业人员必须经过专门的安全培训,经考核合格,持特种作业操作资格证书上岗。特种作业人员应按规定进行体检和复审。

② 起重吊装作业前,应根据施工组织设计要求划定危险作业区域,在主要施工部位、作业点、危险区都必须设置醒目的警示标志,设专人加强安全警戒,防止无关人员进入。还应视现场作业环境专门设置监护人员,防止高处作业或交叉作业时造成的落物伤人事故。

（3）起重设备与器具检查

① 起重设备。起重机械按施工方案要求选型,运到现场重新组装后,应进行试运转试

验和验收,确认符合要求并记录、签字。起重机经检验后可以持续使用并要持有市级有关部门定期核发的准用证。

须经检查确认的安全装置包括超高限位器、力矩限制器、臂杆幅度指示器及吊钩保险装置,均应符合要求。当该机说明书中尚有其他安全装置时应按说明书规定进行检查。

汽车式起重机进行吊装作业时,行走用的驾驶室内不得有人,吊物不得超越驾驶室上方,并严禁带载行驶。

双机抬吊时,要根据起重机的起重能力进行合理的负载分配,操作时要统一指挥,互相密切配合。在整个起吊过程中,两台起重机的吊滑车均应基本保持垂直状态。

② 钢丝绳。钢丝绳断丝数在一个节距中超过 10%、钢丝绳锈蚀或表面磨损达 40% 以及有死弯、结构变形、绳芯挤出等情况时,应报废停止使用。

缆风绳应使用钢丝绳,其安全系数 $K=3.5$,规格应符合施工方案要求,缆风绳应与地锚牢固连接。

③ 吊装作业安全操作要点:

穿绳安全要求:确定吊物重心,选好挂绳位置;穿绳宜用铁钩,不得将手臂伸到构件下面。

挂绳安全要求:应按顺序挂绳,吊绳不得相互挤压、交叉、扭压、绞拧;吊索的水平夹角大于 45°,吊挂绳间夹角小于 120°,避免张力过大,吊链之间应受力均匀,避免偏心不均匀受力。

试吊安全要求:构件吊装应进行试吊,试吊时,构件离地面约 50 cm 处稍停,由操作人员全面检查吊索具、卡具等,确保各方面安全可靠后方能起吊;试吊中,指挥信号工、挂钩工、司机必须协调配合,如发现吊物重心偏移或与其他物件粘连等情况,必须立即停止起吊,采取措施并确认安全方可起吊;吊装过程中,作业人员应留有一定的安全空间,与预制构件保持一定的安全距离,严禁站立在预制构件及吊钩下方,严禁作业人员站立在并排放置的构件中间,保证即使构件吊装侧翻仍然与现场人员保持一定安全距离。

摘绳安全要求:落绳停稳支牢后方可放松吊绳,对易滚、易滑、易散的吊物,摘绳要用安全钩;挂钩工不得站在吊物上面,如遇不易摘绳时,应选用其他机具辅助,严禁攀登吊物及绳索。

抽绳安全要求:吊钩应与构件保持垂直,缓慢起绳,不得斜拉、强拉,不得旋转吊臂抽绳,如遇吊绳被压,应立即停止抽绳,可采取提头试吊方法抽绳;吊运易滚、易损、易倒的吊物不得使用起重机抽绳。锁绳吊挂应便于摘绳操作,扁担吊挂时,吊点应对称于吊物重心;卡具吊挂应避免卡具在吊装过程中被碰撞;作业时,应缓起、缓转、缓移,并用控制绳保持吊物平衡。

3. 装配整体式其他结构施工流程

① 如果柱子采用现浇混凝土工艺,则其施工流程如下:现浇钢筋混凝土柱施工→拆柱模→预制梁吊装、固定、校正、连接→预制楼板吊装、固定、校正、连接→浇筑梁板叠合层混凝土→预制楼梯吊装、固定、校正、连接→预制外挂墙板吊装、固定、校正、连接。

② 装配式剪力墙结构的施工流程如下:弹墙体控制线→预制剪力墙吊装就位→预制剪力墙斜支撑固定→预制墙体注浆→预制外填充墙吊装→竖向节点构件钢筋绑扎→预制内填充墙吊装→支设竖向节点构件模板→预制梁吊装→预制楼板吊装→预制阳台吊装、固定、校正、连接→后浇筑楼板及竖向节点构件→预制楼梯吊装。

4. 叠合梁吊装、校核与调整

① 叠合梁根据支座锚固形式分为两种。叠合梁上部钢筋在支座钢筋直锚满足要求时，叠合梁箍筋做成封闭箍，如图 3-44 所示。叠合梁上部钢筋在支座钢筋弯锚时，叠合梁箍筋做成开口箍，如图 3-45 所示。

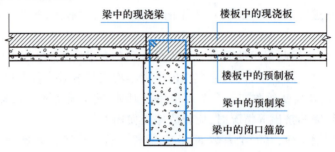

图 3-44　叠合梁闭口箍筋示意图

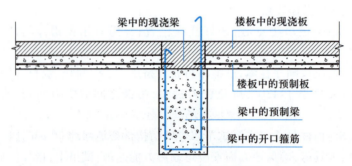

图 3-45　叠合梁开口箍筋示意图

② 叠合梁为了保证上部叠合板钢筋进入梁内支座，将叠合梁钢筋按设计绑扎箍筋、底筋、腰筋后进行混凝土浇筑。叠合梁上部主筋待叠合板预制构件安装完成后进行绑扎。

③ 预制叠合梁吊装。叠合梁安装前准备：将相应叠合梁下的墙体梁窝处钢筋调整到位，适于叠合梁外露钢筋的安放。

吊装安放：先将叠合梁一侧吊点降低穿入支座中再放置另一侧吊点，然后支设底部支撑。

根据剪力墙上弹出的标高控制线校核叠合梁位置，利用支撑可调节功能进行调节，待标高符合要求后，叠合梁两头焊接固定，然后摘掉叠合梁挂钩。

由于叠合梁分封闭箍筋与开口箍筋。对于封闭箍筋，叠合梁安装完成后进行上部现浇层穿筋，直接将上部钢筋穿入箍筋并绑扎即可。而对于开口箍筋，应将叠合梁安装完毕后将上层主筋先穿入再将箍筋用专用工具进行封闭，最后将主筋与箍筋进行绑扎固定。

 ## 任务 3.3　构件连接施工

任务陈述

某宿舍楼工程已经完成二层预制叠合板、预制梁、预制柱及外墙板的吊装施工。根据图纸设计要求，该楼竖向构件与水平连接均采用灌浆套筒连接方式。现在该工程其中一块预制剪力墙外墙板和预制梁已完成吊装固定,请及时完成该两类预制构件的灌浆连接,并进行灌浆料流动度测试、灌浆饱满度检测等任务。

知识准备

1. 灌浆料主要指标测试方法

(1)流动度试验

① 称取 1 800 g 水泥基灌浆材料,精确至 5 g;按照产品设计(说明书)要求的用水量称量好拌和用水,精确至 1 g。

② 湿润搅拌锅和搅拌叶,但不得有明水。将水泥基灌浆材料倒入搅拌锅中,开启搅拌机,同时加入拌和用水,应在 10 s 内加完。

③ 按水泥胶砂搅拌机的设定程序搅拌 240 s。

④ 湿润玻璃板和截锥圆模内壁,但不得有明水;将截锥圆模放置在玻璃板中间位置。

⑤ 将水泥基灌浆材料浆体倒入截锥圆模内,直至浆体与截锥圆模上口平;徐徐提起截锥圆模,让浆体在无扰动条件下自由流动直至停止。

⑥ 测量浆体最大扩散直径及与其垂直方向的直径,计算平均值,精确到 1 mm,作为流动度初始值;应在 6 min 内完成上述搅拌和测量过程。如图 3-46 所示。

将玻璃板上的浆体装入搅拌锅内,并采取防止浆体水份蒸发的措施。自加水拌和起 30 min 时,将搅拌锅内浆体按③~⑥步骤试验,测定结果作为流动度 30 min 保留值。

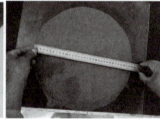

图 3-46 测定灌浆料流动度

(2)抗压强度试验

抗压强度试验试件应采用尺寸为 40 mm×40 mm×160 mm 的棱柱体。

称取 1 800 g 水泥基灌浆材料,精确至 5 g;按照产品设计(说明书)要求的用水量称量拌和用水,精确至 1 g。按照流动度试验的有关规定拌和水泥基灌浆材料。将浆体灌入试模,至浆体与试模的上边缘平齐,成型过程中不应震动试模。应在 6 min 内完成搅拌和成型过程。将装有浆体的试模在成型室内静置 2 h 后移入养护箱。

灌浆料抗压强度的试验按水泥胶砂强度试验有关规定执行。

(3)竖向膨胀率试验

仪表安装(图 3-47)应符合下列要求:

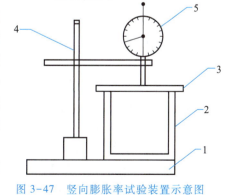

图 3-47 竖向膨胀率试验装置示意图

1—钢垫板;2—试模;3—玻璃板;
4—百分表架(磁力式);5—百分表

钢垫板:表面平装,水平放置在工作台上,水平度不应超过 0.02。

试模:放置在钢垫板上,不可摇动。

玻璃板:平放在试模中间位置。其左右两边与试模内侧边留出 10 mm 空隙。

百分表架固定在钢垫板上,尽量靠近试模,缩短横杆悬臂长度。

百分表:百分表与百分表架卡头固定牢靠。但表杆能够自由升降。安装百分表时,要下压表头,使表针指到量程的 1/2 处左右。百分表不可前后左右倾斜。

按流动度试验的有关规定拌和水泥基灌浆材料。将玻璃板平放在试模中间位置,并轻轻压住玻璃板。拌合料一次性从一侧倒满试模,至另一侧溢出并高于试模边缘约 2 mm。用湿棉丝覆盖玻璃板两侧的浆体。把百分表测量头垂直放在玻璃板中央,并安装牢固。在 30 s 内读取百分表初始读数 h_0;成型过程应在搅拌结束后 3 min 内完成。自加水拌和时起分别于 3 h 和 24 h 读取百分表的读数 h_t。整个测量过程中应保持棉丝湿润,装置不得受振动。成型养护温度均为 20 ℃±2 ℃。

竖向膨胀率应按下式计算:

$$\varepsilon_t = \frac{h_t - h_0}{h} \times 100\% \tag{3-4}$$

式中:ε_t——竖向膨胀率;

$\quad h_t$——试件龄期为 t 时的高度读数,mm;

$\quad h_0$——试件高度的初始读数,mm;

$\quad h$——试件基准高度 100,mm。

注:试验结果取一组三个试件的算术平均值,计算精确至 0.01。

(4)灌浆料使用注意事项

灌浆料是加水拌和均匀后使用的材料,不同厂家的产品配方设计不同,虽然可以满足《钢筋连接用套筒灌浆料》(JG/T 408—2019)所规定的性能指标,但却具有不同的工作性能,对环境条件的适应能力不同,灌浆施工的工艺也会有所差异。

为了确保灌浆料使用时达到其产品设计指标,具备灌浆连接施工所需要的工作性能,并能最终顺利地灌注到预制构件的灌浆套筒内,实现钢筋的可靠连接,操作人员需要严格掌握并准确执行产品使用说明书规定的操作要求。

实际施工中需要注意的要点如下:

① 灌浆料使用时应检查产品包装上印制的有效期和产品外观,无过期情况和异常现象后方可开袋使用。

② 加水。灌浆料拌和时严格控制加水量,必须执行生产厂家规定的加水率。加水过多时,会造成灌浆料泌水、离析、沉淀,多余的水分挥发后形成孔洞,严重降低灌浆料抗压强度。加水过少时,灌浆料胶凝材料部分不能充分发生水化反应,无法达到预期的工作性能。灌浆料宜在加水后 30 min 内用完,以防后续灌浆遇到意外情况时灌浆料可流动的操作时间不足。

③ 搅拌。灌浆料与水的拌和应充分、均匀,通常在搅拌容器内先后依次加入水及灌浆料并使用产品要求的搅拌设备,在规定的时间范围内,将浆料拌和均匀,使其具备应有的工作性能。灌浆料搅拌时,应保证搅拌容器的底部边缘死角处的灌浆料干粉与水充分搅拌均匀后,需静置 2~3 min 排气,尽量排出搅拌时卷入灌浆料的气体,保证最终的强度性能,如图 3-48 所示。

图 3-48　制作灌浆料

④ 流动度检测。灌浆料流动度是保证灌浆连接施工的关键性能指标,灌浆施工环境的温、湿度差异,影响着灌浆的可操作性。在任何情况下,流动度低于要求的灌浆料都不能用于灌浆连接施工,以防止构件灌浆失败造成事故。为此在灌浆施工前,应首先进行流动度的检测,在流动度值满足要求后方可施工,施工中注意灌浆时间应短于灌浆料具有规定流动度值的时间(可操作时间)。每工作班应检查灌浆料拌合物初始流动度不少于 1 次,确认合格后,方可用于灌浆;留置灌浆料强度检验试件的数量应符合验收及施工控制要求。

⑤ 灌浆料的强度与养护温度。灌浆料是水泥基制品,其抗压强度增长速度受养护环境的温度影响。冬期施工灌浆料强度增长慢,后续工序应在灌浆料满足规定强度值后方可进行;而夏季施工灌浆料凝固速度加快,灌浆施工时间必须严格控制。

⑥ 散落的灌浆料拌合物成分已经改变,不得二次使用;剩余的灌浆料拌合物由于已经发生水化反应,如再次加灌浆料、水后混合使用,可能出现早凝或泌水,故不能使用。

2. 灌浆料拌制施工检测工具

(1)灌浆设备

① 电动灌浆设备,见表 3-5。

表 3-5　电动灌浆设备

产品	泵管挤压灌浆泵	螺杆灌浆泵	气动灌浆器
工作原理	泵管挤压式	螺杆挤压式	气压式
示意图			
优点	流量稳定,速度可调,适合泵送不同黏度灌浆料。 故障率低,泵送可靠,可设定泵送极限压力。 使用后需要认真清洗,防止浆料固结堵塞设备	适合低黏度,骨料较粗的灌浆料灌浆。 体积小重量轻,便于运输。 螺旋泵胶套寿命有限,骨料对其磨损较大,需要更换。 扭矩偏低,泵送力量不足。 不易清洗	结构简单,清洗简单。 没有固定流量,需配气泵使用,最大输送压力受气泵压力制约,不能应对需要较大压力灌浆场合 要严防压力气体进入灌浆料和管路中

② 手动灌浆设备(图 3-49)。适用于单仓套筒灌浆、制作灌浆接头,以及水平缝连通腔不超过 30 cm 的少量接头灌浆、补浆施工。

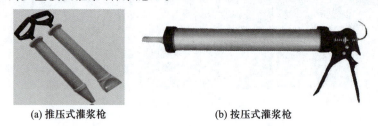

(a) 推压式灌浆枪　　　　　　(b) 按压式灌浆枪

图 3-49　单仓灌浆用手动灌浆设备

(2)灌浆料称量检验工具(表 3-6)。

表 3-6　灌浆料称量检验工具

工作项目	工具名称	规格参数	照片
流动度检测	圆截锥试模	上口×下口×高 ϕ70 mm×ϕ100 mm×60 mm	
	钢化玻璃板	长×宽×厚 500 mm×500 mm×6 mm	
抗压强度检测	试块试模	长×宽×高 40 mm×40 mm×160 mm 三联	
施工环境及材料的温度检测	测温计		
灌浆料、拌和水称重	电子秤	30~50 kg	

续表

工作项目	工具名称	规格参数	照片
拌和水计量	量杯	3 L	
灌浆料拌和容器	平底金属桶（最好为不锈钢制）	$\phi300\times H400,30L$	
灌浆料拌和工具	冲击式砂浆搅拌机	功率：1 200~1 400 W； 转速：0~800 r/min 可调； 电压：单相 220 V/50 Hz； 搅拌头：片状或圆形花篮式	

（3）应急设备

① 高压水枪（图 3-50）。冲洗灌浆不合格的构件及灌浆料填塞部位用。

② 柴油发电机（图 3-51）。大型构件灌浆中突然停电时，给电动灌浆设备应急供电用。

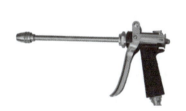

图 3-50　高压水枪　　　　　图 3-51　柴油发电机

3. 单套筒灌浆操作的步骤和要求

1）灌浆施工工艺流程　图 3-52 所示为现场预制构件灌浆连接施工作业工艺流程。

2）钢筋水平连接时，应采用全灌浆套筒连接，灌浆套筒各自独立灌浆。灌浆作业应采用压浆法从灌浆套筒一侧灌浆孔注入，当拌合物在另一侧出浆孔流出时应停止灌浆。套筒灌浆孔、出浆孔应朝上，保证灌满后浆面高于套筒内壁最高点。

预制梁和既有结构现浇部分的水平钢筋采用套筒灌浆连接时，施工措施应符合下列规定：

① 连接钢筋的外表面应标记插入灌浆套筒最小锚固长度的标志，标志位置应准确、颜色应清晰。

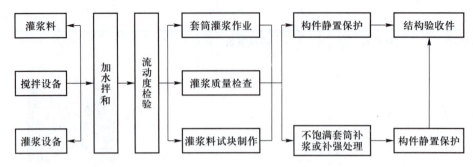
图 3-52　现场预制构件灌浆连接施工作业工艺流程

② 对灌浆套筒与钢筋之间的缝隙应采取防止灌浆料拌合物外漏的封堵措施。

③ 预制梁的水平连接钢筋轴线偏差不应大于 5 mm,超过允许偏差的应予以处理。

④ 与既有结构的水平钢筋相连接时,新连接钢筋的端部应设有保证连接钢筋同轴、稳固的装置。

⑤ 灌浆套筒安装就位后,灌浆孔、出浆孔应在套筒水平轴正上方±45°的锥体范围内,并安装有孔口超过灌浆套筒外表面最高位置的连接管或连接头。

3) 灌浆施工异常的处理

水平钢筋连接灌浆施工停止后 30s,如发现灌浆料拌合物下降,应检查灌浆套筒两端的密封或灌浆料拌合物排气情况,并及时补灌或采取其他措施。

补灌应在灌浆料拌合物达到设计规定的位置后停止,并应在灌浆料凝固后再次检查其位置是否符合设计要求。

4. 连通腔灌浆的分仓、封仓及灌浆操作的步骤和要求

竖向构件宜采用连通腔灌浆,并合理划分联通灌浆区域,每个区域除预留灌浆孔、出浆孔与排气孔(有些需要设置排气孔)外,应形成密闭空腔,且保证灌浆压力下不漏浆;连通灌浆区域内任意两个灌浆套筒间距不宜超过 1.5m。灌浆施工须按施工方案执行灌浆作业。全过程应有专职检验人员负责现场监督并及时形成施工检查记录。

(1) 坐浆料与封浆料

坐浆料和封浆料多用于预制剪力墙、柱的底部接缝处,以替代该处的灌浆料,或为连接处灌浆分区做好分仓隔离。坐浆料也应有良好的流动性、强度和微膨胀等性能。预制墙体纵向钢筋连接采用半灌浆套筒连接,预制墙体封仓采用坐浆料,坐浆材料的强度等级不应低于被连接构件混凝土的强度等级并应满足表 3-7 的要求。

表 3-7　坐浆砂浆性能要求

项目	性能指标	试验方法
流动度初始值/mm	130~170	GB/T 2419—2005
1 d 抗压强度/MPa	≥30	GB/T 17671—1999

(2) 分仓与封边的基本要求

竖向构件采用灌浆连接时,由于预制墙体灌浆面积大、灌浆料多、灌浆操作时间长,而灌浆料初凝时间较短,当灌浆水平距离超过 3 m 时,宜进行灌浆作业区域的分割,即"分仓"灌浆作业,既能提高灌浆作业的效率,也可以保证灌浆作业的质量。

灌浆作业分仓(图 3-53)要求如下:

① 预制柱的灌浆作业不需要分仓,预制剪力墙根据灌浆作业情况,可以分仓也可以不分仓。

② 采用电动灌浆泵灌浆时,一般单仓长度不超过 1.5 m,在经过实体灌浆试验确定可行后可适当延长,但不宜超过 3 m。

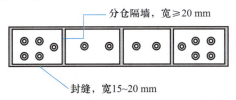

图 3-53　剪力墙灌浆分仓示意图

③ 分仓材料一般选用抗压强度大于 50 MPa 的坐浆料。坐浆分仓作业完成 24h 后,可进行灌浆作业。

④ 采用分仓隔条施工时,应严格控制分仓隔条的宽度和与主筋的距离。分仓隔条的宽度一般为 20~30 mm。距离竖向构件的主筋应大于 50 mm。

⑤ 常用的封缝方式有:坐浆法、充气管封堵法、木模封缝法。分仓封缝作业如图 3-54 所示。

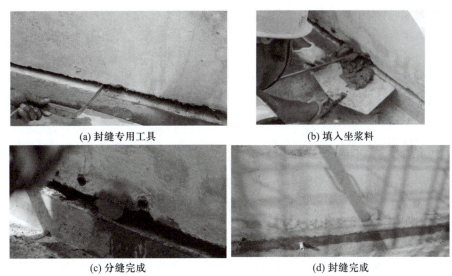

(a) 封缝专用工具　　　　　　　　(b) 填入坐浆料

(c) 分缝完成　　　　　　　　(d) 封缝完成

图 3-54　分仓封缝作业

(3) 灌浆施工方法

竖向钢筋套筒灌浆连接,灌浆应采用压浆法从灌浆套筒下方灌浆孔注入,当灌浆料从构件上本套筒或其他套筒的灌浆孔、出浆孔流出时应及时封堵。

采用连通腔灌浆方式时,灌浆施工前应对各连通灌浆区域进行封堵,且封堵材料不应减小结合面的设计面积。竖向钢筋套筒灌浆连接用连通腔工艺灌浆时,采用一点灌浆的方式,即用灌浆泵从接头下方的一个灌浆孔处向套筒内压力灌浆,在该构件灌注完成前不得更换灌浆孔,且需连续灌注,不得断料,严禁从出浆孔进行灌浆。当一点灌浆遇到问题而需要改变灌浆点时,各套筒已封堵灌浆孔、出浆孔应重新打开,待灌浆料拌合物再次流出后进行封堵。竖向预制构件不采用连通腔灌浆方式时,构件就位前应设置坐浆层或套筒下端密封装置。

（4）灌浆施工环境温度要求

灌浆施工时,环境温度应符合灌浆料产品使用说明书要求;环境温度低于 5 ℃时不宜施工,低于 0 ℃时不得施工;当环境温度高于 30 ℃时,应采取降低灌浆料拌合物温度的措施。

（5）灌浆施工异常的处置

接头灌浆出现无法出浆的情况时,应查明原因,采取补救施工措施:对于未密实饱满的竖向连接灌浆套筒,当在灌浆料加水拌和 30 min 内时,首选在灌浆孔补灌;当灌浆料拌合物已无法流动时,可从出浆孔补灌,并应采用手动设备结合细管压力灌浆,但此时应制订专门的补灌方案并严格执行。

5. 构件后浇混凝土工程施工步骤和要求

（1）模板及支撑施工

1）模板与支撑件。装配整体式混凝土结构的模板与支撑应根据施工过程中的各种工况进行设计,根据工程结构形式、预制构件类型、荷载大小、施工设备和材料供应等条件确定,并应由施工单位根据工程具体情况确定,以确保模板与支撑稳固可靠。

模板与支撑安装应保证工程结构的构件各部分形状、尺寸和位置的准确,模板安装应牢固、严密、不漏浆,且应便于钢筋铺设和混凝土浇筑、养护。

预制构件接缝处宜采用与预制构件可靠连接的定型模板。定型模板与预制构件之间应粘贴密封条,在混凝土浇筑时节点处模板不应产生明显变形和漏浆。

预制构件宜预留与模板连接用的孔洞、螺栓,预留位置应与模板模数相协调并便于模板安装。预制墙板现浇节点区的模板支设是施工的重点,为了保证节点区模板支设的可靠性,通常采用在预制构件上预留螺母、孔洞等连接方式,施工时应根据节点区选用的模板形式,使构件预埋与模板固定相协调。

模板宜采用水性脱模剂。脱模剂应能有效减小混凝土与模板间的吸附力,并应有一定的成模强度,且不应影响脱模后混凝土表面的后期装饰。

2）不同构件模板与支撑安装要求。

① 安装预制墙板、预制柱等竖向构件时,斜支撑的位置应避免与模板支架、相邻支撑冲突。

② 夹心保温外墙板竖缝采用后浇混凝土连接时,宜采用工具式定型模板支撑,且应符合下列规定:

a. 定型模板应通过螺栓或预留孔洞拉结的方式与预制构件可靠连接。

b. 定型模板安装应避免遮挡预制墙板下部灌浆预留孔洞。

c. 夹心墙板的外叶板应采用螺栓拉结或夹板等加强固定。

d. 墙板接缝部位及与定型模板连接处均应采取可靠的密封防漏浆措施。

e. 对夹心保温外墙板拼接竖缝节点后浇混凝土采用定型模板作了规定,通过在模板与预制构件、预制构件与预制构件之间采取可靠的密封防漏措施,使后浇混凝土与预制混凝土相接表面平整度符合验收要求。

③ 采用预制保温作为免拆除外墙模板进行支模时,预制外墙模板的尺寸参数及与相邻

外墙板之间拼缝宽度应符合设计要求。安装时与内侧模板或相邻构件应连接牢固并采取可靠的密封防漏浆措施。

当采用预制外墙模板时,应符合建筑与结构设计的要求,以保证预制外墙板符合外墙装饰要求并在使用过程中结构安全可靠。预制外墙模板与相邻预制构件安装定位后,为防止浇筑混凝土时漏浆,需要采取有效的密封措施。

④ 安装叠合板底板时,可采用龙骨及配套支撑,应进行设计计算;宜选用可调整标高的定型独立钢支柱作为支撑,龙骨的顶面标高应符合设计要求;浇筑叠合层混凝土时,预制底板上部应避免集中堆载。

⑤ 叠合梁施工时竖向支撑可采用可调标高的定型独立钢支架支撑,支撑位置与间距应根据施工验算确定;预制梁的搁置长度及搁置面的标高应符合设计要求。

预制梁、柱节点区域后浇筑混凝土部分采用定型模板支模时,宜采用螺栓与预制构件可靠连接固定,模板与预制构件之间应采取可靠的密封防漏浆措施。

3）模板与支撑件拆除。模板拆除时,应按照先拆非承重模板、后拆承重模板的顺序。水平结构模板应由跨中向两端拆除,竖向结构模板应自上而下拆除;多个楼层间连续支模的底层支架拆除时间,应根据连续支模的楼层间荷载分配和后浇混凝土强度的增长情况确定;当后浇混凝土强度能保证构件表面及棱角不受损伤时,方可拆除侧模模板。

叠合构件的后浇混凝土同条件立方体抗压强度达到设计要求时,方可拆除龙骨及下一层支撑。当设计无具体要求时,同条件养护的后浇混凝土立方体试件抗压强度要求同现浇混凝土构件规定。

预制墙板斜支撑和限位装置应在连接节点和连接接缝部位后浇混凝土或灌浆料强度达到设计要求后拆除。

预制柱斜支撑应在预制柱与连接节点部位后浇混凝土或灌浆料强度达到设计要求且上部构件吊装完成后进行拆除。

拆除的模板和支撑应分散堆放及时清运,应采取措施避免施工集中堆载。

（2）钢筋施工

1）钢筋连接。预制构件的钢筋连接可选用钢筋套筒灌浆连接接头。采用直螺纹钢筋灌浆套筒时,钢筋的直螺纹连接部分应符合现行行业标准《钢筋机械连接技术规程》（JGJ 107）的规定;钢筋套筒灌浆连接部分应符合设计要求及现行建筑工业行业标准《钢筋连接用灌浆套筒》（JG/T 398）和《钢筋连接用套筒灌浆料》（JG/T 408）的规定。

钢筋如果采用焊接连接,接头应符合现行行业标准《钢筋焊接及验收规程》（JGJ 18）的有关规定;如果采用机械连接,接头应符合现行行业标准 JGJ 107 的有关规定,机械连接接头部位的混凝土保护层厚度宜符合现行国家标准《混凝土结构设计规范》（GB 50010）中受力钢筋的混凝土保护层最小厚度的规定,且不得小于 15 mm;接头之间的横向净距不宜小于 25 mm;当钢筋采用弯钩或机械锚固措施时,钢筋锚固端的锚固长度应符合现行国家标准 GB 50010 的有关规定;采用钢筋锚固板时,应符合现行行业标准《钢筋锚固板应用技术规程》（JGJ 256）的有关规定。

2）钢筋定位。装配整体式混凝土结构后浇混凝土内的连接钢筋应埋设准确,连接与锚固方式应符合设计和现行有关技术标准的规定。

构件连接处钢筋位置应符合设计要求。当设计无具体要求时,应保证主要受力构件和

项目3 装配式建筑施工

构件中主要受力方向的钢筋位置,并应符合下列规定:框架节点处,梁纵向受力钢筋宜置于柱纵向钢筋内侧;当主次梁底部标高相同时,次梁下部钢筋应放在主梁下部钢筋之上;剪力墙中水平分布钢筋宜置于竖向钢筋外侧,并在墙端弯折锚固。

钢筋套筒灌浆连接接头的预留钢筋应采用专用模具进行定位;并应符合下列规定:定位钢筋中心位置存在细微偏差时,宜采用钢套管方式进行细微调整;定位钢筋中心位置存在严重偏差影响预制构件安装时,应按设计单位确认的技术方案处理;应采用可靠的绑扎固定措施对连接钢筋的外露长度进行控制。

预留钢筋定位精度对预制构件的安装有重要影响,因此对预埋于现浇混凝土内的预留钢筋采用专用定型钢模具对其中心位置进行控制,采用可靠的绑扎固定措施对连接钢筋的外露长度进行控制。

预制构件的外露钢筋应防止弯曲变形,并在预制构件吊装完成后,对其位置进行校核与调整。

(3)混凝土施工

1)混凝土性能要求。装配整体式混凝土结构施工中的结合部位或接缝处混凝土的工作性能应符合设计的要求。

2)试块留置。浇筑混凝土过程中应按规定见证取样,留置混凝土试件。同一配合比的混凝土,每工作项且建筑面积不超过1000㎡应制作一组标准养护试件,同一楼层应制作不少于3组标准养护试件。

3)浇筑前检查。装配整体式混凝土结构工程在浇筑混凝土前应进行隐蔽项目的现场检查与验收。

4)浇筑。浇筑时应采取保证混凝土浇筑密实的措施;同一连接接缝的混凝土应连续浇筑,并应在底层混凝土初凝之前将上一层混凝土浇筑完毕,预制构件连接节点和连接接缝部位的混凝土应加密振捣点,并适当延长振捣时间;预制构件连接处混凝土浇筑和振捣时,应对模板和支架进行观察和维护,发生异常情况应及时进行处理;构件接缝混凝土浇筑和振捣时应采取措施防止模板、相连接构件、钢筋、预埋件及其定位件发生移位。

5)养护。混凝土浇筑完毕后,应按施工技术方案要求及时采取有效的养护措施,并应符合下列规定:

① 在浇筑完毕后的12 h以内对混凝土加以覆盖并养护。

② 浇水次数应能保持混凝土处于湿润状态。

③ 采用塑料薄膜覆盖养护的混凝土,其敞露的全部表面应覆盖严密,并应保持塑料薄膜内有凝结水。

④ 叠合层及构件连接处后浇混凝土的养护时间不应少于14 d。

⑤ 混凝土强度达到1.2 MPa前,不得在其上踩踏或安装模板及支架。叠合层及构件连接处混凝土浇筑完成后,可采取洒水、覆膜、喷涂养护剂等养护方式,为保证后浇混凝土的质量,规定养护时间不应少于14 d。

⑥ 混凝土冬期施工应按现行规范《混凝土结构工程施工规范》(GB 50666)、《建筑工程冬期施工规程》(JGJ/T 104)的相关规定执行。

6. 预制剪力墙现浇节点混凝土施工

装配整体式混凝土结构竖向构件安装完成后应及时穿插进行边缘构件后浇节点的钢筋

和模板施工,并完成后浇混凝土施工。图 3-55 所示为安装完成后等待浇混凝土的预制墙板。

图 3-55 预制墙板

(1) 钢筋施工

预制墙板连接部位宜先校正水平连接钢筋,后安装箍筋套,待墙体竖向钢筋连接完成后,绑扎箍筋。根据《装配式混凝土结构技术规程》的要求,约束边缘构件在后浇段内设置封闭箍筋。

装配式剪力墙结构暗柱节点主要有一字形、L 形和 T 形几种形式,如图 3-56~图 3-58 所示。由于两侧的预制墙板有外伸钢筋,钢筋安装受操作顺序和空间的限制,因此暗柱钢筋等安装难度较大,需要在深化设计阶段及构件生产阶段就进行暗柱节点钢筋穿插顺序分析研究,发现无法实施的节点,及早与设计单位进行沟通,避免现场施工时出现箍筋安装困难或临时切割的现象。按《装配式混凝土结构连接节点构造》(15G310-1~2)中预制墙板间构件竖缝有加附加连接钢筋的做法,如果竖向分布钢筋按搭接做法预留,封闭箍筋或附加连接钢筋均无法安装时,可以用开口箍筋代替。

(2) 模板安装

剪力墙墙板之间混凝土后浇带连接宜采用工具式定型模板支撑。定型模板应通过螺栓或预留孔洞拉结的方式与预制构件形成可靠连接;模板安装时应避免遮挡预制墙板下部灌浆预留孔洞;夹心墙板的外叶板应采用螺栓拉结或夹板等措施加以固定,墙板接缝部位及与定型模板连接处还应采取可靠的密封措施,以防漏浆,如图 3-59 所示。

采用预制保温作为免拆除外墙模板(PCF)进行支模时,预制外墙模板的尺寸参数及与相邻外墙板之间拼缝宽度应符合设计要求。安装时与内侧模板或相邻构件应连接牢固并采取可靠的密封防漏浆措施,如图 3-60 所示。

后浇节点位于墙体转角部位时,由于采用普通模板与装饰面相平进行混凝土浇筑会出现后浇节点与两侧装饰面有高差及接缝处理等难点。因此目前通常也采用预制装饰保温一体化模板(PCF 板),确保外墙装饰效果统一,如图 3-61 和图 3-62 所示。

PCF 板支设要点:将 PCF 板临时固定在外架上或下层结构上,并与暗柱钢筋绑扎牢固,也可与两侧预制墙板进行拉结;内侧钢模板就位;对拉螺栓将内侧模板与 PCF 板通过背楞连接在一起;最后调整就位。

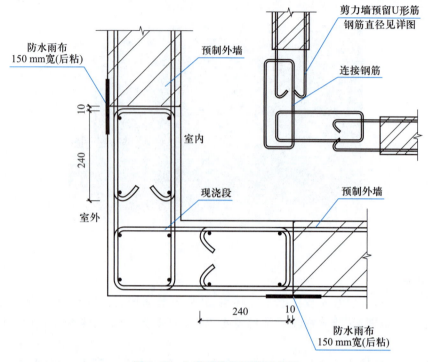

图 3-56 L 形连接段钢筋示意图

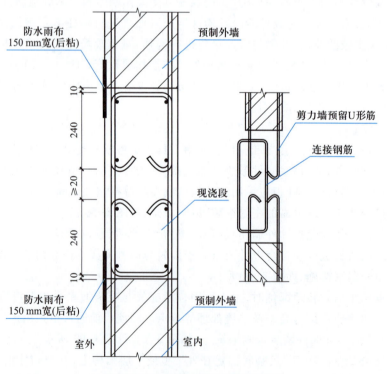

图 3-57 一字形连接段钢筋示意图

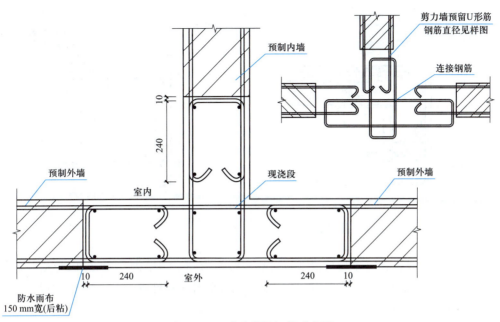

图 3-58 T 形连接段钢筋示意图

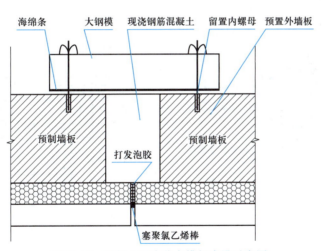

图 3-59 混凝土后浇节点模板支设示意图

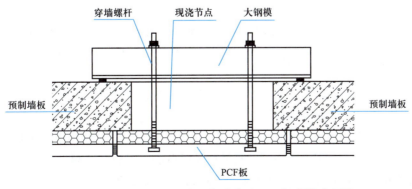

图 3-60 混凝土后浇节点一字形采用 PCF 板支设示意图

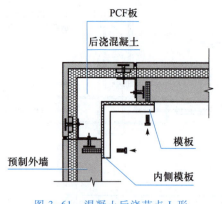

图 3-61　混凝土后浇节点 L 形
采用 PCF 板支设示意图 1

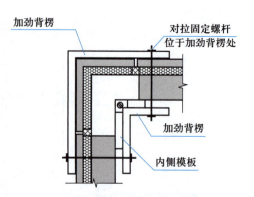

图 3-62　混凝土后浇节点 L 形
采用 PCF 板支设示意图 2

两层预制外墙板之间 T 形后浇节点时后浇节点内侧采用单侧支模,外侧为预制墙板外叶板(装饰面层+保温层)兼模板,接缝处采用聚乙烯棒+密封胶。与一字形类似,如图 3-63、图 3-64 所示。

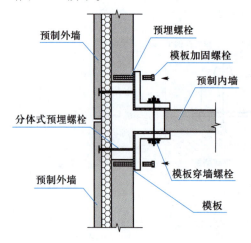

图 3-63　混凝土后浇节点 T 形
采用 PCF 板支设示意图 1

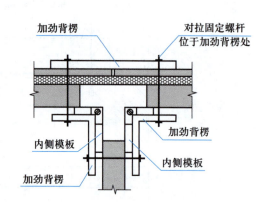

图 3-64　混凝土后浇节点 T 形
采用 PCF 板支设示意图 2

（3）浇带混凝土施工

后浇带混凝土的浇筑与养护参照相关规定执行。对预制墙板斜支撑和限位装置,应在连接节点和连接接缝部位后浇混凝土或灌浆料强度达到设计要求后拆除。

7. 构件浆锚搭接

浆锚搭接施工要点:浆锚搭接灌浆料为水泥基灌浆料,其性能应符合《装配式混凝土结构技术规程》钢筋浆锚搭接连接接头用灌浆料性能要求的规定,见表 3-8。

浆锚搭接所用的灌浆料的强度低于套筒灌浆连接的灌浆料,因为浆锚搭接由螺旋钢筋形成的约束力低于金属套筒的约束力,灌浆料强度高了属于功能过剩。

《装配式混凝土结构技术规程》中关于浆锚搭接的规定如下:

纵向钢筋采用浆锚搭接连接时,对预留成孔工艺、孔道形状和长度、构造要求、灌浆料和

表 3-8　钢筋浆锚搭接连接接头用灌浆料性能要求

检测项目		性能指标
流动度/mm	初始	≥200
	30 min	≥150
抗压强度/MPa	1 d	≥35
	3 d	≥55
	28 d	≥80
竖向膨胀率/%	3 h	≥0.02
	24 h 与 3 h 差值	0.02~0.5
氯离子含量/%		≤0.06
泌水率/%		0

被连接钢筋,应进行力学性能以及适用性的试验验证。直径大于 20 mm 的钢筋不宜采用浆锚搭接连接,直接承受动力荷载构件的纵向钢筋不应采用浆锚搭接连接。

文中提到的"试验验证"的概念是指需要验证的项目须经过相关部门组织的专家论证或鉴定后方可使用。

在装配整体式框架结构中,预制柱的纵向钢筋连接方式应符合下列规定:

① 当房屋高度不大于 12 m 或层数不超过 3 层时,可采用套筒灌浆、浆锚搭接、焊接等连接方式。

② 当房屋高度大于 12 m 或层数超过 3 层时,宜采用套筒灌浆连接。即在多层框架结构中,《装配式混凝土结构技术规程》不推荐浆锚搭接方式。

浆锚灌浆连接节点施工的关键是灌浆材料及施工工艺无收缩水泥灌浆施工质量。图 3-65 给出了预制外墙浆锚灌浆连接示意图。

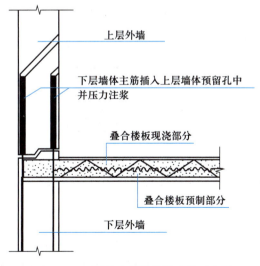

图 3-65　预制外墙浆锚灌浆连接示意图

项目 3　装配式建筑施工

任务实施

1. 施工准备

（1）构件连接区图纸识读

在图纸说明中查找到对预制构件连接的相关说明，如对灌浆套筒、灌浆料的要求。图纸对灌浆套筒和灌浆料的说明如图 3-66 所示。

3.灌浆套筒，材料应符合《钢筋套筒灌浆连接应用技术规程》(JGJ 355—2015) 相关固定。
(1)本项目中预制框架柱，同方向同高度预制框架梁纵向钢筋采用灌浆套筒连接，连接接头的等级为一级；
(2)灌浆套筒主要技术性能应符合下表中的规定：

球墨铸铁灌浆套筒的材料性能	
项目	性能指标
抗拉强度(N/mm²)	≥550
断后伸长率(%)	≥5
球化率(%)	≥85
硬度(HBW)	180~250

钢制机械加工灌浆套筒的材料性能	
项目	性能指标
屈服强度(N/mm²)	≥355
抗拉强度(N/mm²)	≥600
断后伸长率(%)	≥16

(3)钢筋套筒屈服强度不小于钢筋屈服强度。
4.灌浆料，材料应符合《钢筋连接用灌浆料》(JG/T 408—2013)
(1)套筒灌浆料应与灌浆套筒匹配使用，钢筋套筒灌浆连接接头应符合JGJ 107中一级接头的规定；
(2)套筒灌浆料应按产品设计(说明书)要求的用水量进行配置，拌合用水应符号JGJ 63的规定；
(3)套筒灌浆料使用温度不宜低于5℃。
(4)预制结构构件采用钢筋套筒灌浆连接时，应在构件生产前进行钢筋套筒灌浆连接接头的抗拉强度试验，每种规格的连接接头试件数量不应少于3个。

项目		性能指标	检验标准
流动度	初始值	≥300 mm	GB/T 50448
	30 min实测值	≥260 mm	
抗压强度	龄期1d	≥35MPa	GB/T 17671
	龄期3d	≥60MPa	
	龄期28d	≥85MPa	
竖向自由膨胀率(%)	3 h实测值	0.01%~0.30%	GB/T 50448
	24 h与3 h差值	0.02%~0.50%	
氯离子含量(%)		不大于0.03%	GB/T 8077
泌水率(%)		0.0	GB/T 50080

图 3-66　图纸对灌浆套筒和灌浆料的要求

仔细查看"设计说明"，图纸对预制柱与叠合梁节点给出了详细的连接要求，如图 3-67 所示。

（2）灌浆套筒、灌浆料及施工设备准备

① 灌浆材料。套筒灌浆料进场时，应检查其产品合格证及出厂检验报告，并在现场做试搅拌、试灌浆，对其初始流动度、30 min 流动度及灌浆可操作时间进行测试。灌浆料存放在通风干燥处并避免阳光直射。

灌浆料与灌浆套筒需由同一厂家生产。根据设计要求及套筒规格、型号选择配套的灌

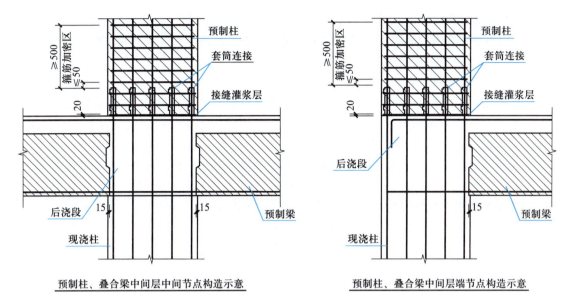

预制柱、叠合梁中间层中间节点构造示意　　　　预制柱、叠合梁中间层端节点构造示意

图 3-67　预制柱与叠合梁节点的连接要求

浆料,施工过程中严格按照厂家提供的配置方法进行灌浆料的制备,不允许随意更换。如要更换,必须重新做连接接头的型式检验,确保连接强度符合设计要求后方可投入使用。

② 灌浆器具。根据工程需要选用称重设备电子秤,搅拌浆料的搅拌桶、电动搅拌机,压力灌浆用的电动灌浆泵,应急使用的手动注浆机和管道刷等器具。

（3）钢筋、混凝土、模板及施工设备准备

根据图纸要求制作好连接钢筋、定型模板,采用商品混凝土浇筑。

2. 灌浆料拌制及检测

（1）灌浆料拌制

打开包装袋,检验灌浆料外观及包装上的有效期,将干料混合均匀,无受潮结块等异常后,方可使用。

拌和用水应符合现行行业标准《混凝土用水标准》JGJ63-2006 的有关规定。

灌浆料须按产品质量证明文件(使用说明书、出厂检验报告等)注明的加水量(也可按加水率,加水率=加水重量/干料重量×100%)进行拌制。

为使灌浆料的拌合比例准确,也可使用量筒作为计量容器。

搅拌机、搅拌桶就位后,将水和灌浆料倒入搅拌桶内进行搅拌。先加入 80%水量搅拌 3~4 min 后,再加剩余的约 20%水,搅拌均匀后静置 2 min 排气,然后进行灌浆作业。灌浆料搅拌完成后,不得加水。

（2）灌浆料检测

详见本任务"知识准备"中相关内容。

3. 钢筋浆锚搭接注浆操作

（1）拼缝模板支设施工

① 外墙外侧上口预先采用 20 mm 厚挤塑板,可用胶水将挤塑板固定于下部构件上口外侧,外墙内侧采用木模板围挡,用钢管加顶托顶紧。

② 墙板与楼地面间缝隙使用木模将两侧封堵密实。

（2）注浆管内喷水湿润

拌和用水应选用生活饮用水或经检测可用的地表水及地下水。对金属注浆管内和接缝内洒水应适量,洒水后应间隔 2 h 再进行灌浆,防止积水。

（3）搅拌注浆料

① 选用水不应产生以下有害作用:影响注浆材料的和易性和凝结;有损注浆材料的强度发展;降低注浆材料的耐久性,加快钢筋腐蚀及导致预应力钢筋脆断;污染混凝土表面;水中相应物质含量及 pH 值应符合相关规定要求。

② 注浆材料宜选用成品高强灌浆料,应具有大流动性、无收缩、早强、高强等特点。选用的灌浆材料需附出厂合格证或质量证明文件,并经复试合格方可使用。

③ 一般要求配料比例控制:一包灌浆料 20 kg,用水 3.5 kg,流动度 ≥300 mm。

④ 注浆料搅拌宜使用手持式电动搅拌机,用量较大时也可选用砂浆搅拌机。搅拌时间为 60 s 以上,应充分搅拌均匀,选用手持式电动搅拌机搅拌过程中不得将叶片提出液面,防止带入气泡。

⑤ 一次搅拌的注浆料应在 30 min 内使用完。

（4）注浆管内孔灌浆

① 可采用高位自重流淌灌浆或采用压力灌浆。

② 采用高位自重流淌灌浆方法时注意先从高位注浆管口灌浆,待灌浆料接近低位注浆管口时,注入第二高位注浆管口,以此类推。待灌浆料终凝前分别对高、低位注浆管口进行补浆,这样确保注浆材料的密实性和连续性。

③ 灌浆应逐个构件进行,一块构件中的灌浆孔或单独的拼缝应一次性连续灌浆直至灌满。

（5）构件表面清理

构件灌浆后应及时清理沿注浆管口溢出的灌浆料,随灌随清,防止污染构件表面。

（6）注浆管口表面填实压光

① 注浆管口填实压光应在注浆料终凝前进行。

② 注浆管口应抹压至与构件表面平整,不得凸出或凹陷。

③ 注浆料终凝后应洒水养护,每天 3~5 次,养护时间不得少于 7 d。

4. 单套筒灌浆操作

因为单套筒量不是太多,大多采用手动注浆工序。首先在注浆用胶枪内衬入一个塑料袋,把搅拌合格的浆料倒入塑料袋,盖上枪嘴并拧紧。把枪嘴对准套筒的注浆孔胶管,连续扣动胶枪注浆,直至溢浆孔出浆时停枪。然后用橡胶塞封堵溢浆孔,并保证封堵不会漏气。拔出胶枪嘴,并用橡胶塞快速封堵注浆孔,并应观察确保不漏浆。最后,在注浆完成后要及时将现场清理干净。

5. 连通腔灌浆的分仓、封仓及灌浆操作

（1）连通腔灌浆的分仓、封仓施工

预制墙板灌浆前,需要对预制墙板与楼板接触面的两侧进行封堵,不得减少结构构件的断面尺寸。预制外墙板外侧采用弹性防水密封材料(50 mm 宽橡塑棉条或 EPE 伸缩条等),避免灌浆料污染外墙面;内侧采用模板进行封堵。采用蛇皮软管置入墙体内侧保护层位置处,沿蛇皮软管外侧封堵浆料,待坐浆料具备强度后缓慢抽出蛇皮软管。预制内墙板两侧均可采用模板封堵。模板封堵宽度宜为 10～15 mm。

根据项目实际情况，一般将分仓隔墙设置在套筒区域与非套筒区域的分界线上，即墙体暗柱区域及墙身的分界线上。墙体长度较大时，可将墙身部分再次分仓以满足灌浆可行性。分仓隔墙宽度不应小于 20 mm，为防止遮挡套筒孔口，距离连接钢筋外缘不应小于40 mm。

分仓时两侧内衬模板选用便于抽出的 PVC 管，将拌好的封堵料填塞充满模板，保证其与上下构件表面结合密实，然后抽出内衬。

分仓完成后对接缝处外沿进行封堵。由于压力灌浆时一旦漏浆很难进行处理，因此采用封缝砂浆与聚乙烯棒密封条相结合进行封堵。墙体吊装前将密封条布置在墙体边线处，吊装后将砂浆填充在接缝外沿，将密封条向里挤压，支模固定待砂浆养护至初凝（不少于24 h）能承受套筒灌浆的压力后，再进行灌浆。

（2）连通腔灌浆的灌浆施工

灌浆时需提前对灌浆面进行洒水湿润且不得有明显积水。采用压浆法从套筒下孔灌浆，通过水平缝连通腔一次向多个套筒灌注，按浆料排出先后用橡胶塞（或软木塞）依次封堵排浆孔，灌浆泵一直保持灌浆压力，直到所有套筒的上孔都排出浆料并封堵牢固后再停止灌浆，最后一个出浆孔封堵后需持压 5 s，确保套筒内浆料密实度。如有漏浆须立即补灌。

6. 构件连接区钢筋混凝土施工

（1）钢筋连接与安装

后浇节点处钢筋施工工艺流程：安放封闭箍筋→连接竖向受力筋→安放开口筋、拉筋→调整箍筋位置→绑扎箍筋。

预制墙体间后浇节点钢筋施工时，在预制板上标记出封闭箍筋的位置，预先把箍筋交叉就位放置；先对预留竖向连接钢筋位置进行校正，然后再连接上部竖向钢筋。

后浇节点钢筋绑扎时，用人字梯作业，当绑扎高度高于围挡时，施工人员应佩戴穿芯自锁保险带并作可靠连接。

叠合构件叠合层钢筋绑扎前应清理干净叠合板上的杂物，根据钢筋间距弹线绑扎，上部受力钢筋带弯钩时，弯钩向下摆放，应保证钢筋搭接和间距符合设计要求。

叠合构件叠合层钢筋绑扎过程中，应注意避免局部钢筋堆载过大。

（2）后浇混凝土模板支设与拆除

预制墙板间后浇节点安装模板前应将墙内杂物清扫干净，在模板下口抹砂浆找平层，防止漏浆。

1）预制墙体间后浇节点支模。

① 两块预留外墙板之间一字形后浇节点做法。采用内侧单侧支模时，外侧利用预制墙板外叶板作为外模板，内侧模板与预制墙板预埋内置螺母固定。采用内外侧双支模板时，通过墙板拼缝设置对拉螺杆，也可以在预制墙板上留洞设置对拉螺杆。如图 3-68、图 3-69所示。

② 当后浇节点位于墙体转角部位时（L形），做法如图 3-61 或图 3-62 所示。

③ 两层预制外墙板之间 T 形后浇节点做法如图 3-63 或图 3-64 所示。

采用铝模板时，墙体通常与顶板一起浇筑，达到顶板支撑拆除条件后方可拆除墙体模板。模板与预制墙板接缝处要设置双面胶，防止漏浆。

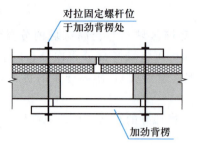

图 3-68　一字形后浇节点模板支设示意图 1　　图 3-69　一字形后浇节点模板支设示意图 2

2）预制叠合板接缝处模板支设

① 预制叠合板底板采用密拼接缝时,板缝上侧可用腻子+砂浆封堵,避免后浇混凝土漏浆。

② 单向叠合板板缝宽度为 30~50 mm 时,接缝部位混凝土后浇通常利用预制叠合板底板做吊模。预制叠合板底板下部通常加工预留凹槽,将木模嵌入,避免拆模后后浇节点下侧混凝土面突出叠合板。板缝下部通常不设支撑,如图 3-70 所示。

③ 双向叠合板接缝宽度达 200 mm 以上时,应单独支设接缝模板及下部支撑,如图 3-71 所示。

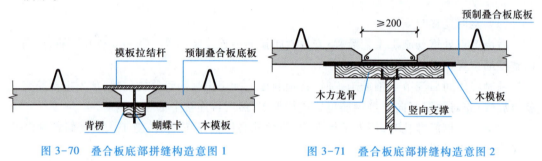

图 3-70　叠合板底部拼缝构造意图 1　　图 3-71　叠合板底部拼缝构造意图 2

装配式结构连接部位后浇混凝土或灌浆料强度度达到设计规定的强度时方可进行支撑拆除。

（3）混凝土浇筑

1）后浇节点混凝土浇筑时应注意以下问题:

① 连接节点水平拼缝应连续浇筑,边缘构件、竖向拼缝应逐层浇筑,采取可靠措施确保混凝土浇筑密实。

② 同时应采取有效措施防止各种预埋管槽、线盒位置偏移。

③ 浇筑和振捣时,应对模板及支架进行观察和维护,发生异常情况应及时进行处理。构件接缝混凝土浇筑和振捣应采取措施防止模板、相连接构件、钢筋、预埋件及其定位件移位。

④ 预制构件接缝混凝土浇筑完成后可采取洒水、覆膜、喷涂养护剂等养护方式,养护时间不应少于 14 d。

2）在叠合层混凝上浇筑时应注意以下问题:

① 浇筑前应清除叠合面上的杂物、浮浆及松散骨料,浇筑前应洒水润湿,洒水后不得留

有积水。

②浇筑时宜采取由中间向两边的对称浇筑方式。

③叠合层与现浇构件交接处混凝土应振捣密实。

④混凝土浇筑时应采取可靠的保护措施,不应移动预埋件的位置,且不得污染预埋件连接部位。

⑤分段施工应符合设计及施工方案要求。

⑥在叠合板内的预留孔洞、机电管线在深化设计阶段应进行优化,合理排布,叠合层混凝土施工时管线连接处应采取可靠的密封措施。

7. 工完料清

工程完工后,将工器具拆除收整入库;对灌浆工具及时进行清理维护,并清理施工场地垃圾。

知识拓展

1. 临时支撑拆除

水平构件的竖向支撑和竖向构件的斜支撑,须在构件连接部位灌浆料或后浇混凝土的强度达到设计要求后才可以拆除。

各种构件拆除临时支撑的条件应当在构件施工图中给出。如果构件施工图没有要求,施工企业应请设计人员给出要求。

灌浆料具有早强和高强的特点,采用套筒灌浆或浆锚搭接工艺的竖向构件,一般可在灌浆作业完成 3 天后拆除斜支撑。

叠合板等水平叠合构件和后浇区连接的梁,应当在混凝土达到设计强度时才能够拆除临时支撑。

2. 后浇混凝土预制件的表面处理

混凝土连接主要是预制构件与后浇混凝土的连接。为加强连接,预制构件与后浇混凝土的结合面要设置相应粗糙面和抗剪键槽。粗糙面处理即通过外力使预制构件与后浇混凝土结合处变得粗糙,露出碎石等骨料。通常有人工凿毛法、机械凿毛法、缓凝水冲法三种方法。详见任务 2.4 中粗糙面处理相关内容。

3. 预制外墙的接缝及防水设置

外墙板为建筑物的外部结构,直接受到雨水的冲刷,预制外墙板接缝(包括屋面女儿墙、阳台、勒脚等处的竖缝、水平缝及十字缝与窗口处)必须进行处理,并根据不同部位接缝特点及当地气候条件选用构造防水、材料防水或构造防水与材料防水相结合的防排水系统。挑出外墙的阳台、雨篷等构件的周边应在板底设置滴水线。为了有效地防止外墙渗漏发生,在外墙板接缝及门窗洞口等防水薄弱部位宜采用材料防水和构造防水相结合的做法。

(1)材料防水

预制外墙板接缝采用材料防水时,必须用防水性能可靠的嵌缝材料。板缝宽度不宜大于 20 mm,材料防水的嵌缝深度不得小于 20 mm。对于普通嵌缝材料,在嵌缝材料外侧应勾水泥砂浆保护层,其厚度不得小于 15 mm。对于高档嵌缝材料,其外侧可不做保护层。

①多层建筑预制外墙板接缝常采用的防水构造做法如图 3-72 所示。

②高层建筑、多雨地区的预制外墙板接缝防水宜采用两道密封防水构造的做法,即在

外部密封胶防水的基础上,增设一道发泡氯丁橡胶密封(气密条)防水构造,如图 3-73 所示。

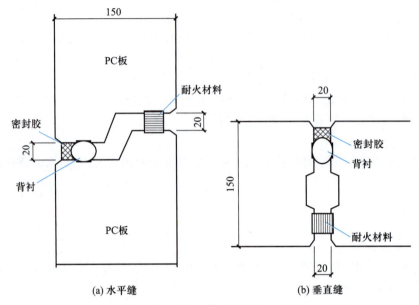

图 3-72　多层建筑外墙板防水构造

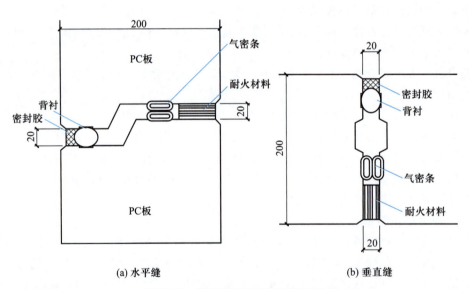

图 3-73　高层建筑外墙板防水构造

（2）构造防水

构造防水是采取合适的构造形式阻断水的通路,以达到防水的目的。如在外墙板接缝外口设置适当的线形构造(立缝的沟槽,平缝的挡水台、披水等),形成空腔,截断毛细管通路,利用排水沟将渗入板缝的雨水排出墙外,防止向室内渗漏。即使渗入,也能沿槽口引流至墙外。预制外墙板接缝采用构造防水时,水平缝宜采用企口缝或高低缝,少雨地区可采用平缝;竖缝宜采用双直槽缝,少雨地区可采用单斜槽缝。

4. 预制外墙的防水施工

1）预制外墙板的接缝及门窗洞口等防水薄弱部位应按照设计要求的防水构造进行施工。

2）预制外墙接缝构造应符合设计要求。外墙板接缝处,可采用聚乙烯棒等背衬材料塞紧,外侧用建筑密封胶嵌缝。外墙板接缝处的密封材料应符合《装配式混凝土结构技术规程》的相关规定。

3）外侧竖缝及水平缝建筑密封胶的注胶宽度、厚度应符合设计要求,建筑密封胶应在预制外墙板固定后嵌缝。建筑密封胶应均匀顺直、饱满密实、表面光滑连续。

4）预制外墙板接缝施工工艺流程为:表面清洁处理→底涂基层处理→贴美纹纸→背衬材料施工→施打密封胶→密封胶整平处理→板缝两侧外观清洁→成品保护。

5）采用密封防水胶施工时应符合下列规定:

① 密封防水胶施工应在预制外墙板固定校核后进行。

② 注胶施工前,墙板侧壁及拼缝内应清理干净,保持干燥。

③ 嵌缝材料的性能、质量应符合设计要求。

④ 防水胶的注胶宽度、厚度应符合设计要求,与墙板黏结牢固,不得漏嵌和虚粘。

⑤ 施工时,先放填充材料后打胶,不应堵塞防水空腔,注胶均匀、顺直、饱和、密实,表面光滑,不应有裂缝现象。

 小结

在本项目的学习中,要求学生理解并掌握以下内容:

1. 装配式建筑构件吊装前,能完成现场的准备工作,包括人员配置、技术资料和工器具的准备及道路与场地的检查。

2. 能对进场构件的质量和现场安装条件进行复核。

3. 熟悉装配式建筑现场施工的流程,能根据施工条件选择合适的起重吊装设备和吊具等。

4. 掌握竖向构件现场装配准备与吊装内容,包括预制框架柱、预制剪力墙板、预制内隔墙、预制混凝土外墙挂板施工流程和施工工艺等。

5. 掌握水平构件现场装配准备与吊装内容,包括预制混凝土梁、预制混凝土楼板、预制混凝土楼梯施工流程和施工工艺等。

6. 理解灌浆套筒与浆锚连接的原理及工艺;了解螺栓及焊接连接的原理及特点。

7. 能够配置灌浆料、制作试块并能进行强度、流动度的检测,并能组织实施套筒灌浆、分仓封堵以及浆锚连接的施工。

8. 能够看懂预制构件节点的图纸并能组织连接节点后浇混凝土施工。

 习题

1. 现场应复核哪些安装条件?

2. 标准楼层吊装时应考虑哪些因素?

3. 装配式混凝土建筑施工时应注意哪些安全事项？

4. 工地现场如何进行起重机选型？

5. 简述预制框架柱、剪力墙的吊装流程和施工工艺。

6. 吊装作业安全操作要点有哪些？

7. 工程中应如何保障水平支撑搭设安全？

8. 简述灌浆套筒连接与浆锚连接的原理及工艺特点，并说明两者有什么不同。

9. 简述灌浆料的配置流程，如何检测灌浆料？当出现灌浆异常时该如何处理？

10. 为便于构件安装，施工前应准确放出哪些位置或控制线？

11. 简述连通腔的分仓、封仓与灌浆作业步骤。

12. 如何支设剪力墙后浇节点模板？

项目 4 质量验收

学习目标

本项目包括预制构件和原材料进场质量验收、预制构件安装与连接质量验收、现场隐蔽工程质量验收三个任务,学习者应达到以下目标:

任务	知识目标	能力目标
预制构件和原材料进场质量验收	1. 熟悉构件质量证明文件的种类和内容。 2. 掌握构件外观质量检查的步骤。 3. 掌握构件的预埋件和预留孔洞等规格型号、数量、位置检验的步骤。 4. 掌握构件粗糙面、键槽的外观质量和数量检验步骤	1. 能够核验构件质量证明文件。 2. 能够对构件进行外观质量检查。 3. 能够对构件尺寸进行复核验收。 4. 能够对构件上的预埋件和预留孔洞等的规格型号、数量、位置进行检验。 5. 能够对构件粗糙面、键槽的外观质量和数量进行检验。 6. 能检查构件的临时固定措施。 7. 能检验预制构件的施工尺寸偏差
预制构件安装与连接质量验收	1. 掌握构件临时固定的步骤。 2. 掌握后浇混凝土见证取样步骤。 3. 掌握钢筋套筒灌浆连接、浆锚搭接连接的施工质量检查记录内容。 4. 掌握灌浆料、坐浆料强度试验报告和评定记录的内容。 5. 掌握预制构件的施工尺寸偏差要求	1. 能检查构件的临时固定措施。 2. 能完成后浇混凝土的见证取样。 3. 能完成钢筋套筒灌浆连接、浆锚搭接连接的施工质量检查记录,核验有关检验报告。 4. 能核验灌浆料、坐浆料强度试验报告和评定记录。 5. 能检验预制构件的施工尺寸偏差
现场隐蔽工程质量验收	1. 掌握钢筋加工绑扎质量标准及检验步骤。 2. 掌握预埋件、预留管线的规格、数量及位置的检查标准及步骤。 3. 掌握钢筋的机械连接、焊接连接接头外观质量检查标准及试验报告内容。 4. 掌握预制构件焊接连接、螺栓连接外观质量的检查标准及试验报告内容	1. 能检查钢筋作业质量。 2. 能检查预埋件、预留管线的规格、数量及位置。 3. 能检验钢筋的机械连接、焊接连接接头外观质量。 4. 能检验预制构件焊接连接、螺栓连接外观质量

259

项目概述

项目基本情况同项目 3，拟针对本项目的实施进行装配式建筑施工质量控制，掌握质量验收的知识和技能。

任务 4.1　预制构件和原材料进场质量验收

任务陈述

某宿舍楼为装配整体式混凝土框架结构，现拟开展二层柱、梁、板、屋面梁、板及外墙板、楼梯等安装施工。需对预制构件、原材料进场质量进行控制与管理。

重点：掌握预制构件和原材料进场质量验收相关内容，会填写预制构件检验批质量记录表。

难点：预制构件外观质量检查及质量检查结果整理与汇总。

知识准备

1. 预制构件的质量要求

预制构件自身质量应在出厂之前，由工厂的质检部门和驻厂监造的监理部门共同检查验收。

构件进场后，一般从车上直接吊运到工作面，由于场地、车辆周转、垂直吊运及施工条件等的限制，难以对构件进行详细的检查。因此进场后着重检查以下内容：

① 出厂合格证及交付的质量证明文件。

② 检查构件在装运过程中造成的损坏，如碰撞造成的缺棱掉角。

③ 检查灌浆套筒或浆锚孔是否干净、预埋件位置是否正确，外露钢筋是否扭曲或偏位等。

④ 检查其他配件是否齐全。

⑤ 有装饰层的产品要检查装饰层是否有损坏(图 4-1)。

(a) 面砖反打阳台板

(b) 面砖反打凸窗

图 4-1　带装饰层的预制墙板

2. 连接材料的作用及质量要求

装配式构件最终需要连接材料来形成整体，使构件间实现刚性或柔性连接，从而达到与现浇结构一样的强度和可靠性。因此连接材料的质量直接关系到装配式混凝土建筑的可靠性。装配式混凝土工程施工要用到的连接材料包括：套筒灌浆料、坐浆料、灌浆胶塞、灌浆堵缝材料、机械套筒、密封胶条、耐候建筑密封胶等。

（1）套筒灌浆料

钢筋连接用套筒灌浆料以水泥为基本材料,配以细骨料、混凝土外加剂和其他辅助材料组成的干混料加水搅拌后形成浆液,灌浆料要求具有规定的流动性、早强、高强、微膨胀等性能。一般来说,抗压强度越高,灌浆接头的连接性能越好,流动性越好越容易保证灌浆饱满度。灌浆质量直接影响连接的可靠性,因此灌浆料应与接头形式相匹配,建议采用灌浆套筒厂家匹配的灌浆料。

灌浆料的性能应符合现行行业标准《钢筋套筒灌浆连接应用技术规程》（JGJ 355）和《钢筋连接用套筒灌浆料》（JG/T 408）的规定（表 4-1）。

表 4-1　套筒灌浆料的技术性能参数

项目		性能指标
流动度/mm	初始	≥300
	30min	≥260
抗压强度/MPa	1 d	≥35
	3 d	≥60
	28 d	≥85
竖向膨胀率/%	3 h	≥0.02
	24 h 与 3 h 差值	0.02~0.5
氯离子含量/%		≤0.03
泌水率/%		0

（2）浆锚搭接灌浆料

钢筋浆锚搭接（图 4-2）是在预制构件中预留孔洞,受力钢筋分别在孔洞内外通过间接搭接实现钢筋间应力的传递。孔洞的成型方式、灌浆的质量以及对搭接钢筋的约束等各方面均会影响连接质量。目前主要有约束浆锚搭接连接和金属波纹管搭接连接两种方式,主要用于剪力墙竖向分布钢筋(非主要受力钢筋)的连接。

浆锚搭接灌浆料以水泥为基本材料,配以适当的细骨料,以及少量的外加剂和其他材料形成干混料。加水搅拌后具有大流动度、早强、高强、微膨胀性,填充于预留孔洞和带肋钢筋间隙内,形成钢筋灌浆连接接头。浆锚搭接灌浆料的强度一般低于套筒灌浆料(表 4-2)。

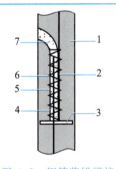

图 4-2　钢筋浆锚搭接

1—预制墙板;2—墙板预埋钢筋;
3—坐浆层;4—浆锚钢筋;
5—金属波纹管;6—螺旋箍筋;
7—灌浆料

表 4-2　钢筋浆锚搭接连接接头用灌浆料性能要求

项目		性能指标
流动度/mm	初始	≥200
	30 min	≥150

右上角：续表

项目		性能指标
抗压强度/MPa	1 d	≥35
	3 d	≥55
	28 d	≥80
竖向膨胀率/%	3 h	≥0.02
	24 h 与 3 h 差值	0.02~0.5
氯离子含量/%		≤0.06
泌水率/%		0

（3）坐浆材料

两个构件直接接触，接触面不一定平整，难免有些间隙，为了解决这个问题，在放预制板之前，先在圈梁上平铺一层砂浆，然后把板放在砂浆上，等砂浆凝固硬化了，能把两个构件黏合在一起，填塞原有间隙。

坐浆材料也称高强封堵料，是以水泥为胶凝材料，配以细骨料，以及外加剂和其他功能材料组成的特种干混砂浆材料。加水搅拌后可塑性好，硬化后具有早强、高强、微膨胀等性能，适用于预制构件连接接缝处的分仓、封仓或垫层等。坐浆材料有强度高、干缩性小、和易性好、黏结性好、方便使用的特点。坐浆材料的性能指标尚无国家标准，可参照一些地方标准，如广州市地方标准《预制构件用座浆料应用技术规程》（DB4401/T 89—2020）（表 4-3），或参照企业标准，如北京某公司 JM-Z 坐浆材料指标（表 4-4）。

表 4-3　坐浆材料主要性能指标和试验方法

检验项目		性能指标		试验方法
		I 类	II 类	
跳桌流动度/mm		150~220		见附录 A
保水率/%		≥88		按 JGJ/T 70 的规定执行
凝结时间/min		60~240		按 JGJ/T 70 的规定执行
抗压强度/MPa	1 d	≥20	≥30	见附录 B
	3 d	≥35	≥50	
	28 d	≥60	≥80	
竖向膨胀率/%	24 h	0.02~0.3		见附录 C
氯离子/%				按 GB/T 8077 的规定执行

注：1. 装配式混凝土建筑工程坐浆施工宜选用 I 类坐浆材料，预制拼装墩台和高层装配式混凝土建筑工程坐浆施工应选用 II 类坐浆材料。

2. 表中附录指广州市地方标准《预制构件用座浆料应用技术规程》（DB4401/T 89—2020）的附录。

（4）灌浆孔胶塞、灌浆缝堵缝条

灌浆孔胶塞（图 4-3）用于封堵灌浆套筒和浆锚孔的灌浆孔与出浆孔，选用耐酸碱腐蚀的橡胶材料或者其他软质材料制作，确保可以重复使用。

表 4-4　坐浆材料性能指标

项目	技术指标	试验标准
胶砂流动度/mm	130~170	《水泥胶砂流动度测定方法》（GB/T2419—2015）
抗压强度/MPa	1 d，≥30	《水泥胶砂强度检验方法》（GB/T17671—1999）
	28 d，≥50	

灌浆缝堵缝条主要起到防止灌浆料外流的作用，常用 PVC 管，聚乙烯泡沫棒、木条、橡胶条等材料。

（5）灌浆套筒

工程使用的套筒有两种，两端均采用灌浆料连接的为全灌浆套筒；一端采用灌浆料连接，另一端采用机械连接方式（如螺纹端口连接）的为半灌浆套筒（图 4-4）。钢筋套筒的使用和性能应符合现行行业标准 JGJ355、JG/T 398 的规定。主要是要确保接头的抗拉强度不小于连接钢筋的抗拉强度，破坏时要断在接头外钢筋处。

(a) 全灌浆套筒

(b) 半灌浆套筒

图 4-3　灌浆孔胶塞

图 4-4　灌浆套筒

灌浆套筒的材质有碳素结构钢、合金结构钢和球墨铸铁。碳素结构钢、合金结构钢套筒用机械加工工艺制造，球墨铸铁套筒采用铸造工艺制造。

套筒型号由类型代号、特征代号、主参数代号和产品更新变型代号组成。套筒主参数为被连接钢筋的强度级别和直径。套筒型号表示如下：

更新、变型代号：用大写英文字母顺序表示，A，B，C…；

钢筋直径主参数代号：用××/××表示，前面的××表示灌浆端钢筋直径，后面的××表示非灌浆端钢筋直径，全灌浆套筒后面的××省略；

钢筋强度级别主参数代号：4 表示 400 及以下级，5 表示 500 级；

特征代号："空"表示全灌浆套筒，G 表示滚轧直螺纹灌浆套筒，B 表示剥肋滚轧直螺纹灌浆套筒，D 表示镦粗直螺纹灌浆套筒；

灌浆套筒类型代号：用 GT 表示。

示例：连接 400 级钢筋、直径 40 mm 的全灌浆套筒表示为：GT4 40；连接 500 级钢筋、灌浆端直径为 36 mm、非灌浆端直径为 32 mm 的剥肋滚轧直螺纹灌浆套筒的第一次变型表示为：GTB5 36/32A。

1）一般规定。套筒应按设计要求进行生产，规格、型号、尺寸及公差应符合备案的企业标准规定。套筒与钢筋组成的连接接头是承载受力构件，不可作为导电、传热的物体使用。

套筒长度应根据试验确定,且灌浆连接端钢筋锚固长度不宜小于 8 倍钢筋直径,套筒中间轴向定位点两侧应预留钢筋安装调整长度,预制端不应小于 10 mm,现场装配端不应小于 20 mm。套筒出厂前应有防锈措施。

2）材料性能。套筒采用铸造工艺制造时宜选用球墨铸铁,套筒采用机械加工工艺制造时宜选用优质碳素结构钢、低合金高强度结构钢、合金结构钢或其他经过型式检验确定符合要求的钢材。采用球墨铸铁制造的套筒,其材料性能应符合表 4-5 的规定。

表 4-5　球墨铸铁套筒的材料性能

项目	性能指标
抗拉强度/MPa	≥600
延伸率/%	≥3%
球化率/%	≥85%

采用优质碳素结构钢、低合金高强度结构钢、合金结构钢加工的套筒,其材料的机械性能应符合现行国家标准 GB/T 699、GB/T 8162、GB/T 1591 和 GB/T 3077 的规定,同时应符合表 4-6 的规定。

表 4-6　各类钢套筒的材料性能

项目	性能指标
屈服强度/MPa	≥355
抗拉强度/MPa	≥600
延伸率/%	≥16

3）结构要求。《钢筋套筒灌浆连接应用技术规程》(JGJ355—2015)第 3.1.2 条规定:灌浆套筒灌浆端最小内径与连接钢筋公称直径的差值,钢筋直径为 12～25 mm 时,不宜小于 10 mm;钢筋直径为 28～40 mm 时,不宜小于 15 mm。用于钢筋锚固的深度不宜小于插入钢筋公称直径的 8 倍。对于半灌浆套筒,在套筒螺纹端根部设有限位台肩,接头安装时钢筋螺纹连接端端面可靠紧限位台肩(图 4-5),可保证钢筋螺纹连接端的旋入长度,同时有效减少了接头在单向拉伸时出现的残余变形。半灌浆套筒螺纹端与灌浆端连接处的通孔直径设计不宜过大,螺纹小径与通孔直径差不应小于 2 mm,通孔的厚度不应小于 3 mm。

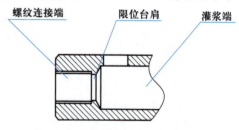

图 4-5　半灌浆套筒剖面示意图

为保证钢筋插入深度符合要求,在全灌浆套筒中部设计有限位螺钉,以保证预制端和现场端钢筋的插入深度不会超差。JG/T 398—2019 第 5.1.3 条规定:灌浆套筒长度应根据试验确定,且灌浆连接长度不宜小于 8 倍钢筋直径,灌浆套筒中间轴向定位点两侧应预留钢筋安装调整长度,预制端不应小于 10 mm,现场装配端不应小于 20 mm。灌浆腔内剪力槽的数量应符合表 4-7 规定;剪力槽两侧凸台轴向厚度不应小于 2 mm。机械加工灌浆套筒的壁厚不应小于 3 mm;铸造灌浆套筒的壁厚不应小于 4 mm。

表 4-7　剪力槽数量

连接钢筋直径/mm	12～20	22～32	36～40
剪力槽数量/个	≥3	≥4	≥5

（6）钢筋机械连接套筒

钢筋机械连接套筒（图 4-6）用于后浇混凝土竖向钢筋的连接。国内常用的钢筋机械连接套筒有螺纹连接和挤压套筒连接两种，设计一般应指明采用哪一种连接套筒，明确接头极限抗拉强度、材质、规格、型号，施工方按照设计要求选用即可。

图 4-6　钢筋机械连接套筒

3. 混凝土的现场检验

装配式混凝土建筑需要现浇混凝土的部位包括：规范规定的现浇部位（首层、转换层、现浇顶层）；叠合构件的现浇部分；构件节点连接处的现浇部分等。装配式建筑施工一般采用商品混凝土，与传统现浇施工中应用的混凝土要求一致，但应注意以下几点：

1）后浇混凝土数量要提前准确计数。

2）墙、板、梁等部位的混凝土强度有区别，要认真查阅图纸确认，注意区分，避免浇错。

3）要求浇筑后自身密实，强度达标，对有特殊要求的混凝土应单独制作试块进行检验评定。

4）节点区的后浇混凝土应按照现行国家标准《混凝土结构工程施工质量验收规范》（GB 50204）进行检验。应达到以下要求：

① 预拌混凝土进场时，其质量应符合现行国家标准《预拌混凝土》（GB/T 14902）的规定。

检查数量：全数检查。

检验方法：检查质量证明文件。

② 混凝土拌合物不应离析。

检查数量：全数检查。

检验方法：观察。

③ 混凝土中氯离子含量和碱总含量应符合现行国家标准《混凝土结构设计规范》（GB 50010）的规定和设计要求。

检查数量：同一配合比的混凝土检查不应少于一次。

检验方法：检查原材料试验报告和氯离子、碱的总含量计算书。

④ 首次使用的混凝土配合比应进行开盘鉴定,其原材料、强度、凝结时间、稠度等应满足设计配合比的要求。

检查数量:同一配合比的混凝土检查不应少于一次。

检验方法:检查开盘鉴定资料和强度试验报告。

⑤ 混凝土拌合物稠度应满足施工方案的要求。

检查数量:对同一配合比混凝土,取样应符合下列规定:每拌制 100 盘且不超过 100 m³ 时,取样不得少于一次;每工作班拌制不足 100 盘时,取样不得少于一次;每次连续浇筑超过 1 000 m³ 时,每 200 m³ 取样不得少于一次;每一楼层取样不得少于一次。

检验方法:检查稠度抽样检验记录。

任务实施

做好进场预制构件、套筒、灌浆材料、现浇混凝土材料质量控制是确保装配式建筑工程质量的前提。质量验收是装配式建筑构件制作与安装职业技能等级考核的重要模块之一,其主要验收内容为质量证明文件、外观质量、构件的预埋件和预留孔洞等的规格型号、数量、位置,以及构件粗糙面、键槽的外观质量和数量等。

1. 预制构件进场验收

开展验收工作前需配齐检查所用的摄像设备(数码相机、手机)、卷尺、直尺、拐尺、手电筒、镜子等。构件进场建议在车上完成检查,避免重复吊运。构件进场质量验收的步骤建议按照以下顺序开展:

第一步:检查构件质量证明文件。

第二步:检查构件临时固定措施(确保后续步骤安全)。

第三步:检查构件外观。

第四步:复核构件尺寸,检查预埋件及预留孔洞、构件粗糙面、键槽。

第五步:整理检查结果资料。

(1)构件质量证明文件检查

通常情况下,预制构件的钢筋、混凝土原材料、预应力材料、套管、预埋件等检验报告和构件制作过程的隐蔽工程记录,一般在构件进场时无需提供,应由构件制作企业存档。预制构件进场需要检查以下质量证明文件:

1)预制构件出厂合格证(表 4-8)或构件准用证。

2)混凝土强度检验报告。

3)构件钢筋连接类型的工艺检验合格报告。

4)结构性能检验报告(如果需要)。

5)设计或合同约定的混凝土抗渗、抗冻等性能的试验报告(根据需要)。

6)合同要求的其他质量证明文件。

总承包企业自行制作预制构件的,如没有进场验收环节,则其材料和制作质量应按照现行标准进行验收,构件质量证明文件检查为检查构件制作过程的质量验收记录,包括以下资料:

① 经原设计单位确认的预制构件深化设计图、变更记录。

② 钢筋套筒灌浆连接、浆锚搭接连接的型式检验合格报告。

表 4-8　预制构件出厂合格证(样表)

预制混凝土构件出厂合格证		资料编号	20200805-1
工程名称	某工程	合格证编号	JHZT-PC-0805-1
混凝土设计强度等级	C30	制造厂家	某某公司
混凝土浇筑日期	20200805	营业执照编号	91330703307327593R
构件名称	叠合板	项目图号	Y1-01

本合格证包含构件	使用部位	5#楼 3 层	本次进场构件	使用部位	5#楼 3 层
	构件数量	叠合板 32 片		出厂日期	20200829
	编号	DBS-32-05-03		编号	DBS-32-05-03

性能检测评定结果	混凝土抗压强度		主筋		
	试验编号	达到设计强度(%)	试验编号	力学性能	工艺性能
	20200805-1	129%	20200315	符合要求	符合要求
	外观		面层装饰材料		
	质量状况	规格尺寸	试验编号	试验结论	
	合格	符合要求	/	/	
	保温材料		保温件连接		
	试验编号	试验结论	试验编号	试验结论	
	/	/	/	/	
	钢筋连接套筒		结构性能		
	试验编号	试验结论	试验编号	试验结论	
	/	/	/	/	

备注		结论:	
供应单位技术负责人	填表人	供应单位名称(盖章)	

填表日期:

注:1. 本合格证内所包含构件按同一日期、同一批次进入施工现场的,在构件进场时仅需提供合格证;本合格证内所包含构件需按不同日期、不同批次进入施工现场的,在该合格证所包含构件首次进入施工现场时应提供合格证,在后续每批次构件进入施工现场时,应重新提供合格证。

2. 一张合格证包含构件数量、信息较多,合格证中构件信息填写困难时,应填写合格证附表,并与合格证一同提供。

③ 预制构件混凝土用原材料、钢筋、灌浆套筒、连接件、吊装件、预埋件、保温板等产品合格证和复检试验报告。

④ 灌浆套筒连接接头抗拉强度检验报告。

⑤ 混凝土强度检验报告。

⑥ 预制构件出厂检验表。

⑦ 预制构件修补记录和重新检验记录。

⑧ 预制构件出厂质量证明文件

⑨ 预制构件运输、存放、吊装全过程技术要求，以及预制构件生产过程台账文件。

（2）检查构件临时固定措施

构件进场堆放在场地上，首先应确保临时固定牢靠，如预制墙板竖立靠放、竖立插放（图 4-7），均应确保不至于倾覆造成人员伤害。叠合板采用平层叠放，异型构件可以在现场散放（图 4-8）。

图 4-7　预制墙板竖立靠放、竖立插放

图 4-8　预制构件的叠放和散放

在现场对预制构件进行质量验收前一定要确保安全，需检查构件的临时固定措施，防止伤人，同时也要避免构件因碰撞而损坏。可开展以下检查工作：

① 堆放场地应平整、坚实，并有排水措施，且设置在起重机的幅度范围内。

② 预埋吊件应朝上，标识宜朝向堆垛间的通道。

③ 构件支垫应坚实，垫块在构件下的位置宜与脱模、吊装时的起吊位置一致。

④ 重叠堆放构件时，每层构件间的垫块应上下对齐，堆垛层数根据构件、垫块的承载能力确定，并根据需要采取防止堆垛倾覆的措施。

⑤ 三维构件存放应当设置防止倾倒的专用支架。

⑥ 阳台板、挑檐板、曲面板应单独平放;预制柱、梁等细长构件宜单层平放。

⑦ 叠合板、楼梯多层叠放时最多不超过 6 层。

⑧ 带飘窗的墙体应设有支架立式存放,且固定可靠。

⑨ 预留水平伸出钢筋应安装保护套,以免伤人。

(3)检查构件外观质量

质量合格证明文件齐全的构件进场后,应重点检查在装卸及运输过程中是否有损坏(表 4-9)或缺陷(表 4-10),以及是否有影响吊装的问题,如灌浆套筒或锚浆孔内是否清洁,预埋件位置是否正确。

构件直接从车上吊装时,检查效率要高,不能占用太多时间,要提前做出检查预案。不易检查到的地方可以用手机自拍杆拍照检查。检查要在光线充足处进行,叠合板吊走一块检查一块。

表 4-9　构件进场外观检查项目

序号	检查项目		检查标准
1	装卸、运输过程中对构件的损坏	磕碰掉角	不应出现
		碰撞裂缝	
		装饰层损坏	
		外露钢筋弯折	
2	影响直接安装环节	套筒、预埋件规格、位置、数量	参照《装配式混凝土建筑技术标准》（GB/T 51231—2016）
		灌浆套筒或锚浆孔内是否清洁	
		外露连接钢筋规格、数量、位置	
		配件是否其齐全	
		构件几何尺寸	
3	表面观感	外观缺陷见表 4-10	不应有缺陷

表 4-10　构件外观质量缺陷表

名称	现象	严重缺陷	一般缺陷
露筋	构件内钢筋未被混凝土包裹	纵向受力钢筋有露筋	其他钢筋有少量露筋
蜂窝	混凝土表面缺少水泥砂浆而形成石子外露	构件主要受力部位有蜂窝	其他部位有少量蜂窝
孔洞	混凝土中孔穴深度和长度均超过保护层厚度	构件主要受力部位有孔洞	其他部位有少量孔洞
夹渣	混凝土中央有杂质且深度超过保护层	构件主要受力部位有夹渣	其他部位有少量夹渣
疏松	混凝土中局部不密实	构件主要受力部位有疏松	其他部位有少量疏松

续表

名称	现象	严重缺陷	一般缺陷
裂缝	裂缝从混凝土表面延伸至混凝土内部	构件主要受力部位有影响结构性能或使用功能的裂缝	其他部位有少量不影响结构性能或使用功能的裂缝
连接部位缺陷	构件连接处混凝土有缺陷及连接钢筋、连接件松动	连接部位有影响结构传力性能的缺陷	连接部位有基本不影响结构传力性能的缺陷
外形缺陷	缺棱掉角、棱角不直、翘曲不平、飞边凸肋等	清水混凝土构件有影响使用功能或装饰效果的外形缺陷	其他混凝土构件有不影响使用功能的外形缺陷
外表缺陷	构件表面麻面、掉皮、起砂、沾污等	具有重要装饰效果的清水混凝土构件有外表缺陷	其他混凝土构件有不影响使用功能的外表缺陷

注:此表引自国家标准《装配式混凝土建筑技术标准》(GB/T 51231—2016)第 9.7.1 条。

（4）预制构件尺寸偏差检验

装配式混凝土结构的尺寸允许偏差在现浇混凝土结构的基础上适当从严要求,对于采用清水混凝土或装饰混凝土构件装配的混凝土结构施工尺寸偏差应适当加严。参照《装配式混凝土结构技术规程》(JGJ 1—2014),预制构件的允许尺寸偏差及检验方法应符合表 4-11 的规定。预制构件有粗糙面时,与粗糙面相关的尺寸允许偏差可适当放松。

表 4-11　预制构件尺寸允许偏差及检验方法

项目			允许偏差/mm	检验方法
长度	楼板、梁、柱	<12 m	±5	尺量检查
		≥12 m 且<18 m	±10	
		≥18 m	±20	
	墙板		±4	
宽度	楼板、梁、柱		±5	尺量一端及中部,取其中偏差绝对值较大处
	墙板		±3	
高度	楼板		±5	尺量一端及中部,取其中偏差绝对值较大处
	内墙板		±3	
	夹心保温外墙板	内叶	0,±3	
		外叶	±3	
		总厚度	±3	
	柱、梁		±5	
表面平整度	楼板、梁、柱、墙板内表面		5	2 m 靠尺和塞尺量测
	墙板外表面		3	

续表

项目		允许偏差/mm	检验方法
侧向弯曲	楼板、梁、柱	$l/750$ 且 $\leqslant 20$	拉线、直尺量测最大侧向弯曲处
	墙板	$l/1\,000$ 且 $\leqslant 20$	
翘曲	楼板	10	调平尺在两端量测
	墙板	5	
对角线差	楼板	5	尺量两个对角线
	墙板	±5	
预留孔	中心线位置	5	尺量检查
	孔尺寸	±5	
预留洞	中心线位置	10	尺量检查
	洞口尺寸、深度	±10	
预埋件	预埋板中心线位置	5	尺量检查
	预埋板与混凝土平面高差	0,-5	
	预埋螺栓孔中心线位置	2	
	预埋螺栓外露长度	+10,-5	
	预埋套筒、螺母中心线位置	2	
	预埋套筒、螺母与混凝土表面高差	0,-5	
预留插筋	中心线位置	3	尺量检查
	外露长度	±5	
键槽	中心线位置	5	尺量检查
	长度、深度、宽度	±5	

注:1. l 为构件最长边的长度,mm;

　　2. 检查中心线、螺栓和孔道位置偏差时,应沿纵横两个方向量测,并取其中偏差较大值。

　　3. 此表引自《装配式混凝土结构技术规程》(JGJ1—2014)中第 11.4.2 条。

（5）检查结果整理

构件进场验收过程,应随手记录检查情况,填写表 4-12。

表 4-12　构件进场检验情况汇总表

检查项目		构件部位：　　　构件类型：		缺陷简述
		检查结果		
质量证明文件		齐全(　　)	不齐全(　　)	
构件外观	磕碰掉角	无(　　)	有(　　)	
	碰撞裂缝	无(　　)	有(　　)	
	装饰层损坏	无(　　)	有(　　)	

续表

检查项目		构件部位：　　　　构件类型：		缺陷简述
		检查结果		
构件外观	外露钢筋弯折	无（　　）	有（　　）	
	套筒、预埋件规格、位置、数量	无（　　）	有（　　）	
	灌浆套筒或锚浆孔内是否清洁	是（　　）	否（　　）	
	外露连接钢筋规格、数量、位置	正确（　　）	不正确（　　）	
	配件是其齐全	无（　　）	有（　　）	
	构件几何尺寸	无（　　）	有（　　）	
	表面观感	良好（　　）	有缺陷（　　）	
构件尺寸	长度	正常（　　）	有缺陷（　　）	
	宽度、高(厚)度	正常（　　）	有缺陷（　　）	
	表面平整度	正常（　　）	有缺陷（　　）	
	侧向弯曲	正常（　　）	有缺陷（　　）	
	翘曲	正常（　　）	有缺陷（　　）	
	对角线	正常（　　）	有缺陷（　　）	
	预留孔	正常（　　）	有缺陷（　　）	
	预留洞	正常（　　）	有缺陷（　　）	
	预留插筋	正常（　　）	有缺陷（　　）	
	预埋件	正常（　　）	有缺陷（　　）	
	键槽	正常（　　）	有缺陷（　　）	

实际施工项目,则应按照当地建设工程资料管理的要求(不同地区表格样式有区别),填写规范的构件进场检验批质量验收记录表,如浙江省地方标准《装配整体式混凝土结构工程施工质量验收规范》(DB33/T 1123—2016)中的预制楼板、楼梯板构件进场检验批质量验收记录表附表 Z-4(表 4-13)。

表 4-13　预制楼板、楼梯板构件进场检验批质量验收记录表

单位(子单位)工程名称			分部(子分部)工程名称			分项工程名称	
施工单位			项目负责人			检验批容量	
分包单位			分包单位项目负责人			检验批部位	
施工依据				验收依据			
施工质量验收规程的规定				最小/实际抽样数量	施工单位检查记录		检查结果
主控项目	1	预制构件质量证明文件或质量原始记录	7.2.1 条				
	2	结构性能检验报告或实体检验报告	7.2.2 条				
	3	预制构件外观严重缺陷和尺寸偏差	7.2.3 条				

续表

施工质量验收规程的规定			最小/实际抽样数量	施工单位检查记录	检查结果
主控项目	4	预留预埋件、预留插筋、预埋管线等的规格、数量及预留孔、洞的数量　7.2.4条			
一般项目	5	预制构件标识　7.2.5条			
	6	预制构件外观一般缺陷　7.2.6条			
	7	长度	<12 m	±5			
			≥12 m且<18 m	±10			
			≥18 m	±20			
		宽度、高(厚)度	±5			
		表面平整度	5			
		侧向弯曲	$l/750$且≤20			
		翘曲	$l/750$			
		对角线	10			
		预留孔	中心线位置	5			
			孔尺寸	±5			
		预留洞	中心线位置	10			
			洞口尺寸、深度	±10			
		预埋件	预埋板中心线位置	5			
			预埋板与混凝土面平面高差	0,-5			
			预埋螺栓中心线位置	2			
			预埋螺栓外露长度	+10,-5			
			预埋套筒、螺母中心线位置	2			
			预埋套筒、螺母与混凝土面平面高差	±5			
		预留插筋	中心线位置	5			
			外露长度	+10,-5			
		键槽	中心线位置	5			
			长度、宽度	±5			
			深度	±10			
施工单位检查结果		专业工长(施工员)： 项目专业质量检查员： 年　月　日			
监理单位验收结论		专业监理工程师： 年　月　日			

2. 套筒、灌浆材料进场验收

（1）套筒进场验收

钢筋连接灌浆套筒是通过水泥基灌浆料的传力作用将钢筋对接连接所用的金属套筒。钢筋套筒的使用和性能应符合现行行业标准 JGJ 355、JG/T 398 的规定。所有灌浆套筒出厂时均应具有出厂合格证明文件,确保材料性能、尺寸偏差符合规范要求。灌浆连接端用于钢筋锚固的深度不宜小于 8 倍钢筋直径的要求。如果采用小于 8 倍的产品,需要提供产品型式试验报告作为依据。

1）外观检查。铸造的套筒表面不应有夹渣、冷隔、砂眼、气孔、裂纹等影响使用性能的质量缺陷。机械加工的套筒表面不得有裂纹或影响接头性能的其他缺陷;套筒端面和外表面的边棱处应无尖棱、毛刺。套筒外表面应有清晰醒目的生产企业标识、套筒型号标识和套筒批号。套筒表面允许有少量的锈斑或浮锈,不应有锈皮。

2）尺寸偏差检查。套筒的尺寸偏差应符合表 4-14 的规定。

表 4-14　套筒尺寸偏差表

序号	项目	铸造套筒	机械加工套筒
1	长度允许偏差	$\pm 0.01l$	± 2.0 mm
2	外径允许偏差	± 1.5 mm	± 0.8 mm
3	壁厚允许偏差	± 1.2 mm	± 0.8 mm
4	锚固段环形突起部分的内径允许偏差	± 1.5 mm	± 1.0 mm
5	锚固段环形突起部分的内径最小尺寸 与钢筋公称直径差值	$\geqslant 10$ mm	$\geqslant 10$ mm
6	直螺纹精度	/	GB/T 197 中 6H 级

（2）灌浆材料进场验收

第一步:查阅材料检验报告。灌浆料出厂检验项目包括:初始流动度、30 min 流动度、3 h竖向自由膨胀率,竖向自由膨胀率24 h 与 3 h 的差值、泌水率。

第二步:确定检查数量:按批检验,以每层为一个检验批;每工作班也应制作 1 组且每层不应少于 3 组 40 mm×40 mm×160 mm 的长方体试件,标准养护 28 d 后进行抗压强度试验。

第三步:查阅强度试验报告,判断检验结果。

3. 现浇钢筋混凝土材料进场验收

（1）钢筋验收

后浇钢筋混凝土是装配式混凝土建筑工程中重要的组成部分,它联系构件,形成整体的结构,使得构件能共同受力。钢筋作为至关重要的分项工程,质量的好坏直接影响主体结构的承载能力,其原材料的进场验收也是质量管理的关键环节。

钢筋进场验收要验什么? 总的来说,就是两点:检查"身份"、检测"体质"。

第一步:检查"身份"。钢筋进场清点之后,应首先检查质量证明文件及挂牌是否齐全有效。

质量证明文件应签章合法,标明钢筋的生产厂家、生产日期、炉批号、规格、数量、重量及性能等信息(图 4-9)。

挂牌应采用钢钉悬挂在每捆钢筋的端头(图 4-10),同样标明该捆钢筋的生产厂家、生产日期、炉批号、规格、数量及重量等信息。质量证明文件及挂牌的信息应完全一致,重点核对炉批号及规格,还应核对厂家及规格与钢筋表面标识(图 4-11)是否吻合。

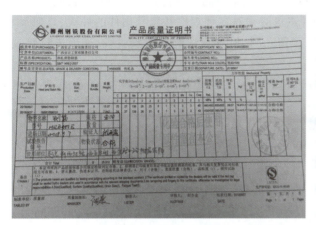

图 4-9　钢筋质量证明书

图 4-10　钢筋挂牌

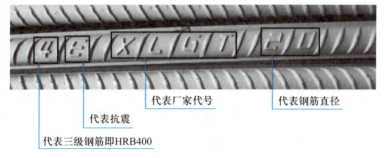

图 4-11　钢筋表面标识

第二步:检测"体质"。"身份"检查无误后,应在工地现场对钢筋进行外观及直径检测,并且见证取样送检至检测单位进行重量偏差、力学性能及工艺性能检测。钢筋外观应全数检查,平直无损伤,不得弯曲,不得有表面裂纹、油污或老锈等缺陷。钢筋直径使用游标卡尺抽测,允许偏差应符合现行国家标准《钢筋混凝土用钢》(GB/T 1499)的相关要求。

见证取样,按照 GB/T 1499 的规定,热轧带肋钢筋按批进行抽检,每批由同一牌号、同一炉罐号、同一规格的钢筋组成,重量不超过 60 t。取样时应去掉钢筋端头部位,截取长度不小于 500 mm,切口平滑、与长度方向垂直。当对钢筋连接接头进行见证取样时,试件应从施工现场的钢筋连接接头中截取。见证取样检测合格后,由检测单位出具检测报告。在"身份"检查无误、"体质"检测合格之后,钢筋方可用于工程施工,这样就从材料源头上把控了工程质量。

(2)商品混凝土验收

装配式混凝土建筑现浇混凝土一般采用商品混凝土,与传统现浇施工用混凝土的验收方法一致。装配整体式混凝土结构节点区的后浇混凝土检验要求按照现行国家标准《混凝土结构工程施工质量验收规范》(GB 50204)的要求执行。

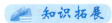 知识拓展

1. 预制钢筋混凝土结构工程质量管理主要内容

预制钢筋混凝土结构工程施工过程中的质量控制与管理,主要有以下方面:

① 预制构件进场验收:预制构件进场必须对各种规格和型号构件的外观、几何尺寸、预留钢筋位置、预埋件位置、灌浆孔洞、预留孔洞、吊点等编制检查验收表,逐项进行验收合格后方可卸车或吊装。

② 部品部件、材料进场的质量检查:查核相关的检测报告、出厂合格证、需要抽样复检的须进行见证抽样检测。

③ 依据相关国家和地方标准规范,编制详细的预制构件安装操作规程、技术要求、质量标准。

④ 进行专门的安装质量标准培训交底。

⑤ 列出工程施工重点监督工序的质量管理,如明确灌浆作业的质量要点。

⑥ 所有隐蔽工程的质量管理。

⑦ 代表性单元试安装过程的偏差记录、误差判断、纠正系数确定。

⑧ 钢筋机械连接、套筒灌浆连接的试件试验计划。

⑨ 外挂墙板的质量管理。

⑩ 成品保护措施。

2. 见证取样制度

为保证试样能代表母体的质量状况和取样的真实性,保证建设工程质量检测工作的科学性、公正性和准确性,以确保建设工程质量,需对后浇混凝土进行见证取样送检。由施工单位的现场施工人员对工程涉及结构安全的试块、试件和材料在现场取样,并与监理人员一起送至经省级以上建设行政主管部门对其资质认可和质量技术监督部门对其计量认证的质量检测单位(以下简称"检测单位")进行检测,即在监理单位持证人员见证下,由施工单位持证取样人员在现场取样,同时,也在监理单位持证人员见证下送至有资格的检测单位进行测试。

见证取样的程序:

① 向建设工程质量监督站和工程检测单位递交"见证单位和见证人员授权书"。授权书写明本工程现场委托的见证单位名称和见证人员姓名,以便质监机构和检测单位检查核对。

② 施工单位送样人员在现场进行原材料取样和试块制作时,见证人员在旁见证。

③ 见证人员对试样进行监护,并和施工单位取样人员一起将试样送至检测单位或采取有效的封样措施送样。

④ 检测单位在接受委托任务时,须由送检单位填写委托单,见证人应在检验委托单上签名。

⑤ 承包单位在检验报告单备注栏中注明见证单位和见证人姓名,发生试样不合格情况时,便于检测单位及时通知见证单位。

任务 4.2　预制构件安装与连接质量验收

任务陈述

某宿舍楼为装配整体式混凝土框架结构,现拟开展二层柱、梁、板、屋面梁、板及外墙板、楼梯等安装施工,需对预制构件安装与连接质量进行验收。

重点:掌握套筒灌浆连接方法及质量检查方法。

难点:理解《装配式混凝土结构技术规程》(JGJ 1—2014)对采用套筒灌浆连接和浆锚搭接连接时的规定,并正确执行。

知识准备

1. 预制构件临时支撑

预制构件包括水平构件和竖向构件两类。水平构件在施工过程中会承受较大的临时荷载,容易超载或失稳;竖向构件就位后,在连接形成强度之前容易造成失稳倾覆,导致安全事故。因此构件的临时支撑非常重要。

(1) 水平构件临时支撑

水平构件包括楼面板(叠合板、双 T 板、SP 板等)、楼梯、阳台板、空调板、遮阳板等,其中楼面板占比最大。目前对楼面板的临时水平支撑有两种方式:一种是满堂支撑,另一种是单顶支撑。在装配式建筑中使用单顶支撑较多(图 4-12)。单顶支撑的安装尺寸偏差要符合表 4-15 的规定,质量标准应符合表 4-16 的规定。

图 4-12　单顶支撑

表 4-15　单顶支撑安装尺寸偏差

项目		允许偏差/mm	检验方法
轴线位置		5	钢尺检查
层高垂直度	不大于 5 m	6	经纬仪或吊线、钢尺检查
	大于 5 m	8	经纬仪或吊线、钢尺检查
相邻两板面高低差		2	钢尺检查
表面平整度		3	2 m 靠尺和塞尺检查

表 4-16　单顶支撑质量标准

项目	要求	抽检数量	检查方法
单顶支撑	应有产品合格证、质量检验报告	750 根为一批,每批抽取 1 根	检查资料

续表

项目	要求	抽检数量	检查方法
单顶支撑	独立支撑表面应平整光滑,不应有裂缝、结疤、分层、错位、硬弯、毛刺、压痕、深的划痕及严重锈蚀等缺陷;严禁打孔	全数	目测
钢管外径及壁厚	外径允许偏差±0.5 mm;壁厚允许偏差±0.36 mm	3%	游标卡尺测量
扣件螺栓拧紧扭力矩	不应小于 40 N·m,且不应大于 65 N·m		

（2）竖向构件临时支撑

竖向构件一般为预制柱、预制外墙板等,该类构件在连接没有形成强度之前容易倾覆,通常采用斜支撑固定。预制柱临时支撑必须确保其在两个垂直方向的稳定,即需要在两个方向上设置支撑,如图 4-13 所示。

图 4-13　采用斜支撑固定预制柱

竖向构件水平及垂直位置调整好后,一定要将斜支撑调节螺栓锁紧,避免在受到外力后发生松动,导致调节好的构件位置发生变化。在施工过程中应注意检查固定斜支撑的预埋件的位置、强度,避免使用杆件有损伤或严重锈蚀的斜支撑。在斜支撑两端未连接牢固前,不能使构件脱钩,以免构件倾倒,施工过程中应检查到位并注意信号的配合。

斜支撑拆除前应检查灌浆料和混凝土的强度,达到规定的强度后方可拆除临时支撑。后浇混凝土的强度不能只依据养护时间判断,需要现场回弹检测确定。拆除前应检查构件状态,无异常情况,确认彻底安全后方可拆除。

2. 预制构件的施工尺寸偏差要求

对于预制构件的施工尺寸偏差要求,《装配式混凝土结构技术规程》（JGJ 1—2014）和一些地方标准中均给出了标准,以下结合浙江省地方标准《装配整体式混凝土结构工程施工质量验收规范》(DB33/T 1123-2016)进行介绍。

(1)《装配式混凝土结构技术规程》(JGJ 1—2014)中的规定

装配式结构尺寸允许偏差应符合设计要求,并应符合表 4-17 中的规定。

表 4-17 装配式结构尺寸允许偏差及检验方法

项目			允许偏差/mm	检验方法
构件中心线对轴线位置	基础		15	尺量检查
	竖向构件(柱、墙、桁架)		10	
	水平构件(梁、板)		5	
构件标高	梁、柱、墙、板地面或顶面		±5	水准仪或尺量检查
构件倾斜度	梁、桁架		5	垂线、钢尺测量
相邻构件平整度	板端面		5	钢尺、塞尺测量
	梁、板底面	抹灰	5	
		不抹灰	5	
	柱、墙侧面	外露	5	
		不外露	10	
构件搁置长度	梁、板		±10	尺量检查
支座、支垫中心位置	板、梁、柱、墙、桁架		10	尺量检查
墙板接缝	宽度		±5	尺量检查
	中心线位置			
构件垂直度	柱、墙	<5 m	5	经纬仪或全站仪测量
		≥5 m 且<10 m	10	
		≥10 m	20	

检查数量:按楼层、结构缝或施工段划分检验批。在同一检验批内,对梁、柱,应抽查构件数量的 10%,且不应少于 3 件;对墙和板,应按有代表性的自然间抽查 10%,且不应少于 3 间;对大空间结构,墙可按相邻轴线间高度 5m 左右划分检查面,板可按纵、横轴线划分检查面,抽查 10%,且均不应少于 3 面。

(2)预制板类(含叠合板)水平构件的安装

参照《装配式混凝土结构技术规程》(JGJ 1-2014)中的规定,结合浙江省地方标准《装配整体式混凝土结构工程施工质量验收规范》(DB33/T 1123-2016)规定,预制板类(含叠合板)水平构件的安装精度应符合表 4-18 要求。检查数量:按检验批抽样不应少于 10 个点,且不应少于 10 个构件。

表 4-18 预制板类(含叠合板)水平构件安装允许偏差及检验方法

项目	允许偏差/mm	检验方法
预制板轴线位置	5	基准线尺测
预制板标高	±5	水准仪或拉线尺测

续表

项目	允许偏差/mm	检验方法
相邻板平整度	4	塞尺量测
预制板搁置长度	±10	尺量
支座、支垫中心线位置	10	尺量
板叠合面	未损伤、无浮灰	观察

注：本表引自浙江省地方标准《装配整体式混凝土结构工程施工质量验收规范》（DB33/T 1123—2016）中表 7.3.9。

（3）预制楼梯的安装

参照浙江省地方标准《装配整体式混凝土结构工程施工质量验收规范》（DB33/T 1123-2016）规定，预制楼梯安装精度应符合表 4-19 要求。检查数量：按检验批抽样不应少于 10 个点，且不应少于 10 个构件。

表 4-19　预制楼梯安装允许偏差及检验方法

项目	允许偏差/mm	检验方法
预制楼梯轴线位置	5	基准线尺测
预制楼梯标高	±5	水准仪或拉线尺测
相邻构件平整度	4	塞尺量测
预制楼梯搁置长度	±10	尺量
支座、支垫中心线位置	10	尺量
板叠合面	未损伤、无浮灰	观察

注：本表引自浙江省地方标准《装配整体式混凝土结构工程施工质量验收规范》（DB33/T 1123—2016）中表 7.3.10。

（4）预制梁、柱安装

参照浙江省地方标准《装配整体式混凝土结构工程施工质量验收规范》（DB33/T 1123-2016）规定，预制梁、柱安装精度应符合表 4-20 要求。检查数量：按检验批抽样不应少于 10 个点，且不应少于 10 个构件。检验方法：用钢尺和拉线等辅助量具实测。

表 4-20　预制梁、柱安装允许偏差及检验方法

项目		允许偏差/mm	检验方法
预制柱轴线位置		5	基准线尺测
预制柱标高		±5	水准仪或拉线尺测
预制柱垂直度	$H \leqslant 6$ m	$H/1\ 000$ 且 $\leqslant 5$	经纬仪或吊线、尺测
	$H > 6$ m	$H/1\ 000$ 且 $\leqslant 10$	
预制梁轴线位置		5	基准线尺测
预制梁标高		±5	水准仪或拉线尺测
预制梁倾斜度		5	经纬仪或吊线、尺测
预制梁的搁置长度		±10	尺量

续表

项目	允许偏差/mm	检验方法
预制梁相邻构件平整度	4	塞尺量测
支座、支垫中心线位置	10	尺量
梁叠合面	未损伤、无浮灰	观察

注:本表引自浙江省地方标准《装配整体式混凝土结构工程施工质量验收规范》(DB33/T 1123—2016)中表 7.3.11。

（5）预制墙板安装

参照浙江省地方标准《装配整体式混凝土结构工程施工质量验收规范》(DB33/T 1123—2016)规定,预制墙板安装精度应符合表 4-21 要求。

表 4-21　预制墙板安装允许偏差及检验方法

项目	允许偏差/mm	检验方法
单块墙板轴线位置	5	基准线和尺量
单块墙板顶标高	±5	水准仪或拉线、尺量
单块墙板垂直度	5	2m 靠尺
相邻墙板缝隙宽度	±5	尺量
通长缝直线度	5	塞尺量测
相邻墙板高低差	3	塞尺量测
相邻墙板拼缝空腔构造偏差	±3	尺量
相邻墙板平整度偏差	5	塞尺量测

注:本表引自浙江省地方标准《装配整体式混凝土结构工程施工质量验收规范》(DB33/T 1123—2016)中表 7.3.12。

任务实施

1. 预制构件连接前道工序检查

预制构件连接作业前需要对前道工序进行检查,检查的对象主要是已经施工完成的结构的混凝土强度、外观、尺寸偏差,以及进场预制构件的质量检查验收。

（1）连接部位混凝土检查

检查连接部位的混凝土强度、外观质量、尺寸偏差等是否符合要求,表面是否存在蜂窝、麻面、露筋、漏振等现象,如果存在问题,须及时进行处理。构件安装连接部位混凝土的标高和表面平整度应在误差允许范围内,如果偏差较大会直接影响上部预制构件的安装质量,须及时采取补救措施。

对构件安装连接部位混凝土质量缺陷采取剔凿或修补的处理方法,修补所采用的混凝土要高于原混凝土标号一个等级,修补完成后要采取有效的保湿养护措施。

（2）连接部位预留钢筋、预留管道及预埋件检查

上层构件安装施工前,要对现浇混凝土或下层构件伸出钢筋的规格、型号、数量、位置和长度等进行检查,如有问题,施工单位应同设计、施工、监理单位协商,共同给出合理的处理方案后,方可进行施工处理。对于钢筋位置偏差问题通常采取剔凿混凝土后对钢筋进行打

弯的处理方法,其混凝土的剔凿深度和钢筋打弯长度要符合规范要求。

还要检查现浇混凝土预留水电管线的预埋数量、规格、直径、位置等是否正确。检查相关构件连接的预埋件(如避雷引下线、构件安装连接预埋件等)的数量、规格、位置等是否正确。

(3)预制构件检查

在进场时完成检查,一般在车上进行检查。检查时需认真填写构件检查验收记录,留存归档。

检查数量:全数检查。检验方法:检查质量证明文件或质量验收记录。

2. 预制构件临时固定、就位质量检查

预制结构构件临时固定措施应有效可靠,符合施工方案的要求。

检查数量:全数检查。检验方法:观察。

(1)水平预制构件临时固定、就位质量检查

在施工过程中应参照表4-15和表4-16的标准,检查水平构件的临时支撑是否按照设计图样的要求或施工方案的要求搭设,对单顶支撑进行以下方面的检查:

1)检查单独支撑的三脚架是否稳定,采用传统支撑架的要检查连接点是否牢固可靠,以确保整个支撑体系的稳定。

2)检查单独支撑的间距和支撑离开墙体的距离,必须符合设计要求或施工方案的要求。不能随意拉大支撑间距。

3)检查单顶支撑的标高和轴线位置,确保水平构件安装到位后平整度能满足要求。

4)检查U形托内木方的材料,禁用变形、腐蚀、不平直的木料;确保叠合板交接处木方搭接长度符合要求。

5)检查立柱套管旋转螺母的质量,不允许使用开裂、变形的材料;检查支撑立柱套管,不允许使用弯曲、变形和严重锈蚀的材料。

在检查过程中可逐项填写工作过程记录(表4-22)。

表4-22 水平构件临时固定、就位质量检验情况记录表

检查项目	构件部位: 构件类型:		缺陷简述
	检查结果		
三脚架是否稳定	是(　　)	否(　　)	
单独支撑的间距和支撑离开墙体的距离	合格(　　)	不合格(　　)	
单顶支撑的标高和轴线位置	合格(　　)	不合格(　　)	
U托内木方材料	合格(　　)	不合格(　　)	
立柱套管旋转螺母、套管	合格(　　)	不合格(　　)	

(2)竖向预制构件临时固定、就位质量检查

竖向构件如预制外墙板、预制柱、PCF板等通常采用斜支撑固定(图4-14),临时斜支撑的主要作用是为了避免预制剪力墙在灌浆料达到强度之前,出现倾覆的情况。

1)竖向构件临时固定要点。吊装前应检查斜支撑的拉伸及可调性,避免在施工作业中进行更换,不得使用脱扣或杆件锈损的斜支撑。在施工过程中应重点检查竖向构件临时支

图 4-14　竖向构件临时固定

撑的稳定性,检查是否按照设计图样的要求或施工方案的要求搭设。

① 如果采用膨胀螺栓固定斜支撑地脚,需要检查楼面混凝土强度是否达到 20 MPa 以上。

② 特殊位置的斜支撑(支撑长度调整后与其他多数长度不一致)需检查是否做好标记,便于转至上一层使用时可直接就位,节约调整时间。

③ 在竖向构件就位前检查是否已将斜支撑的一端固定在楼板上。

④ 支撑预制柱,要检查是否在预制柱的两个相邻竖向面上支撑,避免选相对的两面进行支撑。

⑤ 待竖向构件水平及垂直的尺寸调整好后,需检查斜支撑调节螺栓是否用力锁紧,避免在受到外力后发生松动,导致调好的尺寸发生改变。

⑥ 检查校正构件垂直度,确保构件垂直。

⑦ 检查斜支撑与构件的夹角应为 30°~45°,保证斜支撑合理的探出长度,便于施工及均匀受力。

⑧ 构件脱钩前,检查斜支撑两端是否连接牢固,否则不能使构件脱钩,以免构件倾倒。

2)竖向构件临时固定检查步骤:

第一步:检查临时支撑是否完好,有无锈蚀、脱口、扭曲等异常现象;

第二步:检查预埋地脚是否稳固,楼面混凝土强度是否达到 20 MPa 以上,位置是否正确;

第三步:检查预制柱的支撑是否固定在相邻两个面上,不可选择相对的两面;

第四步:检查构件的安全位置、朝向,以及垂直度是否符合规范要求;

第五步:检查支撑的紧固件是否锁紧,确保支撑稳固,不会导致构件位移。

3. 预制构件安装偏差检查

依据《装配式混凝土结构技术规程》(JGJ 1—2014)进行检验,如有地方标准,也可参照地方标准进行验收。具体尺寸偏差可参照表 4-17~表 4-21。

检查工具:水准仪、拉线、塞尺、钢尺等。

检查数量:按楼层、结构缝或施工段划分检验批。在同一检验批内,对梁、柱,应抽查构件数量的 10%,且不少于 3 件;对墙和板,应按有代表性的自然间抽查 10%,且不少于 3 间;对大空间结构,墙可按相邻轴线间高度 5m 左右划分检查面,板可按纵、横轴线划分检查面,抽查 10%,且均不少于 3 面。

检查成果:在检查过程中逐一填写检查记录表,记录偏差数据,形成相应的施工过程资料。

4. 预制构件钢筋连接质量验收

（1）钢筋套筒灌浆连接检查

装配整体式结构的灌浆连接接头是质量验收的重点,施工时应做好检查记录,提前制订有关试验和质量控制方案。钢筋采用套筒灌浆连接时,灌浆应饱满、密实,其材料及连接质量应符合现行行业标准《钢筋套筒灌浆连接应用技术规程》（JGJ 355）的规定。检验方法:检查质量证明文件、灌浆记录及相关检验报告。

1）灌浆施工前,应对不同钢筋生产企业的进场钢筋进行接头型式检验;施工过程中,当更换钢筋生产企业,或同生产企业生产的钢筋外形尺寸与已完成型式检验的钢筋有较大差异时,应再次进行型式检验。型式检验应完全模拟现场施工条件,并通过工艺检验摸索灌浆料拌合物搅拌、灌浆速度等技术参数。型式检验应由专业检测机构进行,并应出具检验报告。

2）灌浆料强度是影响接头受力性能的关键。规程规定的灌浆施工过程质量控制的最主要方式就是检验灌浆料抗压强度和灌浆施工质量。灌浆施工中,灌浆料的 28 d 抗压强度应符合有关规定。用于检验抗压强度的灌浆料试件应在施工现场制作。

检查数量:每工作班取样不得少于 1 次,每楼层取样不得少于 3 次。每次抽取 1 组 40 mm×40 mm×160 mm 的试件,标准养护 28 d 后进行抗压强度试验。

检验方法:检查灌浆施工记录及抗压强度试验报告。

3）灌浆质量是钢筋套筒灌浆连接施工的决定性因素。灌浆应密实饱满,所有出浆口均应出浆。

检查数量:全数检查。检验方法:观察,检查灌浆施工记录。

钢筋套筒灌浆连接检查完成后,应填写施工质量检查验收记录（表 4-23）。

表 4-23 钢筋套筒灌浆连接安装与连接施工质量检查验收记录

（注:本表引自湘质监统编施 2015-87d）

工程名称: 施工单位: 编号:001

钢筋直径:	接头性能:	操作工姓名:	
接头现场工艺检验结果:	强度和变形检测结果:	灌浆料抗压强度(3 天和 28 天):	
外观质量检查情况(检验批构件部位及名称:) 安装与连接时间:			
《钢筋套筒灌浆连接应用技术规程》(JGJ355—2015)的规定	施工单位检查评定记录		监理(建设)单位验收记录
1. 连接部位现浇混凝土施工过程中,应采取设置定位架等措施保证外露钢筋的位置、长度和顺直度,并应避免污染钢筋。			
2. 预制构件吊装前,应检查构件类型与编号。当灌浆套筒内有杂物时,应清理干净。			
3. 预制构件就位前,应按 6.3.3 条的相关规定检查现浇结构施工质量。			

284

续表

《钢筋套筒灌浆连接应用技术规程》（JGJ355—2015）的规定	施工单位检查评定记录	监理（建设）单位验收记录
4. 预制柱、墙安装前,应在预制构件及其支承构件间设置垫片,并应符合 6.3.4 条的相关规定;灌浆施工方式及构件安装应符合 6.3.5 条的相关规定。		
5. 预制柱、墙的安装应符合 6.3.6 条相关规定;预制梁和既有结构改造现浇部分的水平钢筋采用套筒灌浆连接时,施工措施应符合 6.3.7 条相关规定。		
6. 灌浆料使用前,应检查产品产品包装上的有效期和产品外观。灌浆料使用应符合 6.3.8 条的相关规定。		
7. 灌浆施工应按施工方案执行,并应符合 6.3.9 条的相关规定。		
8. 当灌浆施工出现无法出浆的情况时,应查明原因,采取的施工措施应符合 6.3.10 条的相关规定。		
9. 灌浆料同条件养护试件抗压强度达到 35 N/m² 后,方可进行对接头有扰动的后续施工;临时固定措施的拆除应在灌浆料强度能确保结构达到后续施工承载要求后进行。		
施工单位检查评定结果： 项目专业技术负责人： 　　　　年　月　日	监理（建设）单位验收结论： 项目专业监理工程师（建设单位项目技术负责人）： 　　监理（建设）项目部（章） 　　　　年　月　日	

施工单位检查记录人：　　　　　　　　　　　　　　监理（建设）单位旁站监督人：

注：1. 采用钢筋套筒灌浆连接的混凝土结构验收应符合现行国家标准《混凝土结构工程施工质量验收规范》（GB50204）的有关规定,可划入装配式结构分项工程。

　　2. 灌浆施工前,应对不同钢筋生产企业的进场钢筋进行接头工艺检验;施工过程中,当更换钢筋企业生产企业,或同生产企业生产的钢筋外形尺寸与已完成工艺检验的钢筋有较大差异时,应再次进行工艺检验。接头工艺检验应符合 7.0.5 条的相关规定。

　　3. 灌浆套筒进厂（场）时,应抽取灌浆套筒并采用与之匹配的灌浆料制作对中连接接头试件,并进行抗拉强度检验,检验结果均应符合第 3.2.2 条的有关规定。

　　4. 预制混凝土构件进场验收应按现行国家标准《混凝土结构工程施工质量验收规范》（GB 50204）的有关规定进行。

　　5. 当施工过程中灌浆料抗压强度、灌浆质量不符合要求时,应由施工单位提出技术处理方案,经监理、设计单位认可后进行处理。经处理后的部位应重新验收。

（2）浆锚搭接连接检查

采用钢筋浆锚搭接连接的预制构件在施工就位前,应采用目测和尺量的方法对构件上的预留孔的规格、位置、数量和深度进行全数检查;采用目测和尺量的方法对构件上的被连接钢筋的规格、位置、数量和长度进行全数检查。当预留孔内有杂物时,应及时清理干净;当连接钢筋歪斜时,应及时进行调直,要求连接钢筋偏离孔洞中心线不宜超过 5 mm。浆锚搭接连接灌浆应密实饱满,所有出浆口均应出浆。

检查数量:全数检查。检验方法:观察,检查灌浆施工记录。

（3）灌浆料、坐浆料试验报告和评定记录核验

1）灌浆料检验报告。灌浆料进场时,应对灌浆料拌合物 30 min 流动度、泌水率及 3 d 抗压强度、28 d 抗压强度、3 h 竖向膨胀率、24 h 与 3 h 竖向膨胀率差值进行检验,检验结果应符合有关规定。试块留置,灌浆施工时,每 50 t 作为一个检验批,不足 50 t 也按一批计。每一检验批均应留置抗压强度试件,标准养护条件下的试件不少于 3 组,分别检验 1 d、3 d 和 28 d 强度;同条件养护试件的数量根据实际需要确定;冬季施工尚应增加抗冻临界强度试件,抗冻临界强度为 5.0 MPa。

试块规格如下:

① 水泥基灌浆材料的最大集料粒径 ≤ 4.75 mm 时,采用水泥胶砂试模（$40 \times 40 \times 160$ mm^3）成型试体。每组试块成型 3 条试体。一般情况下,标准养护试件只留置 28 d 龄期的;

② 水泥基灌浆材料的最大集料粒径为 > 4.75 mm 且 ≤ 16 mm 时,采用混凝土试模（100 mm$\times 100$ mm$\times 100$ mm）成型,每组试块成型 3 个试块。一般情况下,标准养护试件只留置 28 d 龄期的。

试块成型方法如下:

灌浆料直接注入试模直至与试模上边缘平齐。使用水泥胶砂试模成型试块时无需振动;采用混凝土试模成型试块时,适当手工振动。

核检方法:检查质量证明文件和抽样试验报告（表 4-24）。

表 4-24　水泥基灌浆材料检验报告

检验编号：　　　　　　　　　　　　　　　　　　　　　　　　　　委托编号：

工程名称		/		委托日期	
委托单位		/		检验日期	
见证单位		/		报告日期	
使用部位		/		检验性质	
生产厂家		/		样品来源	
代表批量	/	出厂编号	/	取样人	
检验设备				见证人	
检验依据	GB/T 50448—2015、GB 50119—2013、GB/T 50080—2016				

检验项目		计量单位	标准要求	实 测 值	单项判定
流动度	初始值	mm	≥340		
	30 min 保留值	mm	≥310		
竖向膨胀率	3 h	%	0.1~3.5		
	24 h 与 3 h 的膨胀值之差	%	0.02~0.50		
泌水率	1	%	/		
	2				
	3				
抗压强度	1 d	MPa	≥20		
	3 d	MPa	≥40		
	28 d	MPa	≥60		
检验结论	以上所检项目均符合 GB/T 50448—2015 标准要求。				
备注				检验单位	（盖章）

批准：　　　　　　　　审核：　　　　　　　　　　　检验：

2）坐浆料检验。目前关于坐浆料的国家标准和行业标准没有规定。因此,选用时应进行试验验证,包括强度和工艺性能试验。试验结果如果符合设计要求,则作为验收依据。

5. 后浇混凝土质量验收

（1）后浇混凝土的见证取样标准

1）后浇混凝土有耐久性指标要求时,应在施工现场随机抽取试件进行耐久性检验,其检验结果应符合国家现行有关标准的规定和设计要求。

检查数量:同一配合比的混凝土,取样不应少于一次,留置试件数量应符合国家现行标准《普通混凝土长期性能和耐久性能试验方法标准》（GB/T 50082）和《混凝土耐久性检验评定标准》（JGJ/T 193）的规定。

检验方法:检查试件耐久性试验报告。

2）混凝土有抗冻要求时,应在施工现场进行混凝土含气量检验,其检验结果应符合国家现行有关标准的规定和设计要求。

检查数量:同一配合比的混凝土,取样不应少于一次,取样数量应符合现行国家标准《普通混凝土拌合物性能试验方法标准》（GB/T 50080）的规定。

检验方法:检查混凝土含气量检验报告。

3）混凝土的强度等级必须符合设计要求。用于检验混凝土强度的试件应在浇筑地点随机抽取。

检查数量:对同一配合比混凝土,取样与试件留置应符合下列规定:每拌制 100 盘且不超过 100 m³ 时,取样不得少于一次;每工作班拌制不足 100 盘时,取样不得少于一次;连续浇筑超过 1 000 m³ 时,每 200 m³ 取样不得少于一次;每一楼层取样不得少于一次;每次取样应至少留置一组试件。

检验方法:检查施工记录及混凝土强度试验报告。

(2)混凝土试件制作步骤

1)准备取样工具:铁板、试模、振捣棒、振动台、橡皮锤、抹刀等。

2)取样或拌制好的混凝土拌合物应至少用铁锨再来回拌和三次。并根据混凝土拌合物的稠度确定混凝土成型方法,坍落度不大 70 mm 的混凝土宜用振动台振实;大于 70 mm 的宜用捣棒人工捣实。

① 用振动台振实制作试件应按下述方法进行:将混凝土拌合物一次装入试模,装料时应用抹刀沿各试模壁插捣,并使混凝土拌合物高出试模口;试模应附着或固定在符合有关要求的振动台上,振动时试模不得有任何跳动,振动应持续到表面出浆为止;不得过振。

② 用人工插捣制作试件应按下述方法进行:混凝土拌合物应分两层装入模内,每层的装料厚度大致相等;插捣应按螺旋方向从边缘向中心均匀进行。在插捣底层混凝土时,捣棒应达到试模底部;插捣上层时,捣棒应贯穿上层后插入下层 20~30 mm;插捣时捣棒应保持垂直,不得倾斜。然后应用抹刀沿试模内壁插拔数次。每层插捣次数不得少于 12 次;插捣后应用橡皮锤轻轻敲击试模四周,直至插捣棒留下的空洞消失为止。

③ 用插入式振捣棒振实制作试件应按下述方法进行:将混凝土拌合物一次装入试模,装料时应用抹刀沿各试模壁插捣,并使混凝土拌合物高出试模口;宜用直径为 φ25 mm 的插入式振捣棒,插入试模振捣时,振捣棒距试模底板 10~20 mm 且不得触及试模底板,振动应持续到表面出浆为止,且应避免过振,以防止混凝土离析;一般振捣时间为 20 s。振捣棒拔出时要缓慢,拔出后不得留有孔洞。

3)刮除试模上口多余的混凝土,待混凝土临近初凝时,用抹刀抹平。

4)试件的养护:试件成型后应立即用不透水的薄膜覆盖表面。采用标准养护的试件,应在温度为 20±5 ℃的环境中静置一昼夜至二昼夜,然后编号、拆模。拆模后应立即放入温度为 20±2 ℃,相对湿度为 95%以上的标准养护室中养护,或在温度为 20±2 ℃的不流动的氢氧化钙饱和溶液中养护。标准养护室内的试件应放在支架上,彼此间隔 10~20 mm,试件表面应保持潮湿,并不得被水直接冲淋。同条件养护试件的拆模时间可与实际构件的拆模时间相同,拆模后,试件仍需保持同条件养护。标准养护龄期为 28d(从搅拌加水开始计时)。

5)试样制作完毕,清理场地。

知识拓展

1. 预制装配整体式建筑结构工程验收依据

《装配式混凝土建筑技术标准》(GB/T 51231—2016)规定:单位工程、分部工程、分项工程、检验批的划分及质量验收应按《建筑工程施工质量验收统一标准》(GB/T 50300—2013)中的有关规定进行。装配式混凝土结构部分应按混凝土结构子分部工程的分项工程验收,混凝土结构子分部中其他分项工程应符合现行国家标准《混凝土结构工程施工质量验收规范》(GB 50204)的有关规定。混凝土结构子分部工程验收时还应提供下列文件和记录:

1)工程设计文件、设计变更文件、预制构件安装施工图和加工制作详图。

2）预制构件、主要材料及配件的质量证明文件、进场验收记录、抽样检验报告。

3）预制构件安装施工记录。

4）钢筋套筒灌浆型式检验报告、工艺检验报告和施工检验记录,浆锚搭接连接的施工检验记录。

5）后浇混凝土部位的隐蔽工程检查验收文件。

6）后浇混凝土、灌浆料、坐浆材料的强度检验报告。

7）外墙防水施工质量检验记录、密封材料检验报告。

8）装配式结构分项工程质量验收文件。

9）装配式工程的重大质量问题的处理方案和验收记录。

10）装配整体式混凝土结构实体检验记录。

11）装配式工程的其他文件和记录。

装配式结构工程施工用的原材料、构配件均应按检验批进行进场验收。结构连接节点及叠合层混凝土浇筑前,应进行隐蔽工程验收。其中包括:混凝土粗糙面质量,预埋件位置,钢筋的牌号、规格、数量、间距、箍筋的弯折角度及平直长度钢筋的连接方式、接头位置、接头数量、接头面积百分率、搭接长度、锚固方式及长度等。

装配式混凝土结构工程验收还应符合现行行业标准《装配式混凝土结构技术规程》(JCJ 1)、《钢筋套筒灌浆连接应用技术规程》(JGJ 355)。

2. 项目验收划分方法

(1) 项目验收划分

质量验收划分不同,验收抽样、要求、程序和组织都不同。国家标准《建筑工程施工质量验收统一标准》(GB 50300—2013)将建筑工程质量验收划分为单位工程、分部工程、分项工程和检验批。其中分部工程较大或较复杂时,可划分为若干子分部工程。《混凝土结构工程施工质量验收规范》(GB 50204—2015)将装配式建筑划为分项工程。

1）分项工程,由专业监理工程师组织施工单位专业项目技术负责人等进行验收。

2）分部工程,由总监理工程师组织施工单位项目负责人和项目技术负责人等进行验收。

3）设计单位项目负责人和施工单位技术、质量部门负责人应参加主体结构、节能分部工程验收。

(2) 主控项目与一般项目

工程检验项目分为主控项目和一般项目。主控项目是建筑工程中对安全、节能、环境保护和主要使用功能起决定性作用的检验项目。主控项目以外的项目为一般项目。

3. 预制装配整体式建筑工程结构实体检验

结构实体检验是工程验收过程中的关键,具体有如下项目:

1）装配式混凝土结构子分部工程分段验收前,应进行结构实体检验。结构实体检验应由监理单位组织施工单位实施,并见证实施过程。参照国家标准《混凝土结构工程施工量验收规范》(GB 50204—2015)第 8 章现浇结构分项工程。

2）结构实体检验应包括混凝土强度、钢筋保护层厚度、结构位置与尺寸偏差以及合同约定的项目,必要时可检验其他项目,除结构位置与尺寸偏差外的结构实体检验项目应由具有相应资质的检测机构完成。预制构件实体性能检验报告应由构件生产单位提交施工总承包单位,并由专业监理工程师审查备案。

3）钢筋保护层厚度、结构位置与尺寸偏差按照 GB 50204—2015 执行。

4）预制构件现浇结合部位实体检验应进行以下项目检测:

① 结合部位的钢筋直径、间距和混凝土保护层厚度。

② 结合部位的后浇混凝土强度。

5）对预制构件的混凝土,叠合梁、叠合板后浇混凝土和灌浆料的强度检验,应以在浇筑地点制备并与结构实体同条件养护的试件强度为依据。混凝土强度检验用同条件养护试件的留置、养护和强度代表值应按 GB 50204—2015 附录 D 的规定进行,也可按国家现行标准规定采用非破损或局部破损的检测方法检测。

6）当未能取得同条件养护试件强度或同条件养护试件强度被判定为不合格时,应委托具有相应资质等级的检测机构按国家有关标准的规定进行检测。

任务 4.3　现场隐蔽工程质量验收

任务陈述

某宿舍楼为装配整体式混凝土框架结构,现拟开展二层柱、梁、板、屋面梁、板及外墙板、楼梯等安装施工,需对现场隐蔽工程质量进行验收。

重点:掌握后浇混凝土部位的钢筋隐蔽验收和预埋件、预埋管线验收。

难点:预埋件和预埋管线的验收,确保位置、数量准确。

知识准备

1. 钢筋连接质量要求

钢筋连接质量应符合《混凝土结构工程施工质量验收规范》(GB 50204—2015)第 5.4 节关于钢筋连接的要求。钢筋采用机械连接或焊接连接时,钢筋机械连接接头、焊接接头的力学性能、弯曲性能应符合国家现行相关标准的规定。接头试件应从工程实体中截取。

检查数量:按现行行业标准《钢筋机械连接技术规程》(JGJ107)和《钢筋焊接及验收规程》(JGJ18)的规定确定。

检验方法:检查质量证明文件和抽样检验报告。

2. 受力钢筋的锚固要求

钢筋的锚固形式[一般有弯锚、贴焊筋、穿孔塞焊锚板、套筒(图 4-15)]、锚固位置、锚固长度以及钢筋的接头形式、接头位置、接头长度等必须符合设计、图集及规范要求。

3. 电渣压力焊接头外观要求

钢筋焊接接头外观应符合现行行业标准《钢筋焊接及验收规程》(JGJ18)的规定。电渣压力焊是竖向钢筋常用的焊接方式,电渣压力焊接头外观应符合以下要求:

1）四周焊包凸出钢筋表面的高度,当钢筋直径为 25 mm 及以下时,不得小于 4 mm;当钢筋直径为 28 mm 及以上时,不得小于 6 mm。

2）钢筋与电极接触处,应无烧伤缺陷。

3）接头处的弯折角度不得大于 3°。

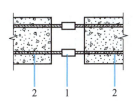

(a) 螺纹套筒连接　　　　　　(b) 挤压套筒连接

图 4-15　螺纹套筒连接和挤压套筒连接

1—螺纹套筒接头;2—钢筋

4) 接头处的轴线偏移不得大于钢筋直径的 1/10,且不得大于 2 mm。

4. 钢筋机械连接验收标准

钢筋采用机械连接时,其接头质量应符合现行行业标准《钢筋机械连接技术规程》(JGJ107)的有关规定。工程中应用机械接头时,应由该技术提供单位提交有效的型式检验报告。现场检验应进行接头的抗拉强度试验,加工和安装质量检验。对接头有特殊要求的结构,应在设计图样中注明相应的检验项目。

接头的现场检验应按批进行,同一施工条件下采用同一批材料的同等级、同形式、同规格接头,应以 500 个为一个验收批进行检验与验收,不足 500 个也应作为一个验收批。螺纹接头安装后应抽取其中 10% 的接头进行拧紧扭矩校核,拧紧扭矩值不合格数超过被校核数的 5% 时,应重新拧紧全部接头,直到合格为止。

对接头的每一验收批,必须在工程结构中随机截取 3 个接头试件做抗拉强度试验,按设计要求的接头等级进行评定。当 3 个试件的抗拉强度均符合强度要求时,该验收批合格。如有 1 个试件不符合要求,应再取 6 个试件进行复检。复检中如仍有 1 个试件的抗拉强度不符合要求,则该验收批不合格。

现场连续 10 个验收批抽样试件抗拉强度试验一次合格率为 100% 时,验收批接头数量可扩大 1 倍。

🌊 任务实施

现场隐蔽工程质量验收是装配式建筑构件制作与安装职业技能等级考核的重要模块之一,其主要工序为验收前准备、现场检查钢筋加工及绑扎质量,检查预埋件、预留管线的规格、数量及位置;检验预制构件的焊接连接、螺栓连接外观质量即核验试验报告。具体实施步骤如下:

1. 验收前准备

工作开始前首先进行施工前准备:

1) 正确佩戴安全帽,正确穿戴劳保工装、防护手套等。

2) 准备施工图纸、相关质量验收记录表格、签字笔、钢卷尺、手电等。

3）对施工场地工作面进行劳动防护状况检查,确保临边、洞口安全。

4）检查钢筋、预埋件、管线等材料的进场质量证明文件。

2. 现浇构件钢筋安装质量验收

（1）验收标准

《混凝土结构工程施工质量验收规范》（GB 50204—2015）第 5.5 节对钢筋安装质量提出具体要求。

1）主控项目。

① 钢筋安装时,受力钢筋的牌号、规格和数量必须符合设计要求。

检查数量:全数检查。检验方法:观察,尺量。

② 受力钢筋的安装位置、锚固方式应符合设计要求。

检查数量:全数检查。检验方法:观察,尺量。

2）一般项目。钢筋安装偏差及检验方法应符合表 4-25 的规定。梁板类构件上部受力钢筋保护层厚度的合格点率应达到 90% 及以上,且不得有超过表中数值 1.5 倍的尺寸检查。

检查数量:在同一检验批内,对梁、柱和独立基础,应抽查构件数量的 10%,且不少于 3件;对墙和板,应按有代表性的自然间抽查 10%,且不少于 3 间;对大空间结构,墙可按相邻轴线间高度 5 m 左右划分检查面,板可按纵横轴线划分检查面,抽查 10%,且均不少于 3 面。

表 4-25　钢筋安装允许偏差和检验方法

项目		允许偏差/mm	检验方法
绑扎钢筋网	长、宽	±10	尺量
	网眼尺寸	±20	尺量连续三档,取最大偏差值
绑扎钢筋骨架	长	±10	尺量
	宽、高	±5	尺量
纵向受力钢筋	锚固长度	−20	尺量
	间距	±10	尺量两端、中间各一点,取最大偏差值
	排距	±5	
纵向受力钢筋、箍筋的混凝土保护层厚度	基础	±10	尺量
	柱、梁	±5	尺量
	板、墙、壳	±3	尺量
绑扎箍筋、横向钢筋间距		±20	尺量连续三档,取最大偏差值
钢筋弯起点位置		20	尺量,沿纵、横两个方向量测,并取其中偏差的较大值
预埋件	中心线位置	5	尺量
	水平高差	+3,0	塞尺量测

（2）检查钢筋作业质量

第一步:仔细阅读图纸,弄清楚后浇部位的钢筋型号、根数、位置、锚固要求等。

第二步:现场核验,对照图纸,逐根确认现场钢筋与图纸一一对应,钢筋型号、位置是否正确。

　　第三步：检查钢筋锚固长度，先目测，对有怀疑部位用钢尺测量，检查是否符合规范要求。

　　第四步：检查钢筋保护层垫块设置情况，保护层厚度能否保证。

　　第五步：记录检查结果（表 4-26），与相关人员进行沟通和反馈。

表 4-26　钢筋及预埋件工程隐蔽工程验收记录

第　　页　共　　页

项目名称			项目经理	
分项工程名称	钢筋（连接 安装）分项		专业工长	
隐蔽工程名称	钢筋		施工单位	
施工标准名称及代号			施工图名称及编号	
隐蔽工程部位		质量要求	施工单位自查记录	监理（建设）单位验收记录
		纵向受力钢筋的品种、规格、数量、位置等	合格/不合格	
		钢筋的连接方式、接头位置、接头数量、接头面积百分率等	合格/不合格	
		箍筋、横向钢筋的品种、规格、数量、间距等	合格/不合格	
		预埋件的规格、数量、位置等	合格/不合格	
施工单位自查结论	符合/不符合设计和施工规范要求 施工单位项目技术负责人：　　　　　　　年　　月　　日			
监理（建设）单位验收结论	监理工程师（建设单位项目负责人）：　　　　　年　　月　　日			

注：如需绘制图纸的附在本记录后。

　　（3）检验钢筋的机械连接、焊接连接接头质量

　　第一步：按照工作面划分和设计文件，确定检验批范围和取样数量。

　　第二步：检查套筒、焊材的产品合格证和表面生产批号标识。

　　第三步：现场巡查，目测所有接头，检出明显不合格接头，如钢筋中心线明显没有对齐的

焊接接头、焊接接头外观明显缺陷的接头等。

第四步：在见证人员见证下在现场截取规定数量的机械连接或焊接连接接头，并打包封签，送到有资质的检验单位检测。

第五步：拿到检测报告后，正确判读检测指标和试验结果，判断接头质量是否合格（表4-27~表4-30）。

表 4-27　钢筋机械连接质量标准和检验办法

类别	序号		检查项目		质量标准	检查方法及器具
主控项目	1		钢筋、连接材料的品种、性能、牌号		各种钢筋均应有质量证明书；连接材料应有产品合格证，并符合设计要求和现行有关标准的规定	检查出厂证件或试验报告
	2		接头机械性能		对接头的每一个验收批，必须在工程结构中随机截取 3 个接头试件作抗拉强度试验，按设计要求的接头等级进行评定	检查试验报告
	3		型式检验报告		工程中应用钢筋机械连接接头时，应由该技术单位提交有效的型式检验报告	检查型式检验报告
	4		操作工技能		从事钢筋机械连接施工的操作工必须经培训并考试合格，才能上岗操作	检查合格证
	5		工艺检验		钢筋连接工程开始前及施工中，应对每批进场钢筋进行接头工艺检验，其抗拉强度、残余变形应符合现行规范、规程的要求	检查试验报告
	6		低温部位接头		应进行专门试验符合规范要求	检查试验报告
一般项目	1	直螺纹加工	丝头牙形		钢筋接头应切平后加工丝牙，牙行饱满，无断牙、秃牙缺陷，且与牙行的牙形吻合，牙形表面光洁	观察检查
			丝头螺纹长度		不会小于 1/2 套筒长度	观察检查
	2	挤压接头外观	接头外观质量		挤压后套筒不得有肉眼可见裂缝	观察检查
			挤压接头压痕道数		应符合形式检验确定的数值	观察检查
			接头处弯折		≤3°	刻槽直尺检查
			外型尺寸（检查其中一项）	挤压后套筒长度	1.10~1.15 倍原套筒长度	钢尺检查
				压痕处套筒外径	原套筒外径的 80%~90%	钢尺检查

294

续表

类别	序号	检查项目		质量标准	检查方法及器具
一般项目	3	直螺纹接头拧紧力矩	$d \leqslant 16$ mm	100 N·m	采用扭矩扳手检查
			$d = 18$ mm ~ 20 mm	200 N·m	
			$d = 22$ mm ~ 25 mm	260 N·m	
			$d = 28$ mm ~ 32 mm	320 N·m	
			$d = 36$ mm ~ 40 mm	360 N·m	
	4	直螺纹接头		钢筋与连接套的规格一致,外露有效丝扣牙数在 2 牙内	观察、点数检查

表 4-28　钢筋机械连接工艺检验报告

报告编号:

建设单位					总包单位			
工程名称					工程地点			
连接单位					标准依据			
连接工					接头等级			
使用部位					连接日期	年　月　日		
钢筋	生产厂家				钢筋规格		钢筋牌号	
套筒	生产厂家				适用直径	适用等级	类型	生产批号
抗拉强度/MPa	1	2	3					
单向拉伸	残余变形/mm		1	2	3		平均值(mm)	
高应力反复拉压			1	2	3		平均值(mm)	
大变形反复拉压			1	2	3		平均值(mm)	

附件:

1. 钢筋连接件产品合格证		证书编号	
2. 钢筋连接头试验报告		报告编号	

结论:钢筋连接工艺检验符合《钢筋机械连接技术规程》(JGJ 107—2010)第 7.0.2 条的规定。

操作工		年　月　日	质量员		年　月　日
技术负责人					

表 4-29　钢筋机械连接接头试验报告

委托编号：　　　　　　　　　　　　　　　检验编号：

工程名称		代表批量		
委托单位		收样日期		年　月　日
使用部位		检验日期		年　月　日
样品来源		报告日期		年　月　日
检验性质		生产厂家		
见证单位		见 证 人		
母材情况 钢筋牌号、标志、公称直径		取样人		
		连接形式		
检验依据				

检验项目及结果

检验项目	计量单位	标准要求	检测结果			单项判定
			1	2	3	
实测直径	mm					
极限荷载	kN					
抗拉强度	MPa					
断口离接头距离	mm	—				
断裂特征	—	延断				
检验结论						
				检验单位（盖章）		
备注						

技术负责人：　　　　　　　　　校核人：　　　　　　　　　检验人：

钢筋焊接接头外观质量应符合《钢筋焊接及验收规程》（JGJ 18—2012）的要求，钢筋焊接接头试验报告可参考表 4-30。预制混凝土结构现浇部位常采用的电渣压力焊接头的质量检验，应分批进行外观检查和力学性能检验，并应按下列规定作为一个检验批：

在现浇钢筋混凝土结构中，应以 300 个同牌号钢筋接头作为一批；在房屋结构中，应在不超过二楼层中 300 个同牌号钢筋接头作为一批；当不足 300 个接头时，仍应作为一批。每批随机切取 3 个接头试件做拉伸试验。电渣压力焊接头外观检查结果，应符合下列要求：

1）四周焊包凸出钢筋表面的高度，当钢筋直径为 25 mm 及以下时，不得小于 4 mm；当钢筋直径为 28 mm 及以上时，不得小于 6 mm；

2）钢筋与电极接触处，应无烧伤缺陷；

3）接头处的弯折角度不得大于 3°；

4）接头处的轴线偏移不得大于钢筋直径的 1/10,且不得大于 2 mm。

表 4-30　钢筋焊接接头试验报告

试件名称		报告编号	
工程名称		工程部位	
委托单位		送样人	
见证单位		见证人/证号	
钢筋规格	等级	钢筋牌号	
焊接操作人		焊接方法	
委托日期	年　月　日	施焊证号	
样品状态		代表批量	
检验依据		样品数量	
委托项目		试验编号	
检验单位		工作令号	
		电话	

拉伸试验							
试件编号	公称直径/mm	质量指标	实测值		冷弯试验		判定
		抗拉强度/MPa	抗拉强度/MPa	端口位置及判定/mm	弯心直径/mm	弯曲角度/(°)	

检验结论	（检测专用章） 签发日期：　年　月　日
备注	
批准	审核　　　　　主检

3. 预埋件及预留管线质量验收

检查预埋件、预留管线的规格、数量及位置。

第一步:仔细阅读图纸,弄清楚设计文件上预埋件、预留管线的规格、数量及位置要求。

第二步:目测检查现场有无在预制构件随意开槽开洞的情况。

第三步:现场核验,对照图纸,逐个确认现场预埋件、预留管线的规格、数量及位置是否符合要求。

第四步：进一步检查管线位置是否影响保护层厚度，管线临时封口是否正常，避免混凝土进入管线。

第五步：记录检查结果，与相关人员进行沟通和反馈。

4. 检验预制构件的焊接连接、螺栓连接质量

第一步：按照工作面划分和设计文件，确定检验批范围和取样数量。

第二步：现场巡查，目测所有接头，检出明显不合格接头，如钢筋中心线明显没有对齐的焊接接头、焊接接头外观明显缺陷的接头等。

第三步：在见证人员见证下在现场截取规定数量的机械连接或焊接连接接头，并打包封签，送到有资质的检验单位检测。

第四步：拿到检测报告（表4-31、表4-32）后，正确判读检测指标和试验结果，判断接头质量是否合格。

（1）构件焊接连接验收标准

焊接连接方式是在预制构件中预埋钢板，钢板之间和钢结构一样用焊接方式连接，一般用于非结构构件的连接，焊接试验报告可参考表4-31。也有部分楼体固定节点采用焊接连接方式，用于钢结构建筑的预制混凝土构件也可能采用焊接连接方式。

表 4-31 构件焊接连接试验报告

工程名称：　　　　　　　　　　　　报告编号：
委托单位：　　　　　　　　　　　　委托日期：
钢材种类：　　　　　　　　　　　　试验日期：
焊接类型 1：　　　2：　　　3：　　　4：　　施工部位：
规　　格 1：　　　2：　　　3：　　　4：　　焊接人：
代表数量 1：　　接头 2：　　接头 3：　　接头 4：　　接头取样人及证号：
产　　地 1：　　　2：　　　3：　　　4：　　见证人及证号：

试件编号	规格/mm	面积/mm²	强度/MPa	断裂特征及部位/mm	冷 弯			总评定
					弯心/mm	弯曲角/(°)	评定	
1								
2								
3								

298

续表

| 试件编号 | 规格/mm | 面积/mm² | 强度/MPa | 断裂特征及部位/mm | 冷弯 | | | 总评定 |
					弯心/mm	弯曲角/(°)	评定	
4								
依据标准								
备注								

负责人：　　　　　　　审核：　　　　　　　试验：

试验单位：　　　　　　　　　　　　　　　（章）

报告日期：

　　国家标准《装配式混凝土建筑技术标准》（GB/T 51231—2016）规定,预制构件采用型钢焊接连接时,型钢焊缝接头质量应满足设计要求,并应符合现行国家标准《钢结构焊接规范》（GB 50661）和《钢结构工程施工质量验收标准》（GB 50205）的有关规定,具体如下：

　　1）焊条、焊丝、焊剂、电渣焊熔嘴等焊接材料与母材的匹配应符合设计要求及国家现行行业标准的规定。焊条、焊剂、药芯焊丝、熔嘴等在使用前,应按其产品说明书及焊接工艺文件的规定进行烘焙和存放。

　　检查数量：全数检查。检验方法：检查质量证明文件和烘焙记录。

　　2）焊工必须经过考试合格并取得合格证书。持证焊工必须在其考试合格项目及其任课范围内施焊。

　　检查数量：全数检查。检验方法：检查焊工合格证及其认可范围、有效期。

　　3）施工单位对其首次采用的钢材、焊接材料、焊接方法、焊后热处理等,应进行焊接工艺评定,并应根据评定报告确定焊接工艺。

　　检查数量：全数检查。检验方法：检查焊接工艺评定报告。

　　4）设计要求全焊透的一级、二级焊缝应采用超声波探伤进行内部缺陷的检验,超声波探伤不能对缺陷做出判断时,应采用射线探伤,其内部缺陷分级及探伤方法应符合现行国家标准《焊缝无损检测超声检测技术、检测等级和评定》（GB/T 11345）或《金属熔化焊焊接接头射线照相》（GB/T 3323）的规定。

　　检查数量：全数检查。检验方法：检查超声波或射线探伤记录。

　　5）T形接头、十字接头、角接接头等要求熔透的对接和角对接组合焊缝,其焊脚尺寸不应小于 $t/4$,设计有疲劳验算要求的起重机梁或类似构件的腹板与上翼缘连接焊缝的焊脚尺寸为 $t/2$ 。

　　检查数量：资料全数检查;同类焊缝抽查 10% ,且不应少于 3 条。检验方法：观察检查,用焊缝量规抽查测量。

　　6）焊缝表面不得有裂纹、焊瘤等缺陷。一级、二级焊缝不得有表面气孔、夹渣、弧坑裂纹、电弧擦伤等缺陷。且一级焊缝不许有咬边、未焊满、根部收缩等缺陷。

检查数量:每批同类构件抽查10%,且不应少于3件;被抽查构件中,每一类型焊缝按照条数抽查5%,且不应少于1处;每条检查1处,总抽查数不应少于10处。检验方法:观察检查或使用放大镜、焊缝量规和钢尺检查,当存在疑义时,采用渗透或磁粉探伤检查。

(2)构件螺栓连接验收标准

《装配式混凝土建筑技术标准》(GB/T 51231—2016)规定,预制构件采用螺栓连接时,螺栓的材质、规格、拧紧力矩应符合设计要求,并应符合现行国家标准《钢结构设计标准》(GB 50017)和《钢结构工程施工质量验收标准》(GB 50205)的有关规定,具体可查阅这两项国家规范。

1)高强度螺栓连接。

① 钢结构制作和安装单位应分别进行高强度螺栓连接摩擦面的抗滑移系数试验和复验,现场处理的构件摩擦应单独进行摩擦面抗滑移系数试验,其结果应符合设计要求。

检查数量:制造批可按分部(子分部)工程划分规定的工程量。每2 000 t为一批,不足2 000 t的可视为一批。选用两种及两种以上表面处理工艺时,每种处理工艺应单独检验每批3组试件。检验方法:检查摩擦面抗滑移系数试验报告和复验报告。

② 高强度大六角头螺栓连接副终拧完成1 h后、48 h内应进行终拧扭矩检查。

检查数量:按节点数检查10%,且不应少于10个;每个被抽查节点按螺栓数抽查10%,且不应少于2个。检验方法:按照紧固件连接工程检验项目,进行扭矩检查。

③ 高强度螺栓连接副的施拧顺序和初拧、复拧扭矩应符合设计要求和现行行业标准《钢结构高强度螺栓连接技术规程》(JGJ 82)的规定。

检查数量:资料全数检查。检验方法:检查扭矩扳手标定记录和螺栓施工记录。

④ 高强度螺栓连接副终拧后,螺栓螺纹外露应为2~3扣,其中允许有10%的螺栓螺纹外露1扣或4扣。

检验方法:观察检查。检查数量:按节点数抽查5%,且不应少于10个。

⑤ 高强度螺栓连接摩擦面应保持干燥、整洁,不应有飞边、毛刺、焊接飞溅物、焊疤、氧化铁皮、污垢等,除设计要求外摩擦面不应涂漆。

检查数量:全数检查。检验方法:观察检查。

⑥ 高强度螺栓应自由穿入螺栓孔。高强度螺栓孔不应采用气割扩孔,扩孔数量应征得设计同意,扩孔后的孔径不应超过$1.2d$(d为螺栓直径)。

检查数量:被扩螺栓孔全数检查。检验方法:观察检查及用卡尺检查。

高强度螺栓试验报告可参考表4-32。

2)普通紧固件连接。

① 普通螺栓作为永久性连接螺栓时,当设计有要求或对其质量有疑义时,应进行螺栓实物最小拉力载荷复验,其结果应符合现行国家标准《紧固件机械性能 螺栓、螺钉和螺柱》(GB/T3098.1)的规定,其质量验收可参考表4-33。

检查数量:每一规格螺栓抽查8个。检验方法:检查螺栓实物复验报告。

② 连接薄钢板采用的自攻螺钉、拉铆钉、射钉等,其规格尺寸应与连接钢板相匹配,其间距、边距等应符合设计要求。

检查数量:按连接节点数抽查1%,且不应少于3个。检验方法:观察和尺量检查。

表 4-32 高强度螺栓连接摩擦面抗滑移系数试验报告

委托日期：　　　年　　　月　　　日　　　试验编号：

发出日期：　　　年　　　月　　　日　　　建设单位：

委托单位：　　　　　　　　　　　　　　工程名称：

钢材编号：　　　　　　　　　　　　　　钢材名称规格：

生产厂：　　　　经销单位：　　　　　　现场数量(t)：

送样人：　　　　　　　　　　　　　　　监理工程师：

试件编号	高强螺栓规格		试件摩擦面处理工艺	试件摩擦面面数 n_f	试件一侧螺栓数量	滑移荷载试验值 N_v/kN	试件滑移一侧高强度螺栓预拉力之和/kN	抗滑移系数 μ
	种类	直径 d/mm						
1								
2								
3								
结论：								

试验单位：　　　　负责人：　　　　审核人：　　　　试验人：

单位工程技术负责人意见：

签章：

表 4-33 普通紧固件连接检验批质量验收记录表

单位(子单位)工程名称		分部(子分部)工程名称		
分项工程名称		验收部位		
施工单位			项目经理	
施工执行标准名称及编号			专业工长(施工员)	
分包单位		分包项目经理	施工班组长	

续表

施工质量验收规范的规定				施工单位自检记录	监理(建设)单位验收结果
类别	序号	检验项目	质量标准		
主控项目	1	钢结构连接用材料的品种、规格、性能等	应符合现行国家产品标准和设计要求		
	2	普通螺栓最小拉力荷载复验	普通螺栓作为永久性连接螺栓时,当设计有要求或对其质量有疑义时,螺栓实物最小拉力载荷复验应符合现行国家标准的规定		
	3	连接薄钢板采用的自攻螺栓、拉铆钉、射钉等其规格尺寸、间距、边距	连接薄钢板采用的自攻螺栓、拉铆钉、射钉等其规格尺寸应与连接钢板相匹配,其间距、边距等应符合设计要求		
一般项目	1	螺栓紧固	螺栓紧固应牢固、可靠,外露丝扣不应少于2扣		
	2	自攻螺栓、钢拉铆钉、射钉等与连接钢板	应紧固密贴,外观排列整齐		

施工单位检查结果	
	项目专业质量检查员:　　　　　　　项目专业技术负责人:年　　月　　日
监理(建设)单位验收结论	
	专业监理工程师: (建设单位项目专业技术负责人)　　　　　　　　　　年　　月　　日

③ 永久普通螺栓紧固应牢固、可靠、外露螺纹不应少于 2 扣。

检查数量:按连接节点数抽查 10%,且不应少于 3 个。检验方法:观察和用小锤敲击检查。

④ 自攻螺钉、钢拉铆钉、射钉等与连接钢板应紧固密贴,外观排列整齐。

检查数量:按连接节点数抽查 10%,且不应少于 3 个。检验方法:观察或用小锤敲击检查。

知识拓展

1. 装配整体式混凝土结构工程隐蔽验收内容

装配整体式混凝土结构工程中的隐蔽工程主要有后浇混凝土部位的钢筋隐蔽工程、钢筋套筒灌浆、浆锚搭接连接、避雷带、电线通信管线穿线导管、各种预埋件等。装配式结构后浇混凝土部位在浇筑前应进行隐蔽工程验收,其验收项目应包括下列内容:

1) 钢筋的牌号、规格、数量、位置、间距等,箍筋弯钩的弯折角度及平直段长度。

2) 钢筋的连接方式、接头位置、接头数量、接头面积百分率、搭接长度、锚固方式及锚固长度。

3) 预埋件、预留管线的规格、数量、长度、位置及固定措施。

4) 混凝土粗糙面的质量,键槽的规格、数量、位置。

5) 预制混凝土构件接缝处防水、防火等构造做法。

6) 保温及其节点施工。

7) 其他隐蔽项目。

2. 钢筋接头的型式检验

钢筋接头应根据抗拉强度、残余变形以及高应力和大变形条件下反复拉压性能的差异,分为下列三个等级:

Ⅰ级:接头抗拉强度等于被连接钢筋实际抗拉强度或不小于 1.10 倍钢筋抗拉强度标准值,残余变形小并具有高延性及反复拉压性能。

Ⅱ级:接头抗拉强度不小于被连接钢筋抗拉强度标准值,残余变形较小并具有高延性及反复拉压性能。

Ⅲ级:接头抗拉强度不小于被连接钢筋屈服强度标准值的 1.25 倍,残余变形较小并具有延性及反复拉压性能。

1) 下列情况时应进行型式检验:确定接头性能等级时;材料、工艺、规格进行改动时;型式检验报告超过 4 年时;业主提出需做型式检验的要求时;国家质量监督机构提出需做型式检验的要求时。

2) 接头的现场检验应按验收批进行,同一施工条件下采用同一批材料的同等级、同型式、同规格接头,应 500 个作为一个验收批进行检验与验收,不足 500 个也应作为一个检验批。

3) 每种型式、级别、规格、材料、工艺的钢筋机械连接接头,形式检验不应小于 9 个:其中单向拉伸试件不应小于 3 个,高应力反复拉压试件不应小于 3 个,大变形反复拉压试件不应小于 3 个。同时应另取 3 根钢筋试件做抗拉强度试验。全部试件应在同一根钢筋上截取。

4）型式检验应由国家、省部级主管部门认可的检测机构进行，并出具检验报告和评定结论。

 小结

通过本部分学习，学生应掌握以下内容：

1. 预制构件、原材料进场质量验收的内容及工作方法。

2. 能对预制构件进行外观检查和尺寸复核。

3. 能对钢筋、套筒、灌浆料等施工原材料进行见证取样送检。

4. 能正确安排处理预制构件在现场的存放，做到合理、有序，确保临时固定措施可靠。

5. 能够检查构件的临时固定措施及外观尺寸。

6. 掌握预制装配整体式建筑结构工程验收依据。

7. 掌握钢筋套筒灌浆连接、浆锚搭接连接检查方法。

8. 掌握后浇混凝土施工质量验收方法。

9. 掌握后浇混凝土部位的钢筋隐蔽验收内容及验收方法。

10. 掌握钢筋机械连接的现场见证取样检测方法。

11. 掌握装配整体式建筑预埋件和预埋管线的验收工作方法。

 习题

1. 预制构件进场后应收集并检查哪些质量证明文件？

2. 简述构件进场质量验收的步骤。

3. 构件外观检查的主要内容有哪些？如果不合格应如何处理？

4. 预制构件连接前应对连接部位进行哪些检查？

5. 影响套筒灌浆连接质量的因素有哪些？应如何确保连接质量？

6. 预制装配整体式建筑结构工程验收依据是什么？

7. 装配式结构后浇混凝土部位在浇筑前应进行哪些项目的隐蔽工程验收？

8. 应如何检查钢筋作业质量？钢筋锚固、焊接质量不过关对建筑将产生什么危害？

9. 如何检验预制构件的焊接连接、螺栓连接质量？

10. 钢筋机械连接验收应如何确定检验批？

参考文献

［1］住房和城乡建设部.GB 50204—2015混凝土结构工程施工质量验收规范［S］.中国建筑工业出版社,2015.

［2］住房和城乡建设部.JGJ/T 398—2017装配式住宅建筑设计标准［S］.中国建筑工业出版社,2017.

［3］住房和城乡建设部.JGJ 1—2014装配式混凝土结构技术规程［S］.中国建筑工业出版社,2014.

［4］住房和城乡建设部.GB/T 51231—2016装配式混凝土建筑技术标准［S］.中国建筑工业出版社,2016.

［5］住房和城乡建设部.GB/T 51129—2017装配式建筑评价标准［S］.中国建筑工业出版社,2017.

［6］住房和城乡建设部.JGJ/T 485—2019装配式住宅建筑检测技术标准［S］.中国建筑工业出版社,2019.

读者意见反馈

为收集对教材的意见建议，进一步完善教材编写并做好服务工作，读者可将对本教材的意见建议通过如下渠道反馈至我社。

咨询电话　400-810-0598

反馈邮箱　gjdzfwb@pub.hep.cn

通信地址　北京市朝阳区惠新东街 4 号富盛大厦 1 座　高等教育出版社总编辑办公室

邮政编码　100029